全国页岩气资源潜力调查评价
及有利区优选系列丛书

全国页岩气资源潜力调查评价及有利区优选

国土资源部油气资源战略研究中心等/编著

U0351075

科学出版社
北京

内 容 简 介

本书主要内容为国土资源部组织实施的国家专项"中国重点地区页岩气资源潜力及有利区优选"、"全国页岩气资源潜力调查评价及有利区优选"取得的主要成果和认识,包括中国海相、海陆交互相和陆相页岩气的地质特征、页岩油气资源潜力及分布、页岩气有利区及开发前景评价等内容,评价参数、数据截止时间为 2012 年年底。本书对我国含油气页岩及页岩油气资源潜力首次做了全面系统的评价,可作为从事研究和勘探开发人员了解我国页岩油气资源潜力、有利区分布及开发前景的参考,也可作为大专院校师生了解我国页岩油气的参考书。

图书在版编目(CIP)数据

全国页岩气资源潜力调查评价及有利区优选 / 国土资源部油气资源战略研究中心等编著. —北京:科学出版社,2016
ISBN 978-7-03-049109-1

Ⅰ.①全… Ⅱ.①国… Ⅲ.①油页岩资源-资源潜力-研究-中国
Ⅳ.①TE155

中国版本图书馆 CIP 数据核字(2016)第 142394 号

责任编辑:吴凡洁 / 责任校对:蒋 萍
责任印制:张 倩 / 封面设计:黄华斌

科 学 出 版 社 出版
北京东黄城根北街 16 号
邮政编码:100717
http://www.sciencep.com
中国科学院印刷厂 印刷
科学出版社发行 各地新华书店经销
*
2016 年 6 月第 一 版 开本:787×1092 1/16
2016 年 6 月第一次印刷 印张:17
字数:319 000
定价:168.00 元
(如有印装质量问题,我社负责调换)

参加编写单位

国土资源部油气资源战略研究中心

中国地质大学（北京）

中国石油天然气股份有限公司勘探开发研究院

中国石油化工股份有限公司石油勘探开发研究院

中国地质调查局成都地质调查中心

重庆地质矿产研究院

中国石油化工股份有限公司勘探南方分公司

中国石油大学（北京）

成都理工大学

浙江大学

中国石油化工股份有限公司华东分公司

中国石油化工股份有限公司江汉油田分公司

中国石油化工股份有限公司江苏油田分公司

中国石油化工股份有限公司河南油田分公司

中国石油化工股份有限公司东北油气分公司

中国石油天然气股份有限公司辽河油田分公司

中国石油天然气股份有限公司大庆钻探工程公司地球物理勘探一公司

四川省煤田地质工程勘察设计研究院

中联煤层气有限责任公司

东北石油大学

长江大学

江西省地质工程（集团）公司

江西省地质矿产开发研究中心

中国石油天然气集团公司东方地球物理勘探有限责任公司

中国石油天然气集团公司长城钻探工程有限公司

江苏省有色金属华东地质勘查局八一四队

指导委员会

赵先良　张大伟　吴裕根

编著者

李玉喜　张大伟　张金川　姜文利
魏志红　潘继平　姜振学　董大忠
胡宗全　余　谦　李大华　杜佰伟
安海忠　张建锋　王玉满　聂海宽
闫剑飞　程礼军　唐　玄　金文正
姜生岭　朱亮亮　石　刚　张　鹏
任珠琳　杜晓瑞　彭已君

前言

页岩气是一种清洁、高效的气体能源。近年来，美国页岩气勘探开发技术取得全面突破，产量快速增长，对国际天然气市场供应和世界能源格局产生了巨大影响。世界主要页岩气资源大国和地区都在加快推进页岩气勘探开发。

国务院领导高度重视页岩气资源工作，2010年11月至今，国务院领导多次作出重要批示，提出"对页岩气资源的开发，要尽快制定规划，首先要搞好资源调查，研究开采技术方法，作全面技术经济论证"。国家能源战略已将页岩气摆到十分重要的位置，国民经济和社会发展"十二五"规划明确要求"推进页岩气等非常规油气资源开发利用"。

为了摸清我国页岩气资源潜力，优选出有利目标区，推动我国页岩气的勘探开发，增强页岩气资源的可持续供应能力，满足我国不断增长的能源需求，促进能源结构优化，实现经济社会又好又快发展，同时也为了更好地规划、管理、保护和合理利用页岩气资源，为国家编制经济社会发展规划和能源中长期发展规划提供科学依据，在国土资源部的组织领导下，油气资源战略研究中心组织开展了全国页岩气资源潜力调查评价及有利区优选工作。

2004年，国土资源部油气资源战略研究中心与中国地质大学（北京）开始合作，跟踪国外页岩气发展动态，2005～2006年，重点研究我国海相页岩的发育特征，分析页岩气聚集地质条件；2007年重点研究我国海陆过渡相和陆相页岩的发育特征及其页岩气聚集地质条件；2008年在上扬子地区优选出页岩气富集远景区。2009年国土资源部启动并实施了"中国重点地区页岩气资源潜力及有利区优选"项目，对四川盆地及南方海相页岩的页岩气聚集条件进行重点解剖，并实施了国家财政出资钻探的第一口页岩气调查井——渝页1井，获得页岩气发现；2010年设置了"川渝黔鄂"页岩气资源战略调查先导试验区，对四川盆地内、外页岩气富集条件开展调查评价先导试验，摸索页岩气资源调查评价经验，建立了页岩气有利区优选和资源潜力评价方法、参数体系，总结了页岩气资源调查评价的工作流程；同时在苏浙皖地区和北方部分地区开展页岩气资源前期调查研究。通过先导试验工作，掌握了我国部分地区富有机质页岩分布，确定了主力含气层系，形成了页岩气资源调查评价的工作流程，建立了页岩气资源潜力评价方法和有利区优选标准框架，总结了页岩气富集地质特点，优选出一批页岩气富集远景区，为在全国开展页岩气资源潜力调查评价及有利区优选工作奠定了扎实的基础。

2011 年，国土资源部为了尽快掌握我国页岩气资源的初步情况，在"全国油气资源战略选区调查与评价"项目中，设置了"全国页岩气资源潜力调查评价及有利区优选"项目。全国页岩气资源潜力调查评价及有利区优选工作的总体思路是，深入贯彻落实科学发展观，围绕全面建设小康社会的宏伟目标，充分利用我国几十年积累的基础地质、石油地质、煤田地质等资料，以页岩气富集规律研究为基础，以统一的页岩气资源潜力评价方法为支撑，以系统的页岩气资源潜力评价参数为依据，以全国油气和页岩气研究及勘探开发的优势技术力量为依托，产学研相结合，分区、分层系开展页岩气资源潜力评价及有利区优选，预测页岩气资源勘探开发趋势，为全面提高页岩气资源管理水平，促进页岩气勘探开发提供基础依据。2011 年重点组织开展了我国页岩气资源富集特点研究，进行全国页岩气资源的潜力调查评价及有利区优选，总项目由国土资源部油气资源战略研究中心承担，下设 11 个子项目和 3 个综合研究课题，采取公开竞争方式，择优选择项目承担单位。项目将我国陆域划分为五大区，即上扬子及滇黔桂区、中下扬子及东南区、华北及东北区、西北区、青藏区，在上扬子及滇黔桂区、中下扬子及东南区、华北及东北区、西北区内优选 41 个盆地，划分为 87 个评价单元，优选了 57 个含气页岩层段开展页岩气资源调查评价及有利区优选；青藏区主要开展了页岩气资源前景调查。2011 年度的初步评价和优选结果是，我国陆上页岩气地质资源潜力在 25%～75%概率下为 $174.45 \times 10^{12} \sim 99.48 \times 10^{12} \, \mathrm{m}^3$，中值为 $134.42 \times 10^{12} \, \mathrm{m}^3$，可采资源潜力在 25%～75%概率下为 $32.51 \times 10^{12} \sim 18.32 \times 10^{12} \, \mathrm{m}^3$，中值为 $25.08 \times 10^{12} \, \mathrm{m}^3$（不含青藏区），并初步优选出页岩气有利区 180 个，划分页岩气勘探开发规划区 36 个。

2012～2013 年，在全国页岩气资源潜力评价基础上，进一步加大研究力度，重点加强含气页岩层段的进一步识别划分，加强页岩气现场解析和含气性分析，加强储集能力研究，深化有利区优选和有利区资源潜力评价，全面开展页岩油有利区优选和有利区资源评价，继续开展招标区块优选和管理数据库建设。

2012～2013 年共优选出有利区 233 个，累计面积为 877 199 km²，有利区页岩气地质资源潜力在 25%～75%概率下为 $147.95 \times 10^{12} \sim 100.38 \times 10^{12} \, \mathrm{m}^3$，中值为 $123.01 \times 10^{12} \, \mathrm{m}^3$，可采资源潜力在 25%～75%概率下为 $26.31 \times 10^{12} \sim 17.83 \times 10^{12} \, \mathrm{m}^3$，中值为 $21.84 \times 10^{12} \, \mathrm{m}^3$（不含青藏区），主要发育于震旦系—古近系等 12 个层系。有利区在大区分布上，上扬子及滇黔桂区有 37 个，中下扬子及东南区有 46 个，华北及东北区有 95 个，西北区有 55 个。

2012～2013 年共选出页岩油有利区 58 个，累计面积为 157 591km^2，有利区页岩油地质资源潜力在 25％～75％概率下为 587.49×10^8～274.11×10^{8}t，中值为 397.46×10^{8}t，可采资源潜力在 25％～75％概率下为 51.70×10^8～24.12×10^{8}t，中值为 34.98×10^{8}t（不含青藏区），主要分布在石炭系、二叠系、三叠系、侏罗系、白垩系、古近系 6 个层系。有利区在大区分布上，中下扬子及东南区有 12 个，华北及东北区有 29 个，西北区有17 个。

在 14 个省市、自治区、直辖市共优选出页岩气招标区块 20 个，完成页岩气资源勘探开发管理数据库建设。

从评价结果看，有利区内的页岩气、页岩油资源量可观。其中取得勘探开发成功的四川盆地及周缘地区下志留统龙马溪组（含五峰组），由于评价参数的丰富和精度的提高，页岩气资源潜力明显增加；而经过地质调查井进一步评价发现，下寒武统牛蹄塘组页岩气资源在 1500m 以浅不发育，页岩气有利区面积减小，资源潜力减少。

我国富油气烃源岩层系多、分布广，形成条件多样，页岩油气资源潜力总体很大。每个层系的突破都需要大量的调查和勘探工作并获取系统的参数，以指导勘探开发。工作量需求巨大，需要集中社会各方面的力量进行。只有这样，才能在较短的时间内实现我国页岩油气产量的快速增长，为保障我国油气的供应安全做出贡献。

开展全国页岩气资源潜力的调查评价及有利区优选，在中国尚属首次，这是一项调查评价页岩气资源"家底"的工作。这项工作本身是一项探索性的工作，是一个地质认识和实践不断深化的过程，随着认识的深入和技术的进步，以及工作程度的提高，资源潜力数据和有利区优选结果还可能有新的变化。目前取得的资源潜力数据和有利区优选结果只是现阶段认识程度的反映。

本项工作的主要特点是：产学研相结合，集思广益，集中优势力量，充分利用已有地质认识、资料和成果，坚持"统一组织、统一方法、统一标准、统一认识、统一进度"的原则。通过"川渝黔鄂"页岩气资源调查评价先导试验区的建设经验总结，建立了页岩气资源调查评价工作流程，取得了多项首创性成果，得到了专家高度评价和社会各界的广泛认可。

项目创造性地将我国陆域划分为南方、华北及东北、西北和青藏四大各具特点的页岩气地质区；参考借鉴美国、加拿大等页岩气开发成功国家的专家学者对页岩气的定义，给出了我国页岩气的定义；给出了含油气页岩层段的概念和识别划分标准；创建了四大区主要层系页岩气富集地质模式，实施的我国首批页岩气调查井发现了页岩气。

项目首次系统研究了我国海相、海陆过渡相、陆相富有机质页岩和页岩气特征，揭示了高过成熟度海相、中低成熟度陆相及广泛分布的海陆过渡相页岩气富集机理，形成了具有中国特色的页岩气地质理论。

项目首次建立了页岩气资源评价方法和有利区优选标准；首次系统评价了我国页岩气资源潜力，包括地质资源潜力和可采资源潜力两个资源序列，兼顾了与常规天然气资源评价认识的衔接，初步实现了与国际的对比；首次全面优选了我国陆域页岩气有利区，提出了目前页岩气资源落实程度较高、较为现实的勘查开发地区；首次预测了我国页岩气储量和产量增长趋势，对未来 5～10 年我国页岩气储量和产量增长目标进行了预测。

根据评价和优选结果，结合页岩气资源调查和勘探开发现状，提出政策建议如下：①统筹考虑页岩气资源调查评价、勘探开发和利用，设计页岩气资源调查评价及勘探开发利用管理制度；②协调国家及各省、直辖市、自治区的页岩气资源调查工作和调查力量，利用多种形式加强页岩气有利区优选评价，降低页岩气的商业开发风险；③实施页岩气勘探开发和利用一体化示范工程，统一规范页岩气先导示范试点，促进页岩气的勘探开发及利用；④充分发挥企业技术优势，加强页岩气勘探开发技术攻关，突破页岩气勘探开发技术瓶颈；⑤充分结合页岩气调查及勘探开发实践成果，完善页岩气资源调查及勘探开发技术体系和规范标准；⑥加强页岩气开发利用过程中的环境保护、对外合作和人才队伍建设。

全国页岩气资源潜力调查评价及有利区优选工作成果，是政府部门、石油企业、科研单位、大学和技术专家集体智慧的结晶。国土资源部高度重视，制定页岩气资源管理工作方案，创新页岩气管理制度，精心组织页岩气资源调查评价；技术专家奉献智慧、严格把关；各项目承担单位积极参与，组织精干力量，充分利用已有的研究成果，发挥自身优势，团结协作，保障了这项工作的成果质量。

这项工作成果在形成和总结过程中，已被国家有关部门、石油企业、科研院所、高等院校等广泛应用。国土资源部根据这项成果，在充分论证的基础上，向国务院申报页岩气独立新矿种，已获批准；编制的"页岩气资源管理工作方案"，确定了今后一段时期页岩气资源管理的思路、目标和重点内容等。此外，还为成功举行两次页岩气探矿权出让招标和编制全国页岩气资源勘探开发规划区提供了依据和支撑。国土资源部和国家能源局将这项成果列入页岩气"十二五"发展规划。同时，这项成果，为石油企业勘探开发页岩气和地方政府了解本地区页岩气资源"家底"起到了指导作用，对相关科研院所、高等院校研究页岩气资源提供了基础资料和信息。

总之，这项成果是我国现阶段页岩气资源潜力的客观反映，对提升我国页岩气资源调查评价水平，促进页岩气勘探开发，提高油气资源保障能力，保持经济社会又好又快发展，具有现实意义。

目录

第一章

概述

第一节　工作思路和原则

一、总体思路

深入贯彻落实科学发展观，围绕全面建设小康社会的宏伟目标，充分利用我国几十年积累的基础地质、石油地质、煤田地质等资料，以页岩气富集规律研究为基础，以统一的页岩气资源潜力评价方法为支撑，以系统的页岩气资源潜力评价参数为依据，以全国油气和页岩气优势研究和勘探开发技术力量为依托，产学研相结合，分区、分层系开展页岩气资源潜力评价及有利区优选，预测页岩气资源勘探开发趋势，为全面提高页岩气资源管理水平，促进页岩气勘查开采提供基础依据。

二、工作原则

全国页岩气资源潜力调查评价及有利区优选工作坚持以下原则：解放思想，实事求是，尊重科学，尊重地质规律；立足当前，着眼长远，突出重点，分步实施；统一组织，统一方法，统一标准，统一认识，统一进度；产学研相结合，集思广益，发挥集体优势；充分利用已有地质认识、资料和成果；页岩气地质资源和可采资源两级表达体系并用、国际可比。

第二节　目标与内容

一、任务目标

全国页岩气资源潜力调查及有利区优选工作的总体任务为：研究我国页岩气形成的地质条件与富集规律，预测我国页岩气资源潜力，优选有利勘探开发区，力争实现我国页岩气商业性的开发突破。

任务目标：研究总结我国页岩气形成的地质条件与富集规律，调查评价我国页岩气、页岩油资源潜力，基本查明我国页岩气、页岩油资源潜力和分布，优选页岩气、页岩油有利区，为页岩气矿业权管理提供支撑，为我国页岩气、页岩油资源开发利用提供资源基础；推动形成我国页岩气、页岩油成藏地质理论与有效勘探开发技术；开拓油气资源新领域，推动实现页岩气、页岩油开发的商业突破。

完成川渝黔鄂页岩气资源战略调查先导试验区建设；建立页岩气、页岩油资源评价方法及有利区优选标准；建立页岩油气资源调查评价工作流程；开展上扬子及滇黔桂、中下扬子及东南、华北及东北、西北、青藏 5 个工作区页岩气、页岩油资源前景研究，评价页岩气、页岩油资源潜力，优选页岩气、页岩油有利区；开展页岩气资源调查评价技术规范和管理研究。

二、工作内容

工作内容包括以下 5 个方面：①先导试验区页岩气富集规律、页岩油气资源调查评价流程和资源潜力评价参数研究；②分 5 大区开展富有机质页岩和页岩气、页岩油特征研究；③建立页岩气、页岩油资源潜力评价方法及有利区优选标准，进行全国页岩气、页岩油资源潜力评价；④优选页岩气、页岩油有利区，评价各有利区页岩气、页岩油资源潜力；⑤研究制定页岩气调查技术标准规范，研究页岩气资源管理新机制。重点工作内容包括以下 4 个方面。

（一）页岩气资源战略调查先导试验区建设

开展川渝黔鄂页岩气战略调查先导试验区工作，获取页岩气资源潜力调查评价关键参数，建立页岩气、页岩油资源的评价方法体系及有利区优选标准，总结建立页岩气调查评价工作流程，制定页岩气资源调查评价技术规程，分析盆地内与盆地外页岩气富集特点，深入开展页岩气资源潜力评价及有利区优选。

（二）页岩气资源潜力调查评价及有利区优选

将全国划分为上扬子及滇黔桂区、中下扬子及东南区、华北及东北区、西北区、青藏区 5 个区，分别进行富有机质页岩特征和分布调查，获取系统参数，总结页岩气富集规律，优选有利区，评价页岩气、页岩油资源潜力。

（三）页岩气资源调查方法技术研究

开展大地电磁测深等电法勘探技术试验，富有机质页岩层系的地震识别、页岩油气钻井技术、测井技术和分析测试技术及微地震监测技术调研研究，编制相关的页岩气、页岩油技术规范，为在大区域识别富有机质页岩地层，进行页岩气、页岩油富集有利区优选提供技术手段。

（四）综合研究

综合研究先导试验区内页岩气富集规律和页岩气资源潜力；建立并完善页岩气、页岩油资源潜力的评价方法及有利区优选标准；研究总结国外页岩油气勘探开发管理经验，优选页岩气招标区块，建设页岩气资源勘探开发管理数据库，对页岩气招标区块的勘查进展进行跟踪研究，探索招标区块勘查资料的共享与使用方式，为国土资源部油气矿业权管理改革提供基础支撑。

第三节 调查评价范围

根据我国不同地区地质特征、地质工作程度和认识程度，页岩气调查评价范围逐步扩大。

2009 年主要开展四川盆地及南方海相页岩气的前景调查，对北方地区进行摸底。

2010 年设立"川渝黔鄂"页岩气资源调查先导试验区开展页岩气资源的调查评价试验，并开展下扬子地区和北方地区页岩气的前景调查。

2011 年，继续深化"川渝黔鄂"页岩气资源调查先导试验区的建设，同时，将我国陆域划分为五大区，即上扬子及滇黔桂区、中下扬子及东南区、华北及东北区、西北区、青藏区（图 1-1），开展全国页岩气资源的调查评价，启动页岩油资源潜力的调查评价工作。

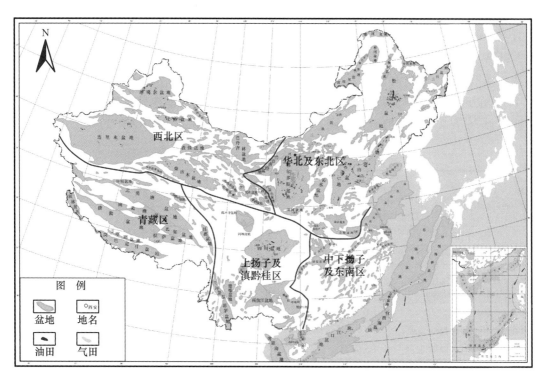

图 1-1 全国页岩气资源潜力调查评价分区图

2012~2013 年，继续深化"川渝黔鄂"页岩气资源调查先导试验区建设和上扬子及滇黔桂区、中下扬子及东南区、华北及东北区、西北区、青藏区页岩气资源调查评价的同时（图 1-1），开展全国页岩油资源潜力调查评价工作。

在"川渝黔鄂"页岩气资源调查先导试验区（简称先导试验区）和上述 5 大区中，先导试验区及前 4 个大区分别按地质单元、层系、沉积相、深度、地表条件和省（自治区、直辖市），开展页岩气富集特点研究、页岩气资源潜力评价及有利区优选工作，共评价了 41 个盆地和地区，87 个评价单元，60 个含气页岩层段。2011 年，青藏区主要进行了页岩气的地质条件调查。

资源潜力评价及有利区优选的主要层系为前震旦系、震旦系、下古生界寒武系、奥陶系、志留系，上古生界泥盆系、石炭系、二叠系，中生界三叠系、侏罗系和白垩系，新生界古近系，共 10 个地层层系。

资源潜力评价及有利区优选的深度范围为 500～4500m，具体划分为三个深度段：500～1500m，1500～3000m，3000～4500m。

资源潜力评价及有利区优选的地表条件包括平原、丘陵、黄土塬、高山、中山、低山、沙漠、戈壁等。

资源潜力评价及有利区优选结果，按沉积相划分为海相、海陆过渡相、陆相 3 类。

该项工作成果还按省（自治区、直辖市）进行了统计。

项目查阅国内外文献资料和分析化验原始数据 13 201 份，此次野外工作量较大，野外观测剖面 665 条，样品采集 20 090 块，二维地震解释 4326.626km，二维电法勘探 219.8km，三维高精度重力勘探 100km²，三维高精度磁力勘探 100km²，二维和三维正演数值模拟各 5 个，老井复查 2864 口，地质调查井施工 14 口，配套井 8 口，煤田钻孔 3 口，岩心现场解析 355 块，试验分析测试达 67 581 项次，槽探施工 2123.85m³，遥感地质解释 55 万 km²，开展微生物勘查 155 组，图件编制 3888 幅（表 1-1）。

表 1-1　工作量统计表

工作内容	子项目							合计
	先导试验区	上扬子及滇黔桂区	中下扬子及东南区	华北及东北区	西北区	青藏区	技术方法	
观测剖面/条	143	134	286	44	56	2		665
样品采集/块	2257	7386	4559	2499	1833	180	1376	20 090
二维地震勘探*/km	2050.73							2050.73
二维地震解释/km	2050.73	1942.896	330	3				4326.626
二维电法勘探/km	109.8		15				95	219.8
三维时频电磁法勘探/km²							60	60
三维高精度重力勘探/km²							100	100
三维高精度磁力勘探/km²							100	100
二维和三维正演数值模拟/个							5	5
老井复查/口	95	35	1231	1156	347			2864
地质调查井施工/口	11	3						14

工作内容	子项目							合计
	先导试验区	上扬子及滇黔桂区	中下扬子及东南区	华北及东北区	西北区	青藏区	技术方法	
配套井/口*	7	1						8
煤田钻孔/口		3						3
试验分析测试/项次	13 764	15 092	8053	19 098	10 902	672		67 581
微生物勘查/组	155							155
图件编制/幅	564	489	698	1498	599	40		3888
槽探施工/m³		2123.85						2123.85
遥感地质解释/(10⁴km²)	55							55
岩心现场解析/块	304	51						355

注：二维电法勘探包括二维时频、复电阻率、可控源音频大地电磁、大地电磁法、广域电磁法、音频大地电磁、大地电磁测深等。

＊表示配套实施。

一、川渝黔鄂页岩气资源调查先导试验区完成的主要工作量

川渝黔鄂页岩气资源调查先导试验区子项目完成了资料调研、野外调查与采样、老资料复查、试验测试、图件编制、调查井（含配套井）井位论证和部分井的钻探施工等工作（表1-2）。项目按设计要求，全面超额完成了相应的工作任务。

表1-2　川渝黔鄂页岩气资源调查先导试验区完成工作量统计

工作内容	计划工作量	完成工作量
国内外文献调研/篇		1788
地质图/幅		50
其他相关资料/份		1254
野外实测剖面/条		78
野外观测剖面/条		65
样品采集/块		2257
国外考察交流/人次		6
岩心现场解析/块	55	304
各种图件编制/幅	385	564
试验分析测试/项次	9805	13 764
地质调查井施工/口		11
配套井/口		7
微生物勘查/组	150	155
二维地震勘探（配套）/km		2050.73
大地电磁测深（AT）/km		54.6
音频大地电磁测深（AMT）/km		55.2
遥感地质解释/10⁴km	2	55
老井复查/口	45~60	95
有利区/个	18~20	25

二、上扬子及滇黔桂区子项目完成的主要工作量

上扬子及滇黔桂区子项目组完成（部分超额完成）设计工作量（表 1-3）。其中，文献调研 2315 篇，地质露头观测点 287 个，各类地质剖面观测 134 条，共计 56 308m，观察钻井岩心 17 口，开展二维地震资料处理 1942.896km，三维地震反演 346km²，三维地震资料解释 646km²，测井资料解释 45 口井，实施了 3 口浅井，共计 913.9m（进尺），煤田钻孔 3 口，配套取心井 113m/口，利用老井（含固矿钻孔）35 口，样品测试 15 092 项次，岩心解析 51 块，图件编制 489 幅，与设计对比，各项工作任务均圆满、部分超额完成规定的工作量；在上述实物工作量支撑下，子项目组开展了区域地质特征与演化、页岩气（油）层系特征、页岩气资源潜力估算及目标优选等综合研究工作。

表 1-3　上扬子及滇黔桂区子项目完成主要工作量与设计对比表

工作内容	计划工作量	完成工作量
文献调研/篇	992	2315
地质露头观测点/个	24	287
地质剖面/(条/m)	87	134/56 308
钻井岩心观察/口	17	17
二维地震资料处理/km		1942.896
三维地震反演/km	250	346
三维地震解释/km	550	646
测井资料解释/口	41	45
浅钻/口	3	3
浅钻（进尺）/m	900	913.9
煤田钻孔/口	2	3
配套取心井/(m/口)	900/1	113/1
老井（含固矿钻孔）/口		35
样品测试/项次	8731	15 092
岩芯解析/块	39	51
剖面图、对比图和平面图编制/张	409	489
有利区/个		32

三、中下扬子及东南区子项目已完成的工作量

中下扬子及东南区子项目共完成国内外文献调研 1628 篇，区域地质及油气勘探资料 3361 份；岩心观察描述 140 口，岩心样品采集 816 块；野外调查剖面 286 条，其中观测剖面 190 条，长 3048.5km，野外实测剖面 96 条，长 51.8km，样品采集 3743 块，样品分析测试 8053 项次；典型井分析 5 口；图件编制 698 幅。子项目设计要求的各项实物工作量已基本完成，部分略有超出（表 1-4）。

表 1-4 中下扬子及东南区子项目中期已完成工作量统计

工作内容		工作量汇总	
		计划工作量	实际工作量
资料调研	国内外文献调研/篇	880	1628
	区域地质及油气勘探资料/份	3358	3361
岩心观察	岩心观察描述/口	122	140
	岩心样品采集/块	685	816
野外调查	野外调查剖面	3032km/191 条	3048.5km/190 条
	野外实测剖面	23.5km/80 条	51.8km/96 条
	样品采集/块	3260	3743
样品分析测试/项次		7490	8053
老井复查/个		1180	1231
典型井分析/口		3	5
图件编制/幅		459	698
远景区/个		6	12
有利区/个		6	10

四、华北及东北区子项目完成的工作量

根据华北及东北区子项目工作设计要求，华北及东北区主要开展了资料调研、野外地质调查及采样、钻井岩心观察、样品测试分析、基础图件绘制等各项工作。其中，资料收集与整理 2655 份，实测剖面 44 条，样品采集 2499 个，开展老井复查 1156 口，分析测试 19 098 项次，区域图件编制 1498 幅 （表 1-5）。

表 1-5 华北及东北区子项目工作量统计表

工作内容	计划工作量	完成工作量
资料收集与整理/份	2552	2655
实测剖面/条	37	44
采集样品/个	2032	2499
老井复查/口	801	1156
分析测试/项	10 364	19 098
区域图件编制/幅	612	1498

五、西北区子项目完成的工作量

西北区子项目按照开题设计开展了文献调研、报告收集、野外调查、样品采集、老井复查、分析测试、测井资料分析和图件编制等工作，均超额完成了设计工作量（表 1-6）。其中，共完成文献调研 2053 篇，相关报告等资料收集 3963 份，野外考察剖面 56 条，复查老井 347 口，野外及岩心样品采集 1833 块，试验分析测试 10 902 项次，编制图件 599 幅。

表 1-6　西北区子项目工作量统计表

工作内容	设计工作量	完成工作量
文献调研/篇	795	2053
报告收集/份	1650	3963
野外考察剖面/条	54	56
复查老井/口	143	347
野外及岩心样品/块	1750	1833
试验分析测试/项次	7512	10 902
编制图件/幅	290	599

六、青藏区子项目工作量

青藏区子项目共完成资料收集 50 余份，实测剖面 3km，观测点 12 个，地质点 5 个，完成 1∶2000 实测地层剖面 2 条，总厚度约 4700m，累计长度约 20 000m，采集的样品类型包括古生物、薄片、烃源岩与储集岩等样品 180 件，完成试验分析测试 672 项次（表 1-7）。总体上，通过项目组的艰苦努力，完成或超额完成了子项目设计的各类实物工作量。

表 1-7　青藏区子项目工作量统计表

主要工作	设计数量	完成数量
资料收集/份		＞50
实测剖面/km	3	3
观察点/个	10	12
地质点/个	5	5
样品采集/件	150	180
试验分析测试/项次		672

七、技术方法子项目工作量

技术方法子项目完成文献调研 1902 篇，文献翻译 157 篇；完成二维时频电磁法勘探 20km；三维时频电磁法勘探 60km²；二维复电阻率法勘探 35km；二维可控源音频大地电磁法勘探 10km；二维大地电磁法勘探 30km；三维高精度重力勘探 100km²；三维高精度磁力勘探 100km²；野外地质剖面调查 51.4km；采集物性调查样品 1376 块；二维正演数值模拟 5 个；三维正演数值模拟 5 个；编制规程 23 项（表 1-8）。

表 1-8　技术方法子项目工作量统计表

序号	工作内容	完成工作量	完成情况
1	二维时频电磁法勘探/km	20	完成
2	三维时频电磁法勘探/km²	60	完成

续表

序号	工作内容	完成工作量	完成情况
3	二维复电阻率法勘探/km	35	完成
4	二维可控源音频大地电磁法勘探/km	10	完成
5	二维大地电磁法勘探/km	30	完成
6	三维高精度重力勘探/km²	100	完成
7	三维高精度磁力勘探/km²	100	完成
8	野外地质剖面调查/km	51.4	完成
9	采集物性调查样品/块	1376	完成
10	二维正演数值模拟/个	5	完成
11	三维正演数值模拟/个	5	完成
12	调研文献/篇	1902	完成
13	翻译文献/篇	157	完成
14	编制规程/项	23	完成

第四节　主要成果认识

（1）项目系统总结了我国含油气页岩及页岩油气的特点。我国主要发育下古生界海相含油气页岩。上古生界与中新生界海陆过渡相、陆相含油气页岩。含油气页岩发育层位多、分布广、复杂多样，需要在进一步的工作中加强研究。

（2）在"中国重点地区页岩气资源潜力及有利区优选"和"全国页岩气资源潜力调查评价及有利区优选"项目，以及国内外页岩油气勘探开发经验总结的基础上，总结出了开展页岩油气资源调查评价和勘探开发工作经验和工作流程。即确定目标层系含油气页岩层段识别与划分，确定含油气页岩层段的发育规模，预测页岩油气有利区，开展有利区页岩油气资源潜力评价，总结页岩油气实探地质规律。

（3）确定了我国海相、海陆过渡相和陆相富含油气页岩层段划分原则，分析总结了近百个含气页岩层段的基本地质特征。

（4）首次系统研究了我国海相、海陆过渡相、陆相富有机质页岩和页岩气特征，揭示了高过成熟度海相、中低成熟度陆相及广泛分布的海陆过渡相页岩气富集机理，形成了具有中国特色的页岩气地质理论。

（5）建立了以条件概率体积法为主的页岩油气资源潜力评价及有利区优选方法，首次系统评价了我国页岩气资源潜力。

（6）在我国陆域（除青藏高原外）优选了页岩气、页岩油有利区，首次系统评价了各有利区页岩气、页岩油资源量。

（7）优选了3批51个页岩气招标区块，编制了地质资料文件，为第一轮和第二轮页岩气区块招标提供技术支撑。

（8）进行了页岩油气勘查开采及分析测试等技术方法调研，并编制了 21 个页岩气资源调查评价及勘探开发相关技术规程。

（9）开展了页岩气资源勘探开发中美对比研究，充分借鉴了美国页岩油气勘探开发的成功经验。

（10）项目在实施过程中，边实施边培养、锻炼，初步形成了一支页岩油气研究队伍。

第二章

我国页岩油气资源调查、勘探开发及管理进展

第一节 页岩气资源调查及勘探开发进展

一、资源调查

（一）国土资源部页岩气资源调查评价及招标区块优选

2004 年，国土资源部油气资源战略研究中心与中国地质大学（北京）合作，跟踪调研国外页岩气研究和勘探开发进展；2005 年，对我国页岩气地质条件进行初步分析；2006 年，分析中新生代含油气盆地页岩气资源前景；2007 年，分析盆地内和出露区古生界富有机质页岩的分布规律和资源前景；2008 年，对比中美页岩气地质特征，重点分析上扬子地区页岩气资源前景，初步优选远景区。

2009 年，国土资源部油气资源战略研究中心启动"中国重点地区页岩气资源潜力及有利区优选"项目，以川渝黔鄂地区为主，兼顾中下扬子地区和北方地区，开展页岩气资源调查，优选页岩气远景区；在重庆市彭水县实施了我国第一口页岩气资源战略调查井——渝页 1 井。该井从 100m 开始钻遇下志留统龙马溪组富有机质页岩层系，完钻井深 325m，获取岩心 200m。通过岩心解析获取了页岩气气样，通过等温吸附模拟研究了该层段富有机质页岩的吸附能力，通过分析测试，获取了系统的页岩气资源潜力评价参数数据。该井数据揭示了我国南方台隆地区古生界页岩气的广阔前景，为在区域范围内进一步实施我国页岩气资源战略部署和勘探开发提供了重要基础。该井也是页岩气独立矿种申请的重要依据。

2010 年，国土资源部油气资源战略研究中心根据我国页岩气地质特点，分 3 个层次在全国有重点地展开页岩气资源战略调查。在上扬子川渝黔鄂地区，针对下古生界海相页岩，建设页岩气资源战略调查先导试验区；下扬子苏皖浙地区，开展页岩气资源调查；华北、东北、西北部分地区，重点针对陆相、海陆过渡相页岩，开展页岩气资源前景研究。通过上述工作，总结了我国富有机质页岩类型、分布规律及页岩气富集特征，确定了页岩气调查主要领域及评价重点层系，探索了页岩气资源潜力的评价方法和有利区优选标准。

2011 年，国土资源部油气资源战略研究中心启动"全国页岩气资源潜力调查评价及

有利区优选"项目，将我国陆域划分为上扬子及滇黔桂区、中下扬子及东南区、华北及东北区、西北区、青藏区 5 个大区，组织开展全国页岩气资源潜力调查评价及有利区优选。继续开展川渝黔鄂页岩气资源调查先导试验区建设工作，建立页岩气资源评价方法及有利区优选标准，同时开展页岩气勘探开发技术方法规范标准研究。

2012 年，国土资源部油气资源战略研究中心继续深化"全国页岩气资源潜力调查评价及有利区优选"项目研究，在 2011 年成果基础上，重点加强有利区优选、有利区页岩气资源评价，加强页岩油资源调查评价和有利区优选研究。继续开展川渝黔鄂页岩气资源调查先导试验区建设工作，完善页岩气资源评价方法及有利区优选标准，建立页岩油资源评价方法及有利区优选标准，继续开展页岩气勘探开发技术方法规范标准研究。

截至 2013 年，国家财政出资共实施页岩气资源战略调查井 14 口，分别揭示了不同埋深的震旦系、寒武系、志留系、二叠系 4 个层系，并在 6 个富有机质页岩层段中发现页岩气，获得了系统的页岩气地质参数，钻探成功率达到 100%（表 2-1）。

表 2-1 国土资源部油气资源战略研究中心实施的部分页岩气资源战略调查井统计表

井号	钻井时间	钻井地点	协助实施单位	实施效果
渝页 1 井	2009 年	重庆市彭水县	中国地质大学（北京）	揭示下志留统龙马溪组页岩 225m（未钻穿），首获页岩气发现
松浅 1 井	2010 年	贵州省松桃县	中国地质大学（北京）、中国地质调查局成都地质调查中心	揭示下寒武统变马冲组、牛蹄塘组页岩，见页岩气显示
岑页 1 井	2011 年	贵州省岑巩县	中国地质大学（北京）、中国地质调查局成都地质调查中心	揭示下寒武统牛蹄塘组、变马冲组页岩，获页岩气发现
渝科 1 井	2011 年	重庆市酉阳县	中国地质大学（北京）	揭示下震旦统南沱组、下寒武统牛蹄塘组页岩，获得浅层页岩气发现
西科 1 井	2011 年	重庆市酉阳县	中国地质大学（北京）	揭示下寒武统牛蹄塘组、高田组页岩，获得页岩气发现
长页 1 井	2011 年	浙江省长兴县	中国地质大学（北京）	揭示上二叠统大隆组页岩，获相关地质参数
城浅 1 井	2011 年	重庆市城口县	重庆市	揭示下寒武统水井沱组页岩 851m，获页岩气发现
巫浅 1 井	2011 年	重庆市巫溪县	重庆市	揭示下志留统龙马溪组页岩 49m，见页岩气显示
金页 1 井	2012 年	贵州省金沙县	成都理工大学	揭示黔西下寒武统牛蹄塘组页岩，获取了系统的岩心资料
环页 1 井	2012 年	广西环江县	浙江大学	揭示桂中拗陷石炭统岩关组页岩，获取了系统的岩心资料
鹿页 1 井	2012 年	广西鹿寨县	浙江大学	揭示桂中拗陷中泥盆统东岗岭组页岩，获取了系统的岩心资料

国土资源部油气资源战略研究中心 2009 年部署钻探了我国财政出资的第一口页岩气战略调查井——渝页 1 井，完钻井深 324.8m，钻遇大套下志留统富有机质页岩，页岩有机碳含量为 1.44%~7.28%，平均为 3.7%，镜质体反射率 R_o 为 1.62%~2.26%，

平均为 2.04%，岩心解吸获得页岩气气样。2011 年实施的岑页 1 井、酉科 1 井等页岩气调查井岩心解吸和测井解释发现页岩气层段，页岩含气量达到 1.5～4.5m³/t，均获得良好效果（图 2-1）。

 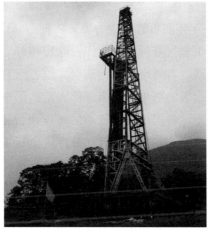

（a）岑页1井 （b）酉科1井

图 2-1 页岩气资源调查井

通过 8 年多的研究与调查工作，国土资源部油气资源战略研究中心掌握了我国自元古界以来形成的各套富含有机质页岩的发育层位和分布区域，获取了各套页岩的有机地化、岩石矿物、储层物性、含气性参数，优选出了页岩气、页岩油发育区和有利区，分析了页岩气的开发前景。所取得的成果为国土资源部制定页岩气矿业权管理相关政策、页岩气新矿种申报提供了基础支撑，为国家编制页岩气发展规划提供了依据。

在页岩气资源调查评价工作基础上，国土资源部油气资源战略研究中心先后优选 3 批、49 个页岩气招标区块，其中成功招标出让 24 个；并根据国土资源部储量司部署，完成了页岩气新矿种论证报告的编写和论证。

（二）贵州省页岩气资源调查评价

2012 年贵州省政府投资 1.5 亿元，设立页岩气资源调查评价专项，对全省页岩气资源进行了全面评价，评价结果乐观。将全省划分为黔北、黔西北、黔南、黔西南四个调查区，共设计并实施页岩气调查井位 26 口，所调查的页岩层系涵盖震旦系陡山沱组、下寒武统牛蹄塘组、下寒武统变马冲组、上奥陶统五峰组—下志留统龙马溪组（简称龙马溪组）、中泥盆统火烘组、下石炭统打屋坝组（旧司组）、下二叠统梁山组、下志留统龙马溪组共 8 套地层。

从 26 口页岩气调查井岩心含气量现场解析结果看，除龙马溪组页岩含气量普遍较好外，又新发现了几套气显效果较好的层系，特别是上二叠统海陆过渡相龙潭组页岩含气量很高，最高达 19.3m³/t，另外下石炭统打屋坝组也有较好的气显效果。

经综合分析评价，项目组在牛蹄塘组、变马冲组、龙马溪组、打屋坝组（旧司组）、梁山组和龙潭组6个层系中优选出页岩气有利区26个，并对各有利区页岩气勘探的开发条件和前景进行了分析。

（三）其他省、市、区页岩气资源调查评价

2011年年底页岩气成为独立矿种后，国土资源部成立了油气资源战略研究中心，并开始实施页岩气资源调查工作；除贵州外、重庆、湖南、江西、河南等页岩气资源潜力较大的省区（直辖市）开始部署实施省（直辖市）内页岩气资源的调查评价工作，并且内蒙古自治区的鄂尔多斯市还部署实施了本市的页岩气资源调查评价工作。

总体上，我国页岩气资源的调查评价工作在国家和省区（直辖市）层面已经展开，内蒙古自治区鄂尔多斯市等部分市区也有部署，呈现出多层次、多渠道的资源调查评价态势。

二、页岩气勘探开发进展

页岩气勘探开发离不开油气理论技术进步和勘探开发资料的积累。在长期的油气勘探实践中，不仅积累了丰富的地震、钻完井和压裂改造经验，还形成了大量的油气勘探开发资料积累，对含油气盆地的地质认识不断深入。在常规油气勘探开发过程中，已经在含气页岩层段发现了大量的油气显示，并基本掌握了含气页岩层系的发育层位和分布区域，对页岩气已经有所认识，这为在技术取得突破后，页岩气勘探开发快速发展奠定了坚实的基础。

在我国南方海相页岩中，四川盆地威远地区的威5井、威9井、威18井、威22井和威28井等下寒武统页岩均见气浸井涌和井喷。其中威5井，钻遇2795~2798m页岩段发现气浸与井喷，后测试日产气$2.46×10^4m^3$，酸化后产气$1.35×10^4m^3$；阳深2井、宫深1井、付深1井、阳63井、阳9井、太15井和隆32井在下奥陶统龙马溪组发现气测异常20处，其中阳63井3505~3518.5m黑色页岩酸化后，产气$3500m^3/d$，隆32井3164.2~3175.2m黑色炭质页岩初产气$1948m^3/d$。另外，高科1井、方深1井的下寒武页岩、丁山1井、林1井的下志留统龙马溪组也发现了气测异常。

沁水盆地石炭—二叠系：沁1井、沁2井、沁4井、畅1井、老1井、阳2井的12个井段气测显示异常，显示厚度在1.2~100m，累计总厚度为473.7m，老1井、畅1井录井气测异常明显。

鄂尔多斯盆地三叠系：延长组页岩在钻井过程中气测异常活跃，初步展示了良好的页岩气资源勘探前景。富18井在长7段、长8段的油页岩发育段（910~960m）出现明显的气测异常；庄167井在长7段下部页岩段（1840~1870m）出现了明显的气测异常；庄171井在长7段的下部和长8段上部页岩段（1835~1865m）出现了明显的气测异常。

准噶尔盆地中下侏罗统暗色泥岩中，柴3井录井共发现气测异常9层，其中4段为页岩（西山窑组和三工河组各 2 段），厚度为 2.4～12.0m，累计厚度为 21.5m。

渤海湾盆地的济阳拗陷、东濮拗陷、南华北盆地的泌阳凹陷、江汉盆地、苏北盆地的古近系页岩层系中均见到了较好的页岩油气显示。

常规油气勘探中，在含气页岩层段大量的油气显示直接证明了页岩气（油）的存在，大量的油气探井资料也是研究含气页岩层段地质特征和页岩气资源潜力的重要基础。

目前，我国页岩气勘探工作主要集中在四川盆地及其周缘、鄂尔多斯盆地、辽河东部凹陷、松辽盆地、准噶尔盆地、三塘湖盆地等。其中，中国石油天然气集团公司（简称中国石油）、中国石油化工集团公司（简称中国石化）和陕西延长石油（集团）有限公司（简称延长石油）的页岩气勘探进展较大。

（一）中国石油

中国石油以四川盆地为重点，积极开展了页岩气地质与资源潜力评价、勘探开发先导试验工作并取得了重要成果，目前已迈入规模突破和产能建设阶段。

与北美相比，四川盆地页岩气勘探开发起步较晚，而与中国其他地区相比，却一直处于领先地位，为中国率先实现页岩气勘探开发突破和工业化先导试验的地区。

如果按页岩气的特点回顾四川盆地的天然气勘探历程可以发现，四川盆地的页岩气发现非常早，1965 年在威远构造的常规天然气勘探中，在钻探的威 5 井下寒武统筇竹寺组下部黑色炭质页岩中发现了页岩气。根据威 5 井钻井资料记录，在该井钻进过程中，在 2797.4～2797.6m 井段钻井放空 0.2m，并发生微漏与井喷，喷高 15～22m，中途测试获日产气 2.46m^3。威远气田 157 口钻井中，107 口井钻穿下寒武统筇竹寺组。经逐井复查，钻穿筇竹寺组的 107 口井中，有 41 口井的 68 个页岩井段出现过气测异常、气侵、井涌和井喷等不同级别的天然气显示。据不完全统计，显示井占钻穿筇竹寺组总井数的 27.1%，表明下寒武统筇竹寺组页岩中不同级别的气显示比较普遍。同时，在川南地区的泸州—宜宾—隆昌等地区的常规油气勘探中，发现下志留统龙马溪组页岩同样存在丰富的页岩气显示。例如，在阳高寺—九奎山、五通场、太和镇、付家庙、大塔场和隆昌等构造钻穿下志留统龙马溪组页岩的 15 口井在 32 个层段见到了气测异常、气浸、井涌和井喷等不同级别的气显示，如阳 63 井在 3505～3518.5m 黑色页岩井段发生井喷，喷高 25m，中途测试酸化后获日产气 3500m^3，隆 32 井在 3164.2～3175.2m 黑色页岩井段发生井漏井喷，对井段 3128.74～3180m 中途测试，获日产气 1948m^3。

以上为四川盆地页岩气的早期发现。2000 年以来，中国石油天然气股份有限公司勘探开发研究院瞄准国际发展动态，实时跟踪了美国页岩气勘探开发进展，针对国内页岩裂缝油气藏、页岩气开展了大量前期研究。迄今，四川盆地页岩气勘探开发经历了常规油气勘探开发老井资料复查与评估、基础地质条件研究与技术储备、工业性突破 3 个阶段，正迈入工业化生产先导试验阶段。

通过前期资源调查，中国石油优选威远—长宁（6000km²）、富顺—永川（4000km²）、昭通（15 000km²）三个先导试验区，并实施勘探评价。

截至 2012 年年底，完成二维地震勘探 3761.44km、三维地震勘探 255.96km²，钻井 23 口（直井 17 口、水平井 6 口），其中获工业气流井 14 口（表 2-1 和表 2-2）。

表 2-2　川南—川东探区 2008～2012 年勘探工作量统计表

年度	地震	钻井	成功井
2008		2 口评价井（S：1 口浅井，Є：1 口注水井取心），取心 167.68m	
2009		1 口评价井（Є：注水井取心），取心 132.2m	
2010	二维地震勘探 1608.44m（昭通 567.02km，蜀南1041.42km）	6 口评价井（S：4 口，Є：2 口），进尺 11 685.62m，取心 842.21m	3 口
2011	二维地震勘探 1670km（昭通），三维地震勘探 255.96km²（蜀南）	完钻页岩气井 15 口（水平井 6 口），压裂试气 11 口，获日产气 2.3×10⁴～43×10⁴m³	11 口
2012	二维地震勘探 10 条 483km		

2008～2009 年，中国石油以获取黑色页岩岩心资料为重点，在蜀南长宁构造北翼钻探了长芯 1 井，目的层为五峰—龙马溪组下部页岩层，共取心 150.68m，另外在威 001-2、威 001-4 两口注水井钻进过程中，针对筇竹寺组黑色页岩分别取心 17m、132.2m（表 2-2），并取得了页岩气显示的直接证据。

2009 年 12 月，中国石油开钻了中国第一口页岩气评价井威 201 井的钻探。

2010 年中国石油完成二维地震勘探 46 条 3378km、三维地震勘探 104.61km²，实施蜀南地区地震老资料连片解释 718 条 16 391km。完钻页岩气井 5 口、压裂试气 3 口，1 口井获日产气 0.26×10⁴～1.08×10⁴m³。主要评价井包括：威 201 井（S、Є）、宁 201 井（S）、宁 203 井（S）、昭 101 井（Є）、昭 104 井（S）。

2011～2012 年中国石油完成二维地震勘探 30 条 2174.14km，三维地震勘探 254km²，完成蜀南地区地震老资料连片解释 718 条 16 391km。完钻页岩气井 15 口（水平井 6 口），压裂试气 11 口，获日产气 0.3×10⁴～43×10⁴m³。钻井包括：宁 206 井（Є）、阳 101 井（S）、镇 101 井（S）、昭 103 井（Є）、威 201-H1 井（S）、宁 201-H1 井（S）、YSH1-1 井（S）、阳 201-H 井（S）、莱 101-H1 井（S）等，其中 6 口水平井压裂全部获工业气流，产量为 1×10⁴～43×10⁴m³/d，超压区水平井产量突破 10×10⁴m³/d（表 2-3）。

表 2-3　川南—川东探区 2008～2012 年主要页岩气钻探情况

井号	目的层	井深/m	完井试气年度	取心层位	取心长度/m	试油井段/m	初试产量/(10⁴m³/d)
长芯 1 井	龙马溪组	154.5	2008	龙马溪组	150.68		
威 001-2 井	震旦系		2008	筇竹寺组	17		

续表

井号	目的层	井深/m	完井试气年度	取心层位	取心长度/m	试油井段/m	初试产量/(10⁴m³/d)
威 001-4 井	震旦系		2009	筇竹寺组	132.2		
威 201 井	龙马溪组	1540	2010	龙马溪组	105.99	1511~1535	0.3~1.7
	筇竹寺组	2840	2010	筇竹寺组	151.41	2675~2700	1.08
宁 201 井	龙马溪组	2533.02	2010	龙马溪组	53.99	2495~2516, 2424~2436	0.73~1.1
宁 203 井	龙马溪组	2405.6	2010	龙马溪组	308.31	2379~2391	0.75~1.5
宁 206 井	筇竹寺组	1920	2011	筇竹寺组	78.42	1877~1887	
威 201-H1 井	龙马溪组	2823.48	2011			1604~2740（11 段压裂）	1.04~1.1
宁 201-H1 井	龙马溪组	3790	2012				平均 13
阳 101 井	龙马溪组	3642	2011	龙马溪组	100	3467~3494, 3524~3537	6（24h）
阳 201-H2 井	龙马溪组	3520	2012				43
镇 101 井	龙马溪组	3719	2011				
莱 101-H1 井	龙马溪组		2012	龙马溪组		600m 水平段 5 段压裂	平均 12
昭 101 井	筇竹寺组	1806.97	2010	筇竹寺组	112.51		
昭 103 井	筇竹寺组	2702.47	2011	筇竹寺组	80		
昭 104 井	龙马溪组	2100.03	2010	龙马溪组	110	2025~2065	1.02（10h）
YSH1-1	龙马溪组	3165.72	2012	龙马溪组			3 以上

经过近 4 年的资源调查与勘探实践，中国石油基本掌握了两套海相地层富有机质页岩分布特征，并得出以下结论，位于川南深水陆棚区的两套黑色页岩厚度为筇竹寺组 100~240m、龙马溪组 100~250m，且富有机质页岩分布于两套地层下部，厚度分别为筇竹寺组 20~100m、龙马溪组 20~120m，其中龙马溪组有利分布面积达 $4×10^4$~$5×10^4 km^2$（图 2-2）。

中国石油通过钻井和试验分析认为，两套富有机质页岩具有如下特征。

1. 岩石学和力学性质适中

黑色页岩段石英、长石、钙质三种高脆性矿物含量超过 40%，黏土矿物以伊利石为主，不含蒙脱石，具有较高弹性模量和较低泊松比，质地硬而脆，易于形成天然裂缝和诱导裂缝，适宜酸化压裂。

2. 孔隙类型丰富多样

广泛发育残余原生孔隙、有机质孔隙、黏土矿物层间微孔隙、不稳定矿物溶蚀孔四种基质孔隙及大量裂缝，其中有机质微孔隙和黏土矿物层间微孔隙是页岩储集空间的主要贡献者，位于两套地层下部的富有机质页岩段裂缝更发育，裂缝对页岩气的富集高产具有重要影响。

3. 普遍存在异常高压，物性和含气性较好

在川南龙马溪组深水陆棚中心区，黑色页岩厚度一般超过 100m，普遍发育异常高压气层，地层压力系数一般为 1.2~2.3，页岩孔隙度则保持在 1.0%~7.2%（平均 4.0% 以上），含气量一般为 1.6~5m³/t 岩石（平均 3.0m³/t 以上），物性和含气性好于预期。

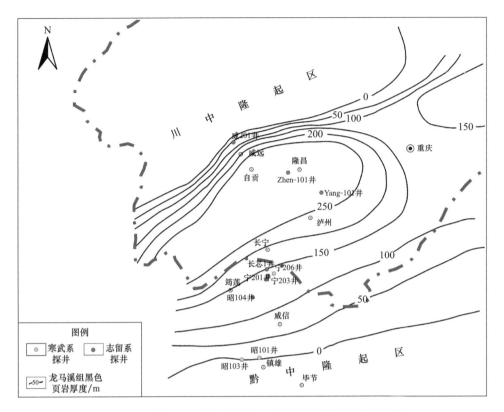

图 2-2 川南地区下古生界海相地层页岩气勘探成果示意图

在前期地质评价的基础上，中国石油优选了四川盆地南部地区及其周缘的威远-长宁、富顺-永川和云南昭通三个地区为有利勘探开发区块，全部获得勘探突破，显示出川南深水陆棚区具有成为我国首个页岩气大气区的地质和资源基础。

（二）中国石化

自 2009 年以来，中国石化借鉴北美页岩油气勘探经验，海相、陆相并举，兼探、专探结合，开展四川盆地及周缘页岩油气勘探，在中下侏罗统陆相、下古生界海相均取得重大突破。

1. 完成的主要工作

（1）地震工作。2010 年度中国石化于三个页岩气重点评价区块部署二维地震409.57km/10 条，其中大方地区部署二维地震 209.57km/4 条，凯里地区部署二维地震201km/2 条。2011 年度在黔中隆起及周缘部署二维地震 413.56km，川东南地区部署二维地震 457.6km。2012 年度在涪陵区块西南部焦石坝区块（含武隆）完成二维地震概查测线 7 条 270km。

（2）老井压裂。中国石化与斯伦贝谢公司（Schlumberger）合作，开展黔中隆起及周缘、川东南地区老井测井资料页岩层综合复查与解释研究工作。黔中隆起及周缘 3

口，川东南地区2口，提出2口/2层老井复试建议，采纳1口井——方深1井。该井于2010年5月采用降阻水大型压裂，压裂获得成功。不仅取得首次页岩气层大型压裂经验，获取重要工程工艺技术参数，同时，对于加快黔西区块页岩气层评价也具有重要意义。

（3）钻井。中国石化2010年度在湘鄂西地区钻探了河页1井，目的层为下上奥陶统—下志留统，河页1井开孔层位为上二叠统吴家坪组，井深8.6m开始录井，全井钻遇地层层序正常，分别为二叠系、石炭系、泥盆系、志留系、奥陶系，井下无断层。2011年度中国石油化工集团华东石油局钻探了黄页1井和彭页1井，分别对下寒武统和下志留统页岩气潜力进行了研究，江汉油田在鄂西渝东地区钻探了建页HF-1井和勘探南方分公司钻探了涪页HF-1井对侏罗系陆相页岩气进行研究。2012年度钻探了焦页1井，在下志留统龙马溪组取得海相页岩气勘探突破，并在此基础上完成涪陵地区龙马溪组页岩气开发试验方案审查，部署6个平台（新建5个平台），水平井18口井（老井1口），2013年拟建产能 $3\times10^8\sim5\times10^8 m^3$。

2. 取得的主要进展和成果

1）海相下志留统页岩气获得大突破

中国石化在湘鄂西、渝东南和涪陵焦石坝针对下志留统龙马溪组分别实施了河页1井、彭页1井和焦页1井，这几口井均取得良好的勘探效果。

（1）河页1井是位于中扬子湘鄂西褶断带花果坪复向斜新塘向斜轴部的一口参数井。

河页1井共见各类显示21.34m/2层。①二叠系栖霞组4.0m/1层：井深387～391m，岩性为深灰色泥灰岩，全烃 $0.23\%\uparrow0.68\%$，C1：$0.2\%\uparrow0.64\%$。②志留系龙马溪组17.34m/1层：井段度为2150.0～2161.72m，厚度为11.72m，碳质泥页岩出筒岩心表面可见零星状气泡分布；井深度为2161.72～2167.34m，厚度为5.62m，出筒岩心表面针孔状气泡相对较多，气泡最大直径可达3mm。岩心做浸水试验无气泡溢出，泥浆洗净后放置一段时间可见气泡溢出。

河页1井龙马溪组有机碳值分布在 $1.28\%\sim5.28\%$，平均为 2.54%；R_o 为 $2.62\%\sim2.80\%$，平均为 2.69%；石英含量主要为 $47\%\sim85.46\%$，平均为 63.12%；长石含量主要为 $2\%\sim22.08\%$，平均为 7.91%；碳酸盐岩含量主要为 $1\%\sim15.08\%$，平均为 1.95%；黄铁矿含量主要为 $0.71\%\sim10.32\%$，平均为 2.77%；此外，黏土含量为 $9.25\%\sim36.29\%$，平均为 24.1%。X射线衍射分析表明，伊利石含量为 $60\%\sim78\%$，平均为 71.82%；绿泥石含量为 $17\%\sim32\%$，平均为 23.35%；高岭石含量为 $1\%\sim2\%$；现场岩心总含气量为 $0.74\sim0.86m^3/t$，页岩含气量较低。经大型压裂后，进行了压裂液返排和放喷测试，压裂液返排速度较慢，返排率较低，没有见到页岩气产出。

（2）彭页1井。钻遇下志留统龙马溪组—上奥陶统五峰组厚度为410m，岩性主要为暗色泥页岩，经综合分析和区域对比，确定本区龙马溪组底部—五峰组含气页岩厚度达 70～94m，横向分布稳定。页岩有机质含量为 3.08%～4.25%，R_o 为 2.6%；页岩石英含量为 44.5%，方解石含量为 5.18%，黏土矿物含量为 28.5%；含气页岩段测井解释孔隙度为 4.4%～4.9%，渗透率为 9.15～139.8mD。

2012 年，中国石化在彭水—道真区块实施 4 口页岩气探井，获得页岩气气流在 1×10^4～$3\times10^4 m^3$，取得勘探突破。

（3）焦页 1 井。中国石化 2012 年部署的焦页 1HF 井在龙马溪组获高产气流，14mm 油嘴、32mm 孔板实施放喷求产，获天然气产量 $20.3\times10^4 m^3/d$，实现中国石化海相页岩气的首个商业性发现。

焦页 1HF 井于 2012 年 9 月 16 日完钻，完钻井深为 3653.99m，水平段长 1007.9m。在志留系龙马溪组页岩见 1272.77m/11 层气测异常，全烃 0.18%～30.95%。其中 2491～2499.78m 井段后效明显，全烃 3.72%↑50.01%，槽面见 10%～15% 米粒状气泡，池体上涨 $0.6m^3$。11 月 7 日～24 日分 15 段进行大型水力加砂压裂，累计注入液量为 $19\,972.3m^3$、砂量为 $968.82m^3$，岩石破裂压力为 57.2～86.3MPa，排量为 8.1～12.5m^3/min，平均砂比为 2.07%～18.3%；11 月 25 日开始钻桥塞，至 28 日钻完 14 个桥塞，在钻桥塞过程中排液 $694.4m^3$，出口进副放喷池点火，火焰高 3.0～5.0m，呈橘黄色。至 12 月 19 日完成 8 个制度放喷测试，4mm 油嘴×36mm 孔板求产，日产量稳定在 $10\times10^4 m^3$ 左右。

目前，焦石坝页岩气探区共部署 11 个页岩气开发试验平台，完成页岩气井 8 口，已经开始试验性生产的有 5 口，单井日产量在 36×10^4～$6\times10^4 m^3$ 不等。开发试验区已经初具规模。

2）陆相侏罗系页岩气取得突破，显示较好勘探前景

中国石化在涪陵东北部、川东北元坝地区、阆中—南部区块大安寨段取得重大突破，多口井页岩气测试获工业油气流；侏罗系自流井组大安寨段、千佛崖组多口井见高产气流或工业油气流，中国石化涪陵北部地区启动了首个页岩气产能建设项目，进入页岩油气产能建设阶段。

（1）建页 HF-1 井。该井直井段井深 668.0m，水平井段长 1022.52m，完钻井深 1777.77m，完钻层位东岳庙段。2011 年 9 月 13 日实施大型压裂，通过注气生产，初期净日产气 $1.4\times10^4 m^3$，2012 年日平均产气 $3189m^3$，日平均产水 $22.68m^3$。

建页 HF-1 井区自流井组东岳庙段黑色页岩厚度一般达 60～100m，页岩有机质类型以 II_1 型为主，有机碳含量为 0.19%～1.61%，R_o 一般为 0.8%～1.5%；脆性矿物石英、长石和碳酸盐岩平均含量分别为 55.95%、2.75% 和 18.81%，黏土平均含量为 22.49%；东岳庙段底部泥页岩段粒间孔发育，孔隙间相互连通性好，并有介壳灰岩层发育。

（2）涪页 HF-1 井。该井位于万县复向斜焦石坝—苟家场—黄泥塘背斜带中的拔山寺向斜，该井完钻井深 3570m，测深 3549.73m，垂深 2273.9m，闭合方位 153.91°。

涪页 HF-1 井在钻井过程中共见到 20 次油气显示，其中在大安寨段见油气显示 10

次（表 2-4）。在侏罗系共见到 21 次后效显示，其中大安寨段后效显示 16 次。涪页 HF-1 井大二段水平段酸化后获日产气 1.73×10^4 m³。

表 2-4　涪页 HF-1 井大安寨段钻井过程中的油气显示情况统计

井段/m	厚度/m	岩性	油气显示	现场解释
2289.50～2291.00	1.50	灰色灰岩	全烃 0.14%↑0.28%	微含气层
2309.00～2313.50	4.50	灰色灰岩	全烃 0.12%↑0.66%	微含气层
2317.00～2322.00	5.00	灰色灰岩	全烃 0.30%↑7.27%，槽面见 5%针孔状气泡	含气层
2327.00～2333.00	6.00	灰色灰岩	全烃 0.56%↑16.48%，槽面见 10%针孔状气泡	含气层
2351.00～2376.00	25.00	灰黑色页岩、灰质页岩	全烃 0.65%↑1.70%	含气页岩
2376.00～2380.00	4.00	灰色介壳灰岩（夹灰黑色页岩）	全烃 0.99%↑1.65%	微含气层
2380.00～2391.00	11.00	灰色介壳灰岩	全烃 1.16%↑8.63%	含气层
2391.00～2851.00	460.00	灰黑色页岩、灰质页岩夹灰色介壳灰岩	全烃 0.75%↑7.24%	含气页岩
2875.00～2881.93	6.93	灰色介壳灰岩、灰黑色灰质页岩	全烃 2.225%↑67.73%，取气样点火可燃，火焰呈淡蓝色，槽面见 20%米粒状气泡	裂隙含气层
2881.00～3275.16	394.16	灰黑色页岩、灰质页岩夹灰色介壳灰岩	全烃 1.12%↑12.94%	含气页岩

涪页 HF-1 井区东岳庙段—大安寨段的泥页岩厚度为 120～150m，其中大安寨段泥页岩厚度一般为 40～60m，TOC 为 0.69%～3.06%，平均为 1.33%，有机质类型主要为 II₂ 型，少量 II₁ 型，R_o 为 1.26%～1.55%，目前正处于大量生气阶段。大安寨段储集空间主要为微小孔隙、裂隙和裂缝。其中微小孔隙主要为次生孔隙，孔径为 1～20 μm；裂隙主要为层间缝、粒间缝、粒沿缝，大小为 0.2～10 μm；裂缝主要为低角度缝和水平缝，发育部分高角度缝。孔隙度为 1.40%～8.17%，平均为 4.68%，渗透率为 1.11×10^{-5}～9.620 14 $\times 10^{-2}$ μm²，平均为 7.371×10^{-4} μm²；灰岩、砂岩孔隙度为 0.63%～5.61%，平均为 1.63%，渗透率为 3.7×10^{-6}～9.215×10^{-4} μm²，平均为 2.20×10^{-5} μm²。页岩中碎屑矿物以石英为主，含量为 22.4%～42%，平均为 29.5%；另外为方解石，含量为 3%～20.5%不等，平均为 8.3%；斜长石含量为 4%左右。另外，还有少量的白云石、黄铁矿、赤铁矿等。

3）海相下寒武统牛蹄塘组取得勘探突破

中国石化在方深 1 井、黄页 1 井的勘探经验基础上，在四川盆地西南部井研-犍为地区针对下寒武统九老洞组部署实施了金石 1 井，开展该地区下寒武统页岩气勘探工作。

金石 1 井。川西南井研-犍为区块下寒武统九老洞组海相页岩气勘探取得突破。金石

1 井下寒武统九老洞组直接压裂试气获得工业气流突破。金石 1 井完钻时间为 2012 年 4 月 10 日，完钻井深 4202m。中国石化于 2012 年 9 月 29 日对 3430～3440m、3510～ 3520m 进行压裂测试，截至 2012 年 12 月 5 日累计产气约 31.5×10^{4}m^3，估算产能为 2.0× 10^4～2.5×10^{4}m^3/d。

4）页岩油勘探进展

中国石化自 2010 年开始，组织胜利油田分公司、华东分公司、勘探南方分公司、江汉油田分公司、河南分公司、华北分公司等对 170 余口老井进行了复查，在海相和陆相泥页岩段发现了丰富的油气显示，已在东部断陷盆地页岩油，获得工业页岩油流多口（安深 1 井、泌页 HF1 井、元坝 9 井、渤页平 1 井）。

其中，泌阳凹陷安深 1 井在古近系核桃园组实施特大型压裂作业后，2011 年 2 月 17 日日产原油 3.76m^3。

（三）延长石油

1. 勘探开发历程

2000 年以来，随着美国页岩气勘探开发技术的不断进步和完善，页岩气产量大幅度增长，引起了世界各国的极大关注，中国政府和石油企业也非常重视页岩气资源，各企业积极投身于勘探开发实践中。2008 年以来，延长石油在鄂尔多斯盆地陆相页岩气勘探开发工作中，做了大量的工作，并取得了重要进展。延长石油的页岩气勘探开发历程可以分为 4 个阶段。

1）2008～2009 年调研准备阶段

2008 年，延长石油开始关注和跟踪国外页岩气勘探开发进展，进行前期调研和相关资料的收集，并积极与国外石油公司、工程服务公司进行技术交流和研讨，系统了解国外页岩气勘探开发技术现状。同时，在鄂尔多斯盆地开展野外露头观察、老井资料复查等工作，初步分析鄂尔多斯盆地陆相页岩气成藏地质条件，认为中生界三叠系延长组陆相泥页岩和上古生界石炭—二叠系山西组—本溪组陆相、海陆过渡相泥页岩具有形成页岩气的基本条件。

2）2009～2010 年评价攻关阶段

2009～2010 年，延长石油先后设立了"延长油气区页岩气、油页岩及页岩油资源评价"、"延长油田非常规油气资源评价"等科研攻关项目，评价页岩气的成藏地质条件，完成页岩气资源评价及有利目标区优选。

延长石油针对中生界三叠系延长组、上古生界石炭系—二叠系山西组—本溪组，在对泥页岩厚度、埋藏深度、有机地化、储层物性等指标分析的基础上，分别优选出云岩—延川地区上古生界山西组—本溪组页岩气有利区和甘泉—直罗地区中生界延长组页岩气有利区。

另外，延长石油还开展了陆相泥页岩岩性特征研究，进行页岩气钻井、完井等关键技术探索，为页岩气勘探开发进行技术储备。

3）2010～2011 年勘探突破阶段

2010 年延长石油积极申报国家重大专项，争取国家层面的支持，2010 年 12 月 15 日获批国土资源部、财政部"矿产资源节约与综合利用"重大专项"鄂尔多斯盆地东南部页岩气高效开发示范工程"项目，开展页岩气资源评价、目标选区、钻完井、压裂试气、综合利用等工作，力争在页岩气高效开发方面形成创新性成果，起到示范和引领的作用。项目总投资 6000 万元，其中国家财政拨款 2000 万元，企业自筹 4000 万元。

为了确保示范工程顺利实施，延长石油整合现有技术力量，成立了 50 多人组成的页岩气勘探开发技术团队，并在中国地质大学（北京）进行了页岩气专项技术培训。从页岩气成藏条件、构造地质、沉积地质、地球化学分析、测井及页岩气层识别技术、储层改造技术、钻完井技术、资源评价等 18 个方面，进行全面系统的培训，为页岩气高效开发提供了人才和技术储备。

2011 年，在评价选区的基础上，延长石油开展了有利区内的页岩气成藏地质条件研究，钻探页岩气直井 6 口，其中，目的层为中生界三叠系延长组 5 口井，目的层为上古生界石炭系—二叠系山西组—本溪组 1 口井。钻井结果显示，延长组长 7 段、长 9 段和山西组—本溪组泥页岩厚度较大，气测异常明显，页岩气含气性较好。

2011 年 4 月 23 日，延长石油对柳评 177 井中生界延长组长 7 段进行了小规模水力压裂测试。压裂后进行放喷排液，放喷排液时开始产气，4 月 25 日点火成功，到 5 月 13 日火焰高度达 5～6m，估算日产气量达 2350m^3，突破了页岩气出气关，成为中国乃至世界上第一口陆相页岩气井。

为了进一步扩大页岩气勘探成果，延长石油相继对柳评 179 井、新 57 井、新 59 井等 5 口井的延长组长 7 段、长 9 段实施大型压裂，均获得了超过 1500m^3 的页岩气流，鄂尔多斯盆地中生界延长组页岩气勘探取得重大突破，预示着延长组页岩气资源前景十分乐观；同时表明，所选取的钻完井及压裂工艺技术具有一定的适用性，初步探索出了适合鄂尔多斯盆地陆相页岩特征的直井钻完井及压裂改造技术。

延长石油在页岩气勘探开发方面取得的成果受到国家相关部委及同行业的高度重视和肯定，同年 10 月，国土资源部、财政部批准设立"陕西延长页岩气高效开发示范基地"，延长石油成为我国首批 40 个矿产资源综合利用示范基地之一。

4）2012 年至今开发试验阶段

在中生界延长组陆相页岩气勘探取得重大突破之后，延长石油进一步加大工作力度，相继实施了一批直井、水平井，均取得良好的勘探效果。

2012 年至今，主要是勘探评价及开发试验阶段。在柳评 177 井区进行精细勘探评价，先后部署实施页岩气直井 28 口，压裂试气 23 口，进一步落实页岩气资源量，探明了中国第一个陆相页岩气田。同时，不断改进和完善页岩气直井钻完井、压裂试气等工艺技术，进行直井产能评价和开发试验。并且，在柳评 177 井场上相继实施了 3 口页岩气丛式直井，探索页岩气规模化、工厂化开发之路（图 2-3）。

图 2-3 柳评 177 井在鄂尔多斯盆地延长组长 7 段陆相页岩取得突破

2012 年 5 月，通过充分调研、反复论证，自主设计并实施了鄂尔多斯盆地第一口陆相页岩气水平井——延页平 1 井，水平段长度 605m，分段进行压裂改造，日产气 8000m³，标志着延长石油在陆相页岩气水平井钻完井及分段压裂技术工艺上取得了新的重大突破。之后，在延页平 1 井场相继实施了延页平 2 井、延页平 3 井 2 口水平井。其中，延页平 3 井，完钻井深 3275m，水平段长度为 1200m，偏移距为 600m，创造了中国陆上丛式三维水平井最大偏移距新纪录。通过丛式三维水平井的实施，进一步评价中生界延长组陆相页岩气水平井产能，开展丛式三维水平井开发试验。

另外，在云岩—延川页岩气有利区内，部署实施多口页岩气探井，进一步评价上古生界山西组—本溪组页岩气资源潜力。

2. 主要进展

截至 2013 年 9 月 24 日，延长石油共完成页岩气井 34 口，其中，直井 30 口（包括丛式直井 3 口），水平井 4 口；完成页岩气井压裂试气 28 口，其中直井 25 口，水平井 3 口。直井日产量为 1700～2400m³，水平井日产量达 8000m³。

通过近 6 年的科技攻关、工程实施等工作，延长石油页岩气勘探获得重大突破，并在资源评价、勘探开发、综合利用等工作方面，取得了重要进展。

1）开展了页岩气资源评价及有利目标区优选工作

通过对鄂尔多斯盆地中生界延长组长 7 段、长 9 段，上古生界山西组、本溪组泥页岩的厚度、埋藏深度、有机地化、储集物性、岩石力学、含气性等特征的研究，延长石油系统评价了延长石油集团区块内的页岩气资源潜力。在资源评价的基础上，针对中生界延长组、上古生界山西组—本溪组，优选出下寺湾—直罗和云岩—延川两个页岩气有利区。

2）建立了鄂尔多斯盆地陆相页岩地层标准剖面

2011 年，延长石油在下寺湾—直罗地区和云岩—延川地区，部署实施了延页 1 井、延页 2 井两口页岩气"铁柱子井"，分别在中生界延长组长 7 段—长 9 段、上古生界山西组—本溪组目的层段连续取心306.53m和173.98m，获取了珍贵的岩心资料，并开展了大量的分析化验工作，共计42项26245块次，得到了大量的页岩气地球化学、岩性、储层物性、含气性等分析化验数据，建立了中生界延长组、上古生界山西组—本溪组页岩气地层标准剖面，并建设起数字化岩心数据库。

3）探明了中国第一个陆相页岩气田

柳评177井中生界延长组长7段压裂出气后，延长石油在柳评177井区部署了多口直井，针对延长组长7段、长9段实施评价，初步圈定含气面积45km²，探明了中国第一个陆相页岩气田，初步估算出页岩气的地质资源量为96.5亿m³。

4）形成了一套适合鄂尔多斯盆地陆相地层的钻完井技术

延长石油针对陆相页岩气储层黏土矿物含量高、裂缝发育、长水平段钻井井漏、井塌等复杂情况，研究水平井裸眼井壁稳定机理，研发出全油基钻井液技术；根据优选钻头、优化钻井参数，研发页岩气水平井钻井提速技术；研发出低密度、高强度固井水泥浆技术、高效清洗隔离液体系，提高页岩气固井质量，初步形成一套适合鄂尔多斯盆地陆相页岩的钻完井技术，有效解决了井壁稳定和储层保护等难题。通过这些技术的应用，钻井周期及质量都有显著提升。水平井钻井周期从65d缩短至54d，平均机械钻速从4.26m/h提高到6.05m/h，固井质量合格率达到100%。

5）多种资源综合勘探，增加页岩气区石油地质储量

延长石油采用多种资源综合立体勘探的模式，页岩气井兼探常规油气资源，完钻的页岩气井从上到下，依次钻遇延长组长2、长3、长4+5、长6、长7、长8、长9和长10八套油层，仅新59井就钻遇各类油层247m。根据完钻页岩气井资料，结合下寺湾采油厂柳洛峪区往年钻探、试油成果，对柳洛峪区长82含油面积进行圈定，以试油后获得工业油流为准，圈定延长组长82亚段含油面积43km²，初步估算新增石油地质储量为640万t。

6）初步形成了压裂返排液无害化处理与回收利用技术

针对页岩气压裂用水量大、鄂尔多斯盆地缺水等问题，延长石油采用界面絮凝、催化氧化、强化固液分离等技术，自主设计了移动式压裂返排液处理装置，处理后的水质能够达到压裂液配液用水和回注用水的要求。目前，该项技术在页岩气井上成功使用，在延页平1井开展压裂返排液处理，日处理能力600m³，已处理压裂返排液8000m³。该技术在国内率先解决了页岩气井压裂废液的处理问题，实现了页岩气井压裂废液的循环利用，达到水资源循环利用、节能减排和保护环境的目的。

7）顺利开展页岩气综合利用

为进一步规模开发，求取试采参数，获取气藏地质认识，增强页岩气的综合利用效能，延长石油进行了页岩气短距离输送发电工程建设，共配置页岩气燃气发电机组120kW机型1台，30kW机型2台。120kW发电机组已安装于延页平1井，其余2台30kW发电机组分别安装于新57井、新59井场，目前设备运转良好，平均1m³气发电

3kW·h。发电量除带动本井场抽油机和电潜泵进行排采生产作业外，剩余电量外输到其他井场进行采油作业。

8）编制了企业页岩气相关技术标准、规范 8 项

通过近几年的勘探实践，初步形成了适合鄂尔多斯盆地陆相页岩气勘探、开发的关键技术体系，在此基础之上，为使各项工作规范化、合理化，延长石油编制了 8 项页岩气相关的技术标准和规范，目前有 6 项成为陕西省地方标准。

（四）中国海洋石油总公司、中联煤层气有限责任公司、河南煤层气开发利用有限公司

中国海洋石油总公司仅在芜湖有一个页岩气区块，2012 年起开始页岩气前期勘探工作，目前完成 3 口地质浅井，初步评价较为乐观。中联煤层气有限责任公司和河南煤层气开发利用有限公司也取得了阶段性进展。

（五）其他中标企业

截至 2003 年年底，16 家勘查单位均完成了资料收集、现场踏勘、野外地质观察及勘查实施方案的编制。但是勘查进展情况差异较大，有的区块已经完成了二维地震采集，准备进行参数井或探井井位论证，有的区块仅仅停留在勘查实施方案上。初步统计，野外地质观察工作，完成地质路线调查 42 条、1330km，地质观察点 489 个，实测地质剖面 85 条、117.9km，采集样品 699 块，分析样品 1834 块次，其他钻井利用 9 口；完成二维地震部署方案编制的 16 个区块；16 个区块进行了二维地震施工队伍优选；贵州岑巩、湖北咸丰来凤、湖北鹤峰、湖南花垣、湖南永顺 5 个区块进行了二维地震招标；贵州岑巩区块完成了二维地震采集，共 430.23km，投资 4232 万元，VSP 测井 1口。初步进行了 4 口地质浅钻、24 口参数井或探井的井位优选。

目前，部分企业内部油气勘探开发技术人才少，技术储备不足，经验不足，技术实力弱，影响了工作部署与实施。部分区块跨多个县、市管辖，协调机制问题尚未解决，需要形成统一的、有效的协调机制支持页岩气勘查工作。部分区块基础地质工作薄弱，油气地质研究工作欠缺，地质勘查资料存档于不同部门，难以收集，给页岩气勘查带来困难。部分区块所在区域的地形复杂，交通条件差，水文地质、工程地质和环境地质调查难度较大，施工进度受到影响，需开展有针对性的工作部署及工程技术攻关。

（六）对外合作

2009 年 11 月 17 日，中美签署了《中美关于在页岩气领域开展合作的谅解备忘录》，国家能源局和美国国务院就联合开展资源评估、技术合作和政策交流制定了工作计划。我国企业与外方也纷纷开展页岩气勘探开发合作。中国石油与壳牌公司签订富顺—永川页岩气合作区联合评价协议，与挪威、埃克森美孚公司、康菲国际石油有限公司开展联合研究，签署对外合作协议。中国石化与英国石油公司、雪弗龙公司进行合作开发凯里、龙里区块。

第二节　技术和管理进展

一、技术进展

（一）地震勘探技术

我国页岩气勘探目前还处于初期普查阶段，主要采用二维地震勘探技术，我国的三维地震勘探技术成熟，但在页岩气勘探开发方面还没有大规模应用。我国的地震装备以引进为主，国内外地震施工量较大，处理解释经验丰富。

1. 含气页岩物性研究

通过三维地震对含气页岩层段物性研究、直接确定"甜点"的方法研究也刚刚起步，开始参照北美地区对含气页岩的物性研究，建立含气页岩物性参数计算模型。

2. 地震采集处理和解释技术

地震资料常规解释方法与常规油气藏解释方法技术没有区别；最经典的三瞬参数解释技术也应用到富有机质页岩的研究中；以相干、曲率、蚂蚁追踪等技术为代表的体属性分析技术已经开始应用于页岩地震勘探中；属性反演直接寻找页岩气"甜点"方法也有尝试应用。

（二）钻完井技术

我国页岩气勘探也主要采用直井井型进行钻探，对钻探显示页岩气开采前景良好的直井，多转换为水平定向井进行页岩气试采。我国勘探井取心主要采取钻杆取心方法。

我国页岩气刚刚进入开发阶段，水平定向井和井组主要进行试采。目前，我国在水平定向井施工方面面临的技术问题较多。含气页岩层段地层软，层理发育，井眼稳定性差，在钻进过程中保持井眼稳定是近两年页岩气水平井遇到的普遍问题，这一问题经科技攻关目前取得较大进展，使得钻完井效率有了较大提高。

钻井装备国产化率高，大量钻机出口到北美、中南美洲等国家，但先进的水平井地质导向装备主要租用国外产品，国内地质导向产品精度还有待进一步提高。

（三）测井资料处理技术

我国测井装备和处理解释软件主要依赖进口。测井资料处理技术较国外落后不大，但针对页岩气的处理解释经验还需要不断积累。

（四）储层改造技术

我国主要采用水力压裂技术对页岩气储层进行改造，目前最多可以压裂 22 段。但多级压裂技术还不够成熟，大规模应用的经验不足，作业周期长、事故多、压裂级数少等问题还没有解决，少水、无水压裂技术还没有提上日程。分段压裂所需可钻式桥塞主要依赖进口，而国产桥塞主要用于出口。2013 年中国石油实现了钻完井全部国产化试验。

（五）微地震监测技术

微地震监测技术已开始应用，但与压裂施工的集成度不高，不能做到数据实时反馈、及时修改压裂参数、优化压裂施工，还需要积累经验，发展装备，研发控制软件，发展适用技术。

（六）分析测试技术

页岩气含气量测试评价技术、储层测试评价技术、地应力测试分析是页岩气分析测试的几个关键分析测试技术。我国在含气性测试评价方面，主要为钻井岩心现场快速解析和岩心样品的等温吸附模拟，实验室慢速解析技术没有得到应用。储层物性的测试与评价技术目前受钻井数量和岩心的限制，还需要不断研究；地应力分析技术需要将已有技术有效应用。

（七）地质理论认识和各项技术的集成应用

页岩气的成功开发，地质理论认识和各项技术的集成应用起到了重要作用。斯伦贝谢、哈利伯顿、贝克休斯等国际石油服务公司均十分重视地质理论认识和各项技术的综合集成工作，将其作为本公司重要的技术领域进行大力发展和推广应用。我国石油行业在这方面较国外落后较多，各专业之间协调配合不够，没有将其作为一项可以创造经济价值的重要领域进行主动发展。

（八）页岩气井生产方式

国外早期页岩气井的生产方式为初期高产，并快速递减，第一年的递减达到峰值的 65%～75%，之后缓慢递减，长期低产。2009 年以来，生产厂商开始研究试验早期限产的生产方式，以保持地层压力，提高单井最终采收率。通过模拟分析，预计页岩气单井的最终采收率会提高 5% 以上。我国目前的开发试验井也处于限产生产阶段。

企业采取快速递减生产还是保压限产生产，主要取决于地层压力条件和企业的经济效益分析结果。

二、管理改革

国家已经将页岩气纳入能源战略视野，页岩气资源的战略调查与勘探开发及国际合作已经引起党中央和国务院的高度重视。2011 年 3 月，我国《国民经济和社会发展第十二个五年规划纲要》中明确提出"推进煤层气、页岩气等非常规油气资源开发利用"，目前我国正在制定的《科学发展的 2030 年国家能源战略》也将页岩气放在重要位置予以重视。

国家科技重大专项"大型油气田及煤层气开发"专门设立"页岩气勘探开发关键技术"项目。各石油企业均成立了专门研究机构，开展页岩气潜力评价和选区研究。中国地质大学（北京）等相关院校也在积极开展页岩气成藏机理方面的研究。我国地方政府与民间资本也积极筹备页岩气开发，具有较高的热情，一些地方已经开始筹备页岩气开发的相关基础工作。

针对页岩气这一新的能源资源，国土资源部加强了页岩气勘探开发管理工作。2010年提出"调查先行、规划调控、竞争出让、合同管理"工作思路，有序推进页岩气勘探开发工作，在全国划分了页岩气资源远景区，为加强页岩气矿业权管理提供了依据。

编制页岩气勘探开发"十二五"发展规划。国土资源部会同国家能源局编制页岩气勘探开发十二五规划，制定了页岩气勘探开发总目标，具体规划内容和目标、重点勘探开发领域和地区等。

开展页岩气探矿权出让招标。国土资源部引入市场机制，对页岩气资源管理制度进行创新，2011年成功开展了页岩气探矿权出让招标，完成了我国油气矿业权首次市场化探索，向油气矿业权市场化改革迈出了重要一步。

申报页岩气为独立新矿种。国土资源部在近年来开展的页岩气资源调查评价和研究的基础上，通过与天然气、煤层气对比，开展了页岩气新矿种论证、申报工作，经国务院批准将页岩气作为新矿种进行管理。同时，国土资源部制定了页岩气资源管理工作方案，进一步明确了页岩气资源管理的思路、工作原则以及主要内容和重点等。

2012年10月26日，国土资源部为积极稳妥推进页岩气勘查开采，出台了《国土资源部关于加强页岩气资源勘查开采和监督管理有关工作的通知》（国土资发〔2012〕159号），强调要充分发挥市场配置资源的基础性作用，坚持"开放市场、有序竞争，加强调查、科技引领，政策支持、规范管理，创新机制、协调联动"的原则，以机制创新为主线，以开放市场为核心，正确引导和充分调动社会各类投资主体、勘查单位和资源所在地的积极性，加快推进、规范管理页岩气勘查、开采活动，促进我国页岩气勘查开发快速、有序、健康发展。其中第八条明确提出"鼓励开展石油天然气区块内的页岩气勘查开采。石油、天然气（含煤层气，下同）矿业权人可在其矿业权范围内勘查、开采页岩气，但须依法办理矿业权变更手续或增列勘查、开采矿种，并提交页岩气勘查实施方案或开发利用方案。对具备页岩气资源潜力的石油、天然气勘查区块，其探矿权人不进行页岩气勘查的，由国土资源部组织论证，在妥善衔接石油、天然气、页岩气勘查施工的前提下，另行设置页岩气探矿权。对石油、天然气勘查投入不足、勘查前景不明朗但具备页岩气资源潜力的区块，现石油、天然气探矿权人不开展页岩气勘查的，应当退出石油、天然气区块，由国土资源部依法设置页岩气探矿权。已在石油、天然气矿业权区块内进行页岩气勘查、开采的矿业权人，应当在本通知发布之日起3个月内向国土资源部申请变更矿业权或增列勘查、开采矿种"。

为大力推动我国页岩气勘探开发，增加天然气供应，缓解天然气供需矛盾，调整能源结构，促进节能减排，财政部、国家能源局于2012年1月出台了《关于出台页岩气开发利用补贴政策的通知》，通过中央财政对页岩气开采企业给予补贴，2012～2015年的补贴标准为 0.4 元/m³，补贴标准将根据页岩气产业发展情况予以调整。地方财政可根据当地页岩气开发利用情况对页岩气开发利用给予适当补贴，具体标准和补贴办法由地方根据当地实际情况研究确定。

第三节　页岩气资源调查评价经验总结

在"中国重点地区页岩气资源潜力及有利区优选"和"全国页岩气资源潜力调查评价及有利区优选"项目，以及国内外页岩油气勘探开发经验总结的基础上，项目组总结了开展页岩油气资源调查评价和勘探开发工作经验和工作流程。

一、现代页岩气、页岩油概念的引入与推广

页岩油气资源调查评价工作定位为基础性、公益性、战略性工作。页岩油气的勘探开发在我国处于起步阶段，在 2004 年开始准备实施页岩气资源调查评价工作时，页岩气的概念在我国还没有被广泛接受。

在"全国油气资源战略选区调查与评价项目"（2004～2010 年）的"新方向和重点目标研究"课题的 2006 年、2007 年、2008 年年度报告中，开始系统研究包括页岩气、页岩油在内的非常规油气资源，并将美国现代页岩气、页岩油的概念系统引入并加以推广。

由于当时页岩气、页岩油的开发价值还没有被充分认识。在这种情况下开展页岩气资源调查评价工作除了需要进行知识和资料准备外，还要进行页岩气概念的解释与说明，页岩气开发价值的分析和美国实例的介绍。解释和说明工作也要不断重复，反复进行。否则，就得不到各方面的认可，也就不会有资金投入，项目就无法开展。

二、页岩气、页岩油调查评价流程总结

2008 年，"全国油气资源战略选区调查与评价项目"（二期）的立项论证中，页岩气资源调查评价与有利区优选项目得到专家的初步肯定，同意设立"中国重点地区页岩气资源潜力及有利区优选"项目。2009 年项目启动，年度经费为 200 万元。2009 年的项目工作重点地区确定为四川盆地及周缘和南方海相地层，并设计实施了 2 口页岩气调查井。其中渝页 1 井效果较好，在四川盆地外的重庆市彭水县莲湖乡锅场坝背斜发现了页岩气显示，成功取得页岩气气样，这批页岩气气样是我国首批通过岩心解析，直接获取的、达到了可以进行全面系统分析测试量的页岩气气样，不但直接证明了页岩气的存在，还为分析龙马溪组页岩气成分、含气量等关键参数提供了直接证据，为申报页岩气新矿种奠定了坚实基础。另外，该井的实施，还摸索出了页岩气调查井实施的基本

模式。

通过 4 年的页岩气资源潜力调查评价和有利区优选工作，初步总结出了页岩气资源调查评价基本流程。

1. 确定目标层系

充分利用以往的油气勘探资料、煤炭和煤层气勘探资料、其他地质资料，特别是油气烃源岩资料数据，初步确定含油气页岩的目标层系，并基本掌握其分布规模、分布和埋深特征，利用油气显示资料，初步判断其页岩油气的资源前景。

2. 识别、划分含油气页岩层段

项目率先提出含油气页岩层段概念：含油气页岩层段为有烃原岩层系内油气连续富集的层段，一般由以富含有机质岩石为主，不含有机质的粉砂岩、细砂岩和碳酸盐岩等含油气夹层为辅构成，岩性复杂，纵向和横向变化大，不含有机质的粉砂岩、细砂岩和碳酸盐岩等夹层不能单层开发。

确定了含油气页岩段识别与划分方法：一般通过成本较低的调查井获取目标层系系统的岩心资料进行，岩心直径不小于 60mm。地表露头剖面样品也可以作为研究对象，但不能获取全部参数数据，部分参数受风化作用影响有明显偏差，在使用时要十分小心。确定含油气层段的主要参数包括①TOC、R_o 等有机地化参数；②岩石类型和矿物组成等岩矿参数；③孔隙度、孔隙结构和类型等储层物性参数；④含油气性指标；⑤岩石力学、地应力等其他参数。

各项参数要在目的层系岩心或露头剖面上按一定密度系统采样获取，最终建立起包含以上 5 类指标的含油气页岩层段综合剖面，综合反映含油气页岩层段识别划分依据和划分结果。

3. 确定含油气页岩层段的发育规模，预测页岩油气有利区

通过地质、地球物理和钻探方法，特别是探井资料和二维、三维地震资料，综合分析确定含油气页岩层段的分布面积、厚度及其变化规律，埋藏深度，编制相应剖面对比图和平面图。分析其有机地化参数、岩矿和储层物性参数、含油气性参数等的变化规律，预测、划分各含油气目标层段页岩油气有利区的分布范围。

4. 开展有利区内页岩油气资源潜力评价

制定统一的方法参数，对优选出的页岩油气有利区开展页岩气、页岩油资源评价，并对评价结果进行分析，进一步明确各有利区的勘探开发前景。方法参数依据资料和勘探开发数据的丰富程度确定。在页岩气资源调查评价阶段，所评价的地区资料数据有限，各项参数的不确定性较高，一般采用条件概率体积法进行资源评价，各项参数以概率方式给出，结果为概率分布。

5. 总结页岩油气富集地质规律

页岩气富集地质规律的总结即需要各项静态参数数据，更需要勘探开发参数和产能数据。目前我国页岩气的勘探开发刚刚起步，数据优先。目前主要通过分析所评价含油

气页岩的有机地化、岩石矿物、孔渗、含气性的剖面变化特征和平面分布规律，总结页岩油气富集特点，分析其开发前景。

三、页岩气、页岩油调查评价和勘探的主要技术手段

通过研究实践得出如下结论，地质资料综合分析，野外地质调查，二维、三维地震勘查，地质调查井钻探取心，页岩气直井、水平井的钻、录、测、固、压，系统的分析测试等是页岩气调查评价和勘探的主要技术手段。在地震精度可以满足要求时，不推荐使用；但地震精度无法达到要求时，可适当使用，最好与地震资料配合使用，如用电法大致标定层布展位，来校正地震解释结果。在碳酸盐岩地层发育区，三维电法对识别溶洞，优化探井设计有较好的作用，可以适当应用。

利用已有油气勘探资料、区域地质调查资料、固体矿产等勘查资料，开展系统分析，可以初步确定页岩油气目标层系。在有目的层出露的地区，野外地质调查可以经济有效地获取目的层系部分参数。而对于目标层系的分布特征的有效控制手段为地震勘探，包括二维地震勘探和三维地震勘探。其中，二维地震勘探是部署页岩气探井（直井）的主要依据，三维地震勘探是部署实施页岩气水平井的主要依据。不建议利用二维地震部署实施页岩气水平井。

在一个新区，划分含气页岩层段的主要依据为目的层岩心，主要通过页岩气调查井获取。调查井的完井井径不小于 95mm，岩心直径大于 60mm。单井成本总体不高。调查井一般进行全井段取心，目标层段进行页岩气现场解析。岩心进行系统的有机地化、岩矿、物性、含气性等系统分析，建立综合解剖剖面。

获取页岩气气流的井一般采用油气探井，包括直井和水平井。页岩气探井的实施同时，综合录井工作、目的层取心、测井工作、固井、压裂等工作也要系统、有序地配套进行。

分析测试在识别、划分和评价页岩气目的层段中十分重要。分析测试手段大多数与常规油气相同，但孔隙特征、孔隙度、渗透率、含气性等的分析测试要求较常规油气有别。需要采用亚离子剖光技术制备电镜分析样品、低压脉冲渗透率测试、页岩气现场解析等技术。

第三章
页岩气、页岩油地质特点

第一节　页岩油气含义

2012 年，美国页岩气产量达到 $2653 \times 10^8 m^3$，页岩油产量达到 $5000 \times 10^4 t$。页岩油气的成功勘探开发不但改变了美国的油气供应格局，还对全球油气供应格局产生了重大影响。美国页岩油气产自什么层位，这些层位有什么特点，是研究分析美国页岩气进展过程中一直关注的问题。

美国在页岩气领域最常出现的几个概念是"shale gas""shale oil"和"gas shale"，分别被译为"页岩气""页岩油"和"含气页岩"（要特别注意，"oil shale"，其含义为"油页岩"，不是指含油页岩）。一般理解分歧较大的是含气页岩"gas shale"或"oil and gas shale"，即对"含气页岩"或"含油气页岩"的理解分歧较大。为此，这里将美国、加拿大等页岩气勘探开发已经取得成功国家的专家学者对含气页岩的定义进行了整理和分析，作为我国正确理解页岩气含义的借鉴。

一、国外学者对含油气页岩及页岩油气的界定

页岩气起源于美国，在北美发展最快。我国是引进学习美国、加拿大经验，开始对页岩气研究和勘探开发的。因此，将美国、加拿大学者对页岩气的界定加以分析，是学习借鉴国外页岩气勘探开发经验的基础。

（一）Curtis 对页岩气及含气页岩的界定

2002 年，Curtis 对页岩气及其储层（含气页岩）作了如下描述：页岩气系统本质上是连续类型的生物成因（或生物成因为主）、热成因或生物-热成因混合型的天然气聚集，具有普遍的天然气饱和性，聚集机理复杂，岩石学特征多变性显著，具有相对较短的烃类运移距离。页岩气可以在裂缝和粒间孔中以游离状态储集，也可以在干酪根和黏土表面吸附储集，还可以溶解于干酪根和沥青等。

这一定义强调了页岩气可以是热成因，也可以是生物成因，也可以是两种成因的混合；页岩气在储层中的存在状态有游离、吸附、溶解等多种状态；可以有短距离的运

移；聚集机理复杂；属于连续型油气聚集。强调了含气页岩具有"岩石学特征多变性显著（seals of variable lithology）"；裂缝、孔隙等多种储集空间；富含具有较强吸附能力的有机质等特点。

（二）Bustin 等对页岩气及含气页岩的界定

Bustin 认为，页岩气为自生自储于细粒储层中的天然气，其中部分天然气以吸附状态储集。吸附气主要储集于有机质碎片中，所以有机质是必需的。页岩气（储层）不只是"页岩"。

这一定义突出了页岩气为自生自储的自源型天然气，强调了页岩气的吸附性特征，以及含气页岩为细粒储层，富含有机质，不只是岩石学意义上的"页岩"。

（三）Milind Deo 对页岩气及含气页岩的界定

犹他大学油气研究中心的 Milind Deo 教授认为，"页岩气"一词是指非常规、连续性、自源型油气资源，热成因或生物成因天然气以游离气形式储存于富有机质细粒（黏土到细粒的砂岩）、低渗透储层孔隙及裂隙中，或者以吸附、溶解气形式储存于有机质和/或黏土矿物表面。页岩以黏土及粉砂级颗粒构成岩石组合，岩石具有超低渗透率，主要岩石类型有泥质、硅质、钙质粉砂岩和泥岩（黑色页岩）及其过渡类型，含有游离气和吸附气。含油气页岩为连续型沉积，因此发现页岩油气不难，但开发难度较大；含油气页岩的垂向和横向非均质性强，储层描述十分重要。

这一定义的特点是对含气页岩的描述进一步具体化，强调页岩以黏土及粉砂级颗粒构成岩石组合，主要岩石类型有泥质、硅质、钙质粉砂岩和泥岩（黑色页岩）及其过渡类型，含气页岩的垂向和横向非均质性强，储层描述十分重要。

（四）Rokosh 等对含气页岩的界定

Rokosh 等为评价西加拿大盆地页岩气资源潜力，在 2009 年对含气页岩进行了详细的界定。

事实上，"页岩"这个术语的使用很宽泛，同时也不是描述储层岩性的。美国页岩气储层在岩石学上差别很大，本身就说明页岩气不止储存于页岩中，而是储存于在岩石学和岩石结构上都很宽泛的岩石系列内，从泥岩（如 nonfissile 页岩）到粉砂岩及细砂岩，都可以含有硅质或钙质成分。在西加拿大盆地，大多数被描述为页岩的岩石经常为粉砂岩，或者为多种岩石类型组成，如粉砂岩、砂岩纹层与页岩纹层或层段互层。这种富有机质"页岩"的复合岩石类型预示着天然气的复合储集机理，可以是有机质吸附储存、宏观、微观孔隙中的游离状态储存。

Rokosh 等明确指出页岩气所指的"页岩"不是岩石学意义的页岩，是富含硅质、钙质的从泥岩到粉砂岩及细砂岩，由多种岩石类型组成的岩石系列。这较 Curtis 和 Milind Deo 对含气页岩的界定更为明确。

二、国外学者对页岩气、含气页岩的界定总结

1. 页岩气

页岩气可以是热成因，也可以是生物成因，也可以是两种成因的混合；页岩气在储层中的存在状态有游离、吸附、溶解等多种状态；具有自源性的特征，可以有短距离运移。

2. 含气页岩

页岩气的界定离不开对其载体——含气页岩或页岩气储层的界定。Curtis 用"岩石学特征多变性显著"来描述含气页岩；Bustin 认为可开发的含气页岩从富含有机质、细粒岩石，到多种岩相的组合，具有较大的变化范围。Milind Deo 教授认为，含气页岩为黏土及粉砂级颗粒构成岩石组合，主要岩石类型有泥质、硅质、钙质粉砂岩和泥岩（黑色页岩）及其过渡类型；Rokosh 等认为，含气页岩为含有硅质或钙质的泥岩到粉砂岩以及细砂岩，在岩石学和岩石结构上都很宽泛的岩石系列内。

从以上对含气页岩的界定可以看出，页岩气的"页岩"是指由泥质到粉砂、细砂质，以富含有机质细粒岩石为主，间杂有细砂岩、碳酸盐岩的岩石组合。与岩石学中定义的页岩完全是两个含义。含气页岩本质上为油气源岩中油气富集层段。

三、美国典型含气、含油页岩剖面特征

（一）Barnett 页岩

Barnett 页岩是美国深层页岩开发实现突破的主要页岩层系，其西北部核心区所产页岩气主要为湿气和凝析油；西部和南部外围主要产轻质油和湿气。

Barnett 页岩主要由下 Barnett 页岩段、Forestburge 灰岩段和上 Barnett 页岩段组成（图 3-1）。下 Barnett、上 Barnett 页岩的岩石类型以硅质泥岩、钙质泥岩、白云质泥岩

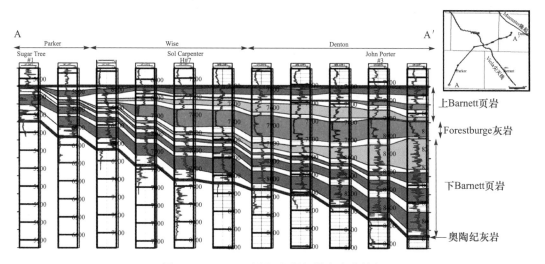

图 3-1　Barnett 页岩沉积微相横向变化特征

为主，由粒泥灰岩、泥粒灰岩、粒屑灰岩夹层，以及粉砂岩、介壳层含磷层等组成，岩石成分复杂，纵向、横向各向异性明显，部分地区下 Barnett 页岩层的灰岩夹层单层厚度达到 1～2m，累计厚度达到 50％以上（图 3-2）。

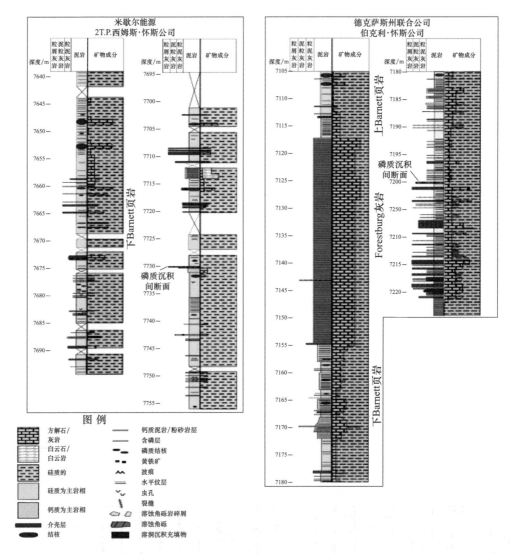

图 3-2　Devon7 Adams Southwest 井岩心显示的 Barnett 页岩和
Forestbug 夹层的岩相特征

（二）鹰滩页岩

鹰滩（Eagle Ford）页岩由北向南埋藏深度加大，南部埋藏较深的地区主要产湿气、中部埋藏略浅的地区主要产轻质油和湿气，北部埋藏较浅的地区主要产中轻质油。目前开发的主要地区为中部的轻质油和湿气产区。

鹰滩页岩划分为下鹰滩页岩和上鹰滩页岩两段（图 3-3）。从图 3-3 可以看出，上鹰滩页岩和下鹰滩页岩的灰岩、白云岩夹层均十分发育，下鹰滩页岩的灰岩、白云岩类夹层尤为发育，夹层单层厚度不大，但累计厚度已经超过 50%。这些夹层提供的储集空间大大改善了鹰滩页岩的储集能力，增加的鹰滩页岩的脆性，使其开发难度大幅度降低。

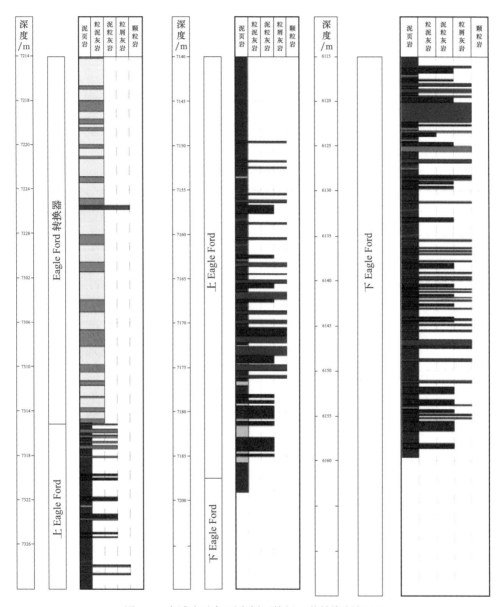

图 3-3　鹰滩含油气页岩剖面特征（井筒资料解释）

四、美国学者对含气、含油页岩的分类

页岩油气类型划分目前还没有形成统一认识。Jarvie 等将美国页岩气划分为生物成因和热成因两大类，热成因页岩气又按含气页岩层段中非页岩夹层发育与否分为两种，

按页岩气运移情况又划分出经过运移的一种特殊类型。这样，页岩气划分为四种类型，而页岩油按储层裂缝发育情况和夹层发育情况划分为三种类型。

四种页岩气类型和典型页岩如下。

1. 生物成因页岩气（biogenic shale gas）

生物成因页岩气典型的有密执安盆地泥盆系 Antrim 页岩，Nebraska 中部地区白垩系 Niobrara 页岩，伊利诺斯盆地泥盆系新奥尔伯尼页岩的一部分。

2. 热成因页岩气（germogenic shale gas）

热成因页岩气分布最为广泛，为美国页岩气的主要成因类型之一，典型的有 Ford Worth 盆地的 Barnett 页岩，Appalachian 盆地泥盆系的 Marcellus 页岩，Anadarko 盆地泥盆系 Woodford 页岩，Arkoma 盆地密西西比系 Fayetteville 页岩等。

3. 有非页岩相夹层的热成因页岩气（germogenic shale gas，hyrbid non shale lithofacies）

典型的有东得克萨斯州 Salt 盆地侏罗系 Haynesville 和 Bossier 页岩，Anadarko 盆地 Panhandle 地区的 Penn 页岩，Raton 盆地白垩系 Pierre 页岩，南得克萨斯盆地白垩系 Eagle Ford 页岩，西加拿大盆地三叠系 Montney 页岩等。

4. 有运移的热成因页岩气（germogenic shale gas，migrated）

这类页岩气比较少，主要有 Wind River 盆地古新统 Waltman 页岩。

三种页岩油和典型页岩如下。

1. 发育裂缝的页岩油（shale oil，fractured）

典型的有 San Oaquim 盆地中新统 Antelope 页岩，Santa Maria 盆地中新统 Monterey 页岩，San Juan 盆地白垩系 Mancos 页岩。

2. 有非页岩相夹层的页岩油（shale oil，hyrbid non shale lithofacies）

典型代表有 Williston 盆地泥盆系 Bakken 页岩，中蒙大拿地堑宾夕法尼亚系 Heathh/Tyler 页岩。

3. 致密页岩中的页岩油（shale oil，tight shale）

典型的有 Ford Worth 盆地密西西比系 Barnett 页岩，密西西比 Salt 盆地白垩系 Tuscaloosa 页岩等。

从 Jarvie 和 Philp 等对美国页岩气、页岩油的分类也可以看出，页岩气、页岩油产层的多样性显著，Williston 盆地泥盆系 Bakken 页岩，中蒙大拿地堑宾夕法尼亚系 Heathh/Tyler 页岩均视作页岩油气储层。

五、本书对页岩气、页岩油的理解

对页岩气、页岩油的理解主要参考了美国、加拿大专家学者对页岩油气的解释，并借鉴了具体开发含油气页岩层系的地质特征，对页岩气的理解如下：

（1）页岩油气是指生成并赋存于烃源岩层系内的油气资源，其中页岩气以吸附和游离状态为主要赋存方式，主要成分为甲烷，并含有乙烷、丙烷、丁烷等多炭烃；页岩油以轻质油为主,并含有湿气。

(2)含油气页岩为烃源岩,为一套由页岩、泥岩,粉砂质页岩、泥岩,粉砂岩,碳酸盐岩及少量细砂岩组成的地层层系,这些岩石的最大特点是均富含有机质,另外是粒度总体较细,并夹有不含有机质的碎屑岩及碳酸盐岩等夹层。

对页岩油气储层研究结果表明,富含有机质的岩石除泥页岩外,还有大量的粉砂质泥页岩和粉砂岩也富含有机质,少量细砂岩也含有有机质条带;部分碳酸盐岩有机质含量丰富,这一点在油气烃源岩研究中没有充分认识。从这点看,页岩气的研究,使对油气源岩的认识得到了进一步深化。

(3)含油气页岩层段是指烃原岩系内具有一定厚度的页岩气、页岩油连续富集层段,是页岩油气勘探开发的主要目的层段。烃源岩层系一般均较厚,如渤海湾盆地沙三段烃源岩厚度近千米,但其中页岩油气富集层段则不超过100m;龙马溪组烃源岩层系厚度可达200多米,其中只有下部的20~120m为页岩气的富集层段,即使页岩气富集层段达到120m,也只有下部的30~50m页岩气含气量最高,为页岩气最有利开发层段。

在以往的油气勘探中,烃源岩层系内油气资源多有发现,但一直以来因油气地质理论认识和技术水平的限制,难以经济有效开发。直到21世纪初,美国发展形成了一套全新的大规模清水压裂完井技术,使压裂完井成本降低了2/3,同时含气页岩层系水平井钻井质量和效率也大幅度提高,这大幅度降低了页岩气的勘探开发成本,使其勘探开发变得经济可行,美国大量的中小企业迅速进入页岩气勘探开发领域,并取得成功。

页岩气产量大规模增加使美国页岩气价格大幅度下降,并与石油价格背离,大量低价天然气供给,给美国的经济打了一针强心剂,美国的电力、重化工、交通运输业在大量廉价天然气资源的支持下,天然气发电由17%增加到了27%,重化工业开工率由65%增加到99%,大量的卡车开始使用天然气作为动力。天然气的低价并没有阻碍页岩气的发展,其原因在于,美国页岩气中除甲烷外还有乙烷、丙烷、丁烷和轻质油。轻质油、湿气的价格较高,可以保持企业总体盈利。页岩气技术的发展,也为页岩油的开发提供了技术保障,大量企业开始利用在页岩气开发中发展成熟的泥页岩水平井钻完井技术开发页岩油,开发重点集中在轻质油和伴生气领域,开发目的层主要为富夹层的烃源岩层系。其中 Eagle Ford 页岩油主要开发区集中在油气过渡带内,夹层发育层段;Bakken 页岩油开发主要集中在上、下 Bakken 之间的夹层中。

六、页岩油气特点

与其他类型天然气藏相比,页岩气具有如下显著特点。

1. 富集层位明确

页岩油气主要富集于烃源岩层系中,由地层中有机质热演化形成,具有自生、自储、自保的成藏特征,这些富含页岩气的烃源岩层系就是美国、加拿大专家学者所指的含气页岩(gas shale)。长期的油气勘探实践对含油气盆地内的含气页岩发育层位及其基本特征已经有了基本认识，并且从烃源岩角度开展了系统研究。我国含气页岩层系分布广泛，类型多样。其中海相含气页岩主要形成于下寒武统、上奥陶统—下志留统和泥盆系，页岩沉积厚度大、分布广，在扬子地区、塔里木地区等广泛分布；湖相含气页岩主要形成于二叠系、侏罗系、白垩系和古近系，在我国含油气盆地中广泛存在；海陆过渡含气页岩层系主要形成于石炭系—二叠系，在华北、滇黔桂等地广泛分布。

2. 烃类气体在页岩中有多种赋存方式

烃类气体在页岩中的赋存方式包括吸附、游离和溶解，但以吸附和游离赋存方式为主。其中吸附气含量随着埋藏深度的增加而增加，变化梯度由快变慢，从 2000m 开始，增加速率明显降低；在 1500～2500m 深度范围内，吸附气和游离气大约各占 50%。吸附相的存在，使其明显区别于常规气和致密气；游离相的存在，使其又有别于煤层气。

3. 页岩储层岩性复杂多样

页岩储层岩性包括页岩、泥岩，粉砂质泥岩、页岩，泥质粉砂岩、页岩，粉砂岩，细砂岩，碳酸盐岩等多种富含有机质的岩石类型，另外还发育有砂岩、碳酸盐岩等夹层。其特点一是多数岩石富含有机质，甚至细砂岩中也含有条带状有机质；二是岩性变化频繁，单一岩性的厚度普遍不大。基质孔隙度一般小于 10%；孔隙类型包括粒间孔、粒内孔、有机质孔隙和微裂隙等。其中，有机质演化形成的孔隙对储集空间有明显贡献，一般达到 25% 以上。页岩渗透率一般极低，如果天然裂缝不发育，页岩气无法自行流动，不能形成自然产能。

4. 页岩油气分布在烃源岩分布范围内

页岩油气为富含有机质的烃源岩层系内滞留油气，分布受烃源岩控制。烃源岩在热演化过程中形成的油气首要要满足烃源岩自身的吸附和孔隙、裂隙空间的存储，当烃源岩层系内的油气达到一定量，在温压作用下，其动能足以突破烃源岩的限制，才会向外运移，在烃源岩附近的致密层中聚集形成致密油气，运移到低势区聚集形成常规油气等。

5. 储层产水量少

除少量生物成因页岩气外，多数热成因页岩气在生产过程中产水量很少。从美国页岩气井的典型生产曲线看，地层超压不明显的页岩气层，其页岩气早期高产，但产量下降较快，在 1 年半左右下降到高峰期的 35%～25%，之后长期低产，生产时间一般会持续 30～50 年。从我国页岩气井的生产曲线看，如威 201 井、建 111 井等部分井，其生产曲线与美国相近，另外，我国重庆涪陵焦石坝地区页岩气储层的压力系数较大，在 1.5 左右，目前采用控压生产方式，单井产量控制在其测试产量的 1/5～1/3。经过 1 年多的试采，产量曲线平稳，地层压力下降缓慢。从我国勘探实践看，地层超压比较高的井的勘探开发成功率高，具有较高的工业经济价值。

七、页岩油气的开发依赖于技术进步和管理创新

1. 页岩油气的开发依赖于技术进步

页岩油气的开发主要受页岩层系水平井钻完井技术和水平井分段压裂技术等影响。页岩层系水平井技术关键是按最优方向准确钻遇目的层并保持井眼稳定。水平井分段压裂技术的关键是实现页岩层系的体积压裂，这种压裂要求尽量在页岩层系中形成网状裂缝，增加泄气面积。这与常规油气储层改造中要求尽量造长缝的理念完全不同，具体压裂的技术细节差别较大。

2. 页岩油气的开发依赖于管理创新

页岩气开发过程是一个全面管理创新过程，是将地质综合分析、高技术集中应用和管理创新相结合的过程，是一个全方位降低成本的过程。

在地震勘探方面，除作常规的地震处理解释外，可实现三维地震直接识别脆性高产区；在测井解释方面，强调测井综合解释确定最有利层段。

钻井设计施工考虑的因素更为全面：合适的钻井泥浆、优质的井下工具，保证储层高效钻进，保证井筒质量，减少井壁坍塌；优质固井保证地下环境安全；合适的压裂液、多段压裂配套技术和井下工具保证多段压裂质量；合理的返排试采安排，保证开发成功，并提高采收率。

井工厂式开发，规模化施工降低成本：批量钻井、减少用地、减少钻机搬迁，批量压裂、减少压裂装备搬迁、压裂配套设施准备；批量返排试采，减少返排和试采成本。

专业化经营，降低成本，提高质量：直井段、水平段专业化施工；压裂施工按专业分工，泵送封隔器、射孔枪，返排物处理等由专门公司配合压裂公司完成。

实施扁平化管理：减少层级。充分利用现代通信技术，针对具体问题，通过核心管理层及时调动实施公司内部专业资源进行会诊，快速提出解决方案；通过市场机制，充分利用外部多种专业技术资源，保证施工质量和效率。

第二节　中国含油气页岩类型与特征

一、含油气页岩分类

受复杂地质背景和多阶段演化过程的影响，中国地质构造具有多块体、多旋回、多层次的复杂构造运动特征，导致我国沉积盆地类型多、结构复杂。依照形成环境，可将富有机质页岩划分为三类：海相、海陆过渡相及陆相含油气页岩（表3-1）。其中陆相含油气页岩还可以进一步划分为湖相和湖沼相两种类型。

二、总体分布

统计结果显示，我国富有机质泥页岩广泛分布，其中，海相富有机质泥页岩主要分布在扬子地区下古生界、滇黔桂地区的上古生界，塔里木盆地、鄂尔多斯盆地下古生界，华北地区新元古界地层中；另外，青藏地区中生界地层中也广泛分布。海陆过渡相富有机质泥页岩主要分布在南方地区二叠系、华北地区石炭系—二叠系；并且，二连盆地、海拉尔盆地和措勒盆地下白垩统为滨海沼泽沉积。陆相富有机质页岩主要分布于我国中新生代广泛发育的沉积盆地内（表3-2）；此外，准噶尔盆地二叠系发育有上古生界风城组和芦草沟组富有机质页岩。

表3-1 我国含油气页岩类型和特点

页岩类型	沉积相	主要地层	分布及岩性组合特点	主体分布区域	有机质类型
海相含气页岩	深海、半深海、浅海等	古生界	单层厚度大，分布稳定，可夹海相砂质岩、碳酸盐岩等	南方西北	I、II型为主
海陆过渡相含气页岩	潮坪、潟湖、沼泽等	上古生界中生界	单层较薄，累计厚度大、常与砂岩、煤系等其他岩性互层	华北西北南方	II、III型为主
陆相含油气页岩	湖相	深湖、半深湖、浅湖等	中生界新生界	累计厚度大、侧向变化较快，主要分布在拗陷沉积中心，常夹薄层砂质岩	华北、东北、西北、西南	I、II、III型
	湖沼相	湖相、湖沼等	中生界新生界	单层厚度大、横向变化快，多与煤层和致密砂岩层互层产出	中新生代断陷盆地为主	I、II、III型

表3-2 我国主要含油气页岩发育层位统计表

层系			含油气层段厚度/m	油气显示	分布	沉积环境
新生界	核桃园组（E）	6号页岩层	71	工业油气流	南襄	陆相
		5号页岩层	73			
		3+4号页岩层	75			
		2号页岩层	79			
		1号页岩层	55			
	潜江组		45～190	工业油气流	江汉	
	新沟嘴组		25～70			
	下干柴沟组（E）	三段	30～90	录井显示	柴达木	
		二段	30～110			
		一段	30～70			
	东营组	东一段	40～60	录井显示	渤海湾	
	沙河街组（E）	沙一段	50～100	录井显示		
		沙三段	50～150	工业油气流		
		沙四段	40～90			
	孔店组（E）	孔二段	30～50	录井显示		
	阜宁组	阜四段	30～90	工业油气流	苏北	
		阜二段	30～90			
中生界	泰州组（K₂）	泰二段	30～70	录井显示		
	嫩江组（K₂）	嫩二段	30～45	工业油气流	松辽	
		嫩一段	30～50	录井显示		
	青山口组（K₂）	青一段	30～60	工业油气流		
	营城组（K₁）	营一段上	30～90	岩心解析气		
		营一段下	30～80	岩心解析气		
	沙河子组（K₁）	沙二段	30～60			
	九佛堂组（K₁）	上段	40～80	录井显示	辽西	
		下段	50～90			

续表

层	系		含油气层段厚度/m	油气显示	分 布	沉积环境
	穆棱组（K₁）		30～70	录井显示	鸡西、勃利	陆相
	城子河组（K₁）	一段	30～80			
	乃家河组（K₁）		20～60		六盘山	
	马东山组（K₁）		20～60			
	中沟组（K₁）		20～70		酒泉、花海	
	下沟组（K₁）		20～80			
	赤金塔组（K₁）		40～80		酒泉	
	窑街组（J₂）		40～100		民和	
	恰克马克组（J₂）		10～45		塔里木	
	克孜勒努尔组（J₂）	下段	20～100			
	西山窑组（J₂）		20～30		吐哈、焉耆	
	千佛崖组（J₂）	二段	30～80		四川盆地	
		一段	20～40			
	青土井群、新河组（J₂）	二段	20～60		雅布赖、潮水	
中生界	大煤沟组（J₂）		30～80	岩心解析气	柴达木	
	小煤沟组（J₁）		30～90			
	三工河组（J₁）		20～30		焉耆	
	八道湾组（J₁）		30～50	录井显示	准噶尔、吐哈、焉耆	
	杨霞组（J₁）		10～50		塔里木	
	自流井组（J₁）	大安寨	30～60	工业油气流	四川盆地	
		马鞍山	20～60	岩心解析气		
		东岳庙	30～100	工业油气流		
	须家河组（T₃）	须5段	30～120			
		须3段	30～40			
		须1段	11～55	录井显示		
	安源组（T₃）		30～50	岩心解析气	萍乐	
	延长组（T₃）	长4+5	10～30	工业气流	鄂尔多斯	
		长7	10～30			
		长9	10～25			
	白碱滩组（T₃）		20～40	录井显示	准噶尔	
	黄山街组（T₃）		20～40		塔里木	
	小泉沟群（T₂₊₃）		20～45		伊犁	
	克拉玛依组（T₂₊₃）		30～80		塔里木	
上古生界	芦草沟组（P₂）		30～110	工业油流	准噶尔、三塘胡	海陆过度相
	风城组（P₁）		10～50	录井显示	准噶尔	
	乐平祖（P₂）	老山段	25～40	岩心解析气	萍乐	
	龙潭组、大隆组（P₂）		10～125	工业气流	四川盆地、湘黔桂、湘中	
	下石河子组（P₂）		10～30	岩心解析气	华北板块	

续表

层　系		含油气层段厚度/m	油气显示	分　布	沉积环境
上古生界	桃东沟群（P₂）	10～40	录井显示	吐哈	海陆过渡相
	山西组（P₂）	10～35	岩心解析气	华北板块	
	铁木里克组（P₂）	20～45	录井显示	伊犁	
	小江边组（P₂）	20～30	岩心解析气	萍乐	
	阿木山组（P₁）	20～40	录井显示	银-额	
	梁山组（P₁）	10～45	岩心解析气	上扬子及滇黔桂	
	太原组（P₁）	10～30		华北板块	
	本溪组（C₃）	10～25			
	哈尔加乌组（C₃）上段	30～120	录井显示	三塘湖	
	哈尔加乌组（C₃）下段	30～100			
	克鲁克组（C₃）	30～90		柴达木	
	卡拉沙依组（C₃）	10～50		塔里木	
	大塘阶测水段（C₁d₂）	25～45	岩心解析气	湘中	
	打屋坝组/旧司组（C₁）	20～60		滇黔桂	
	什拉甫组（C₁）	10～40		塔里木	
	佘田桥组（D₃s）	30～50	无	湘中	
	棋梓桥组（D₂q）	25～45			
下古生界	罗富组（D₂）	10～40		湘黔桂	海相
	塘丁组（D₁）	20～40			
	五峰组—龙马溪组（O₃—S₁）	20～120	工业气流	上扬子板块	
	平凉组（O₂）	12～65	录井显示	鄂尔多斯盆地西部	
	黑土凹组（O₁₊₂ht）、统萨尔干组（O₂）	10～60		塔里木	
	玉尔吐斯组（西山布拉克组）、西大山组（∈₁₊₂）	20～120			
	变马冲组∈₁ 一段	20～60	岩心解析气	上扬子板块东南缘	
	牛蹄塘组∈₁	0～100	工业气流	扬子板块及周缘	
震旦系	陡山沱组Zn	10～40	无	上扬子板块东部及南部	
中新元古界	洪水庄组	20～30		华北板块东北部	
	铁岭组	20～40			
	下马岭组	20～50			

注：1. 青藏地区含油气页岩层段没有列入表中。
2. 海拉尔、二连、西昌、洞庭、三水、巴彦浩特、河套等盆地已进行初步评价，其含油气页岩层段也未列入表中。

三、页岩油气总体特点

在从元古代到第四纪的漫长地质时期内，中国连续形成了从海相、海陆过渡相到陆相等多种沉积环境下的多套富有机质页岩层系，形成了多种类型的有机质，但由于后期构造变动复杂，有机质生气、含气及保存条件差异较大，形成了中国页岩油气的多样性，归纳而言，主要表现在以下四个特点。

1. 海相、海陆过渡、陆相页岩均发育，页岩地层组合各有特点

中国在不同地质时代形成了海相、海陆过渡相及陆相地层，其中包含了几十套含油气页岩地层层系，其地层组合特征各不相同。海相含油气页岩多为厚层状，分布广泛且稳定，可夹海相砂质岩、碳酸盐岩等；代表性海相含气页岩层系有扬子地区的五峰组—龙马溪组，牛蹄塘组等。海陆过渡相富含有机质页岩层系分布范围广，在我国上扬子及滇黔桂地区、华北地区等广泛分布；相对稳定的含油气页岩常与砂岩、煤层等其他岩性频繁互层。陆相含油气页岩层系主要分布在松辽、渤海湾、鄂尔多斯、四川、准噶尔、塔里木、柴达木等含油气盆地内，为我国主要油气源岩，这些油气源岩厚度大，分布上受沉积环境控制明显，岩性以泥页岩为主，含有白云质泥灰岩等碳酸盐岩，并于砂质薄层间呈韵律发育，累计厚度大、侧向变化较快。不同形成环境的含油气页岩层系的地层组合特点决定了页岩气地质条件的巨大差别。

2. 古生界、中生界、新生界多层系分布页岩，含油气特点各有不同

中国下古生界寒武系、奥陶系、志留系，上古生界泥盆系、石炭系、二叠系，中生界三叠系、侏罗系和白垩系，新生界古近系均发育多套富有机质页岩层系。从全国范围来看，页岩层系平面分布广、剖面层位多。由新到老，虽然有机质成熟度依次增加，各层系页岩成岩作用逐渐加强，原生游离含气空间依次减少，导致各层系页岩含气特点各有不同。在含气特点方面，总体表现为吸附气相对含量依次增加。在相同保存条件下，下古生界页岩吸附气含量相对最多，上古生游离气相对含量增加，中新生界则由于成熟度原因形成页岩油气共生现象，溶解气含量相对最大。

3. 沉降区、稳定区、抬隆区构造变动复杂，页岩气保存条件迥异

在中国，页岩气比常规油气分布更为广泛。在华北、东北、西北及南方的沉积盆地内，由于上覆地层较厚，页岩气保存条件良好。例如，四川盆地、鄂尔多斯盆地、准噶尔盆地等盆地内，含油气页岩埋深适中，上覆盖层发育，保存条件较好，是页岩气发育的最有潜力区域。在上扬子东部、中下扬子等构造运动复杂的后期抬隆区，虽然页岩有机地球化学等条件有利，但地层普遍遭受抬升及后期剥蚀，保存条件受到严重影响，导致地层总含气量普遍降低，页岩气有利区发育受到影响。

4. 生物、热解、裂解成因多样，评价方法和选区标准各异

不同大地构造背景决定了沉积相变化较大，分别形成不同类型的有机质，对应产生不同的页岩气生成条件及含气特点，在统一的工业含气性标准条件下，对生物、热解、裂解等不同成因类型的页岩气需要分别采取有针对性的资源评价方法及有利选区标准。在海相条件下，具有偏生油特点的沉积有机质需要相对较高的热演化程度，评价方法和选区标准可参考美国东部地区的页岩气；在陆相条件下，三种类型干酪根均有不同程度的发育，在热演化程度较低时，表现为页岩油气共生，含气量变化同时受控于有机质类型、热演化程度、埋深及保存等多重因素，评价方法和标准需要针对不同沉积盆地进行侧重研究。

第三节　中国海相页岩油气发育地质条件及富集条件分析

一、中国海相页岩油气发育地质条件

（一）海相页岩分布

中国海相页岩广泛发育和分布，层位上集中出现在古生界，在前寒武纪和中生界也有发育，但分布面积相对较小。由于受到中生代以来全球区域性板块运动影响，古生界海相页岩地层在许多地区被改造、隆升并遭受剥蚀。其中扬子地区形成了近地表埋藏及大面积暴露的古生界暗色泥页岩；在构造相对稳定的塔里木盆地则深埋于盆地深部。

1. 南方地区海相页岩

扬子地区主要发育震旦系陡山沱组、下寒武统牛蹄塘组及相当层位、变马冲组、上奥陶统五峰组—下志留统龙马溪组（简称龙马溪组）、中下泥盆统等。其中，下寒武统富有机质页岩分布最广，龙马溪组次之；中泥盆统富有机质页岩主要发育在黔南桂中拗陷；陡山沱组页岩主要发育在黔北和湘鄂西地区。

2. 塔里木及华北地区海相页岩

塔里木盆地下古生界，集中分布在塔里木盆地满加尔拗陷及周缘地区，在层位上主要发育在寒武系和奥陶系地层中。鄂尔多斯盆地海相富有机质页岩主要发育在盆地西部下古生界奥陶系地层中，富有机质页岩在盆地西部呈南北向展布。华北板块北部海相富有机质页岩主要发育在中—新元古界下马岭组、铁岭组、洪水庄组，主要在辽西和河北北部分布。

3. 青藏地区海相页岩

青藏地区自古生代以来开始形成海相页岩沉积，中生代海相页岩最为发育。具体可以识别出3～4套海相富有机质页岩层系，其矿物岩石特征、有机地化指标较为优越，具备形成页岩油气的物质基础。

（二）南方海相富有机质页岩特征与含气性

南方地区海相富有机质页岩主要发育在下古生界的寒武系下统牛蹄塘组、上奥陶统—下志留统五峰—龙马溪组，另外震旦系陡山沱组也有发育。上古生界泥盆系富有机质页岩集中发育在黔南桂中拗陷，石炭系—下二叠系海相富有机质页岩分布较为广泛，在萍乐拗陷、湘中拗陷、上扬子及滇黔桂地区均有分布。

1. 下寒武统牛蹄塘组富有机质页岩

1) 分布特征

我国南方地区下寒武统暗色泥页岩广泛发育于扬子地区和滇黔北部地区的次深海-深海沉积相区，平面上主要分布在扬子克拉通及周缘，包括川南、川东南、川东北、滇东、黔北、黔西北、黔东南、湘鄂西—渝东、中扬子、下扬子等地区。

其中上扬子区黔北岩背岭—三穗、渝东南默戎、大巴山前缘的城口大枞、大渡溪一带厚度最大,为三个明显的沉积中心,其中渝东南默戎一带富有机质页岩厚度最大可达246.0m。该套页岩除川渝黔鄂先导试验区东部局部地区暴露剥蚀外,大面积深埋地下,四川盆地南部地区埋深 1500~4500m、黔北地区埋深 500~4000m、黔中地区埋深 1500~3500m、渝东南地区埋深 1500~3000m。

2) 岩石组成

上扬子及滇黔桂区下寒武统硅质岩主要分布在织金—金沙—遵义—湄潭—印江—秀山—桑植一线以东牛蹄塘组及其对应层位的底部,一般呈黑色条带状,被认为是深水热水沉积作用的结果。视热水沉积作用强弱硅质岩分原生块状层理和水平层理。

下寒武统牛蹄塘组富有机质页岩层段主要由硅质岩、黑色泥岩、黑色页岩、碳质泥岩、炭质页岩、粉砂质泥岩、粉砂质页岩、泥质粉砂岩组成,总体为细粒岩石组合,并夹有碳酸盐岩透镜体。

3) 矿物学特征

根据 X 射线衍射分析和扫描电镜观察结果统计,上扬子地区下寒武统牛蹄塘组富含有机质页岩的主要脆性矿物为石英,含量变化较大,为 16%~80%,平均为 43.4%;其次为长石,含量在 2%~25%,平均为 9.5%;方解石和白云石,含量在 1%~17%,平均为 7%;另外还含有黄铁矿、石膏等。在剖面上,随着水体变浅,有石英含量减少,碳酸盐矿物增加的趋势。

黏土矿物含量在 16%~57%,平均为 37%。黏土矿物成分主要为伊利石和伊/蒙混层。伊利石含量在 30%~83%,平均为 57%;伊/蒙混层含量在 6%~69%,平均为 35%。另外还有高岭石、绿泥石和少量蒙脱石发育。

4) 有机地化指标

从区域沉积环境看,川东—鄂西、川南及湘黔 3 个深水陆棚区页岩最发育,有机碳含量高,一般为 2%~8%,富有机质页岩厚度一般为 30~80m,有机质为腐泥型,热演化参数镜质体反射率 (R_o) 主体为 2.0%~4.0%;在中下扬子地区,有机碳含量相对降低,有机质为腐泥型,R_o 一般为 2.0%~3.5%。

5) 矿物含量与有机碳含量间的关系

从分析结果看,富有机质页岩石英含量为 20%~70% 时,石英含量与 TOC 含量的正相关关系明显;黏土含量为 15%~65% 时,TOC 含量较高,有利于有机质富集,但 TOC 与黏土含量呈负相关关系(图 3-4)。

6) 物性特征

(1) 储集空间。主要为基质孔隙和裂缝双孔隙类型。基质孔隙主要包括残余原生孔隙、不稳定矿物溶蚀孔、黏土矿物层间孔和有机质孔隙等,其中黏土矿物层间孔和有机质孔隙是页岩储集空间的特色和重要组成部分,这是页岩储层与常规砂岩储层的显著区别。

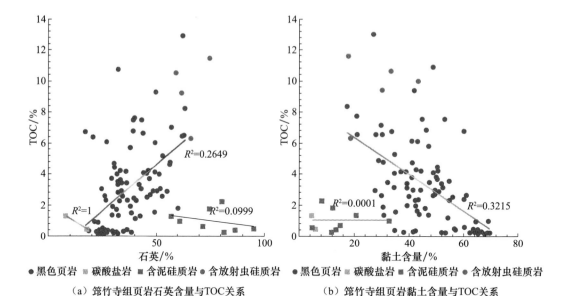

（a）筇竹寺组页岩石英含量与TOC关系　　　（b）筇竹寺组页岩黏土含量与TOC关系

图 3-4　上扬子地区下寒武统牛蹄塘组不同岩性石英、黏土与 TOC 相关关系图

（2）孔喉分布特征。下寒武统牛蹄塘组页岩样品孔喉直径均值一般为 $7\sim105\mathrm{nm}$，样品孔喉直径分布频率低于 20nm 的样品占 9.1%，$20\sim50\mathrm{nm}$ 的样品占 69.7%，$50\sim80\mathrm{nm}$ 的样品占 12.1%，$80\sim110\mathrm{nm}$ 的样品占 9.1%，即直径小于 50nm 的中小孔隙占 78.8%，直径高于 50nm 的大孔隙仅占 21.2%，孔隙度主要分布于 4% 以下（图 3-5）。

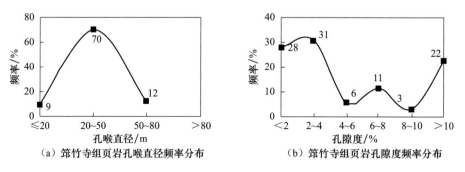

（a）筇竹寺组页岩孔喉直径频率分布　　　（b）筇竹寺组页岩孔隙度频率分布

图 3-5　下寒武统牛蹄塘组富有机质页岩孔隙分布频率图

7）含气性特征

（1）含气量。根据岑页 1 井、酉科 1 井、威 001-4 井、威 001-2 井、威 201 井等含气量测试结果，上扬子地区下寒武统牛蹄塘组含气量集中在 $1.0\sim4\mathrm{m}^3/\mathrm{t}$，平均为 $1.9\mathrm{m}^3/\mathrm{t}$。

（2）含气深度及影响因素。从目前的钻探结果看，在 1000m 以浅，牛蹄塘组的含气性较差，解析气量较小，解析气的烃类含量偏低，N_2、CO_2 比例升高。1000m 以深，含气量总体升高明显，气体成分中，烃类气体含量上升。

含气量大小还与有机质热演化程度和盖层分布有密切关系。下寒武统牛蹄塘组的 R_o 值普遍大于 2.5%，下寒武统牛蹄塘组在大部分地区已过产气高峰，含气量主要取决于已生成页岩气的保存条件。四川盆地发育有龙马溪组及以上多套盖层的地区，下寒武统牛蹄塘组含气量普遍较好；上扬子东南部斜坡区在下寒武统牛蹄塘组富有机质页岩之上普遍发育有近 300m 的变马冲组和 600m 以上的耙榔组，这两套地层泥页岩发育，具有很强的封盖能力，下部下寒武统牛蹄塘组页岩含气性较高。而黔北地区下寒武统牛蹄塘组上部的泥页岩盖层发育较差，在 1500m 以浅的含气性普遍偏小。

8）勘探进展

下寒武统牛蹄塘组的页岩气勘探在四川盆地南部已经取得突破，威远地区的威 201 井、威 201-H3 井，犍为地区的金页 1 井等均获得了页岩气工业气流。

另外，黔西北方深 1 井、黔东南黄页 1 井、岑页 1 井获得页岩气气流，酉科 1 井等多口井岩心解析获得页岩气显示。

2. 下志留统龙马溪组富有机质页岩

1）分布特征

下志留统龙马溪组富有机质页岩分布面积明显减小，主要集中在上扬子的川南及渝东鄂西地区。另外，滇东地区也有分布，但研究程度偏低；而下扬子地区主要分布在苏北盆地及皖南—苏南的沿江地区，为一套粉砂质页岩、粉砂岩与细砂岩组成的韵律层，有机碳含量普遍小于 1.0%，在此不作介绍。

下志留统龙马溪组富有机质页岩在上扬子主要有川南和渝东鄂西两个明显的沉积中心，富有机质页岩厚度为 20～100m，埋深为 0～5000m。

2）岩石组成

下志留统龙马溪组主要由灰色、灰黑色及黑色泥质粉砂岩，黑色页岩，黑色泥质岩，介壳灰岩，硅质岩，白云质微晶灰岩，斑脱岩组成。岩石总体粒度较细，韵律性明显，下部富含笔石，并夹有介壳灰岩，总体形成于半封闭海湾环境。

3）矿物学特征

下志留统龙马溪组在不同的沉积环境中的矿物含量不同，丁山水下隆起带黏土矿物的平均含量大于 70%，脆性矿物含量较低；綦江观音桥—习水骑龙村—秀山溶溪—彭水鹿角浅水陆棚区，黏土矿物的含量范围为 20%～70%；深水陆棚相区黏土矿物的平均含量小于 20%，脆性矿物含量高，且脆性矿物含量与富有机质页岩厚度呈正相关关系。

4）有机地化指标

下志留统龙马溪组富有机质页岩的类型主要为Ⅰ型和Ⅱ$_1$型，少部分地区有Ⅱ$_2$型。

下志留统龙马溪组下段 TOC 值主要集中在 1.0%～6.0%，平均为 3.46%；龙马溪组上段灰色色页岩段的 TOC 值主要集中在 0.5%～1%，平均值为 0.866%。在剖面上从底到顶 TOC 值逐渐变小。

R_o 值在 1.49%～2.34%，处于高成熟晚期-过成熟阶段，即天然气大量生成阶段。

5）物性特征

页岩的孔隙包括基质孔隙、裂缝双孔隙类型。基质孔隙包括脆性矿物内微孔隙、有机质微孔隙、黏土矿物层间微孔。比表面值在 $4\sim32m^2/g$，峰值在 $22m^2/g$ 附近。总孔体积在 $0.008\sim0.032mL/g$ 均有分布，平均值在 $0.02mL/g$ 左右。孔喉直径均值一般在 $8\sim160nm$，直径小于 $50nm$ 的中小孔隙占 56.4%，直径高于 $50nm$ 的大孔隙占 43.6%，孔隙度在 $2\%\sim6\%$。渗透率在 $2.4\times10^{-6}\sim7.9\times10^{-5}\mu m^2$，平均为 $0.0153\times10^{-3}\mu m^2$，渗透率极低。

6）含气性特征

含气量。根据道页 1 井、渝页 1 井、彭页 1 井、威 201 井、宁 201 井等的岩心含气量测试结果，上扬子地区下志留统龙马溪组含气量集中在 $1.0\sim4m^3/t$，平均为 $2.3m^3/t$。

含气深度。从目前的钻探结果看，下志留统龙马溪组在 $500m$ 以深，岩心含气量就可达到 $1.0m^3/t$ 以上，且解析气以烃类气体为主，N_2、CO_2 含量很低。另外，在四川盆地内部的威远、长宁、抚顺-永川等地区，下志留统龙马溪组还普遍存在超压，超压最大达到 2.0。

7）勘探进展

下志留统龙马溪组页岩气勘探在四川盆地南部已经取得成功，威远—长宁、昭通、富顺—永川、涪陵焦石坝、彭水等已取得勘探突破。在威远—长宁、昭通、涪陵焦石坝已经开始进行页岩气开发的水平井组建设，并将很快形成页岩气规模化产能。

3. 南方上古生界海相富有机质页岩

南方地区在上古生界泥盆系、石炭系、二叠系还发育有多套海相富有机质页岩，这些海相富有机质页岩的研究程度和勘探程度还偏低。

1）分布特征

泥盆系页岩主要分布在南盘江拗陷、黔南-桂中拗陷、十万大山盆地。其中下泥盆统塘丁组黑色泥页岩主要分布在南盘江拗陷、桂中拗陷和十万大山盆地。页岩厚度变化较大，$20\sim300m$ 不等。中泥盆统黑色泥页岩主要分布在黔南-桂中拗陷及南盘江地区，厚度变化大，$30\sim500m$ 不等，沉寂中心最大厚度达到 $700m$。

上扬子及滇黔桂地区石炭系黑色泥页岩主要分布于桂中拗陷和黔南拗陷、黔西北六盘水地区，主要位于下石炭统打屋坝组（岩关组、旧司组），厚达 $50\sim500m$。

2）岩石组成

下泥盆统塘丁组主要由深色泥岩及碳质泥岩类组成，中泥盆统火烘组岩性主要为深灰色页泥岩、砂质泥岩夹灰色砂岩、泥质灰岩。

下石炭统暗色页岩主要为黑色、灰黑色页岩、泥页岩、泥岩，夹泥质灰岩、含泥灰岩。

3）矿物学特征

中泥盆统火烘组石英含量为 $27.\%\sim59\%$，另外还含有少量长石、碳酸盐岩等；黏土矿物含量普遍低于 45.0%，但在局部地区可以达到 62.48%，成分主要为伊利石，占 65% 以上；其次为绿泥石和伊/蒙混层。

下石炭统旧司组石英平均含量为 50.75%；长石平均含量为 1.00%；碳酸盐岩平均含量为 24.86%，以方解石为主，次为白云石；黄铁矿、菱铁矿平均含量为 2.00%，部分地区含有石膏，平均含量为 2.00%；黏土矿物平均含量为 18.80%，以伊利石为主，高岭石次之，蒙脱石平均含量为 12.68%。

4）有机地化指标

下泥盆统塘丁组黑色泥页岩，中泥盆统黑色页岩的有机质类型主要为Ⅱ型，下石炭统黑色页岩有机质类型为Ⅰ型和Ⅱ型。

桂中拗陷下泥盆统塘丁组黑色泥页岩有机碳含量为 0.4%～5.69%，平均大于 1.5%。其他地区下泥盆统塘丁组黑色泥页岩有机碳含量总体不高。

中泥盆统罗富组黑色泥页岩有机质丰度较高。南盘江拗陷中泥盆统罗富组黑色泥页岩有机碳含量为 2.06%～3.01%。黔南桂中地区中泥盆统罗富组黑色泥页岩有机碳含量为 0.44%～9.46%。

下石炭统岩关组及相当为黑色泥页岩有机质丰度高。南盘江拗陷 C_1y 黑色泥页岩有机碳含量在 2.22%～6.4%。黔南拗陷、黔西南地区旧司组黑色页岩 TOC 为 0.45%～2.74%，平均为 1.41%。

泥盆系黑色泥页岩处于过成熟阶段，桂中拗陷下泥盆统塘丁组镜煤反射率 R_o 一般为 1.5%～2.5%，个别小于 1.5% 或者大于 3%，处于高成熟-过成熟早期演化阶段；下石炭统岩关组黑色泥页岩有机质处于高成熟-过成熟阶段。

5）物性特征

黔南桂中拗陷上古生界黑色泥页岩孔隙度为 0.64%～6.56%，渗透率为 $8.65 \times 10^{-5} \sim 3.73 \times 10^{-7} \mu m^2$，突破压力为 11.09～47.9MPa。

6）含气性特征

含气量。根据贵州省页岩气资源调查评价项目的结果，下石炭统旧司组埋深在 650m 以深的岩心解析含气量在 0.5～2.3m³/t，以烃类气体为主，达到了页岩气开发所需含气量下限。

含气深度。从目前的钻探结果看，下石炭统旧司组在 700m 以深的含气量可以达到 1.0m³/t。旧司组的上覆盖层中碳酸盐岩发育，岩溶和裂缝发育，保存条件需要进一步研究。

7）勘探进展

针对泥盆系和石炭系黑色页岩的页岩气勘探工作还没有起步，调查评价程度也不够深入。贵州省页岩气资源调查评价项目实施的页岩气调查井获取了一部分含气性资料数据，但还不能系统说明其页岩气资源的前景，还需要进一步加强研究，加强调查评价，进一步明确其基本特征和勘探前景。

（三）塔里木盆地海相页岩

在塔里木盆地海相富有机质页岩主要分布在满加尔拗陷及周缘的下寒武统和上奥陶统。下寒武统富有机质页岩厚度为 $10\sim100m$，上奥陶统富有机质页岩厚度为 $10\sim60m$。埋深小于 4500m 的页岩主要分布在塔里木盆地东部，主要是北部拗陷和中央隆起带的东部，在塔西北也有一部分发育，北部拗陷的阿瓦提凹陷。

下寒武统富有机质页岩岩性主要为含磷硅质岩、黑色页岩、炭质页岩，奥陶系富有机质页岩岩性为含笔石放射虫页岩、泥质灰岩和泥页岩。

下寒武统、上奥陶统富有机质页岩以石英为主，其余为碳酸盐矿物，黏土矿物含量小于 30%，其余为石膏，含少量黏土、钾长石及斜长石，黏土矿物以伊利石为主。

下寒武统富有机质页岩有机碳含量（TOC）为 $0.5\%\sim5.52\%$，最高为 14%，氯仿沥青 "A" 为 $0.0016\%\sim0.0196\%$，总烃含量（HC）为 $26\sim102\mu g/g$，成熟度（R_o）介于 $1.44\%\sim2.84\%$，属于过成熟演化阶段，生烃潜力 $0.12\sim1.07mg/g$。上奥陶统页岩，有机质类型以 I 型即腐泥型为主，有机碳含量为 $0.5\%\sim2.78\%$，R_o 为 $0.81\%\sim1.75\%$，氯仿沥青 "A" 为 $0.047\%\sim0.409\%$，处于成熟阶段。

对于塔里木盆地富有机质页岩的物性特征和含气性特征还需要进一步研究确定。

（四）辽西地区中心元古界海相页岩

辽西地区中新元古界发育下马岭组、铁岭组、洪水庄组三套海相泥岩，目前韩 1 井、杨 1 井揭示的沉积环境由陆棚浅海变为闭塞海湾，沉积物以灰黑、灰绿色泥页岩为主，厚度为 $46\sim114m$，最厚达 184m。

洪水庄组泥页岩矿物成分主要为黏土、石英、长石、碳酸盐、菱铁矿、黄铁矿、浊沸石、辉石组成。黏土含量为 $9.1\%\sim38.5\%$，石英含量含量都大于 40%，变化范围为 $46.1\%\sim67.1\%$，黏土矿物含量为 $9.1\%\sim38.5\%$，长石含量为 $3.6\%\sim10\%$，碳酸盐含量变化较大，为 $2.3\%\sim40.7\%$。黄铁矿和菱铁矿含量较少，辉石含量也较少，为 $0\sim3.0\%$。

中、新元古界各组段源岩有机质类型为 I-II_1 型；探井岩心分析和测井解释结果显示，洪水庄组残余有机碳在剖面上大部分大于 1%。且上段和下段各有 1 段约 10m 厚的残余 TOC 大于 2% 的高值段。热解分析结果显示，中新元古界富有机质页岩的演化程度处于成熟-高成熟阶段，个别地段受侵入掩埋影响达到过成熟阶段。

由不同地区的野外露头样品分析的热解峰温分布可以看出，高于庄组的 T_{max} 为 490℃，已进入高成熟的湿气阶段；雾迷山组 T_{max} 为 482℃，处于高成熟凝析油阶段；洪水庄组-铁岭组 T_{max} 值较低，为 443℃，处于生油主带阶段；下马岭组由于受辉绿岩体的侵入烘烤，T_{max} 在各组地层中最高，为 491℃，已进入高成熟的湿气阶段。

中新元古界页岩的物性特征和含油气性的研究还有待进一步加强。

（五）羌塘盆地海相页岩

上三叠统肖茶卡组（T_3x）为一套开阔台地-浅海大陆架相灰岩、砂泥页岩沉积。有机质类型主要为Ⅱ₁型，泥岩有机碳含量为0.06%～6.23%，平均为2.76%；镜质体反射率为0.62%～3.35%，平均为1.35%。

中侏罗统布曲组（J₂b）为一套广海大陆架陆坡沉积，以页岩沉积为主，厚度在1615m左右，平面分布比较局限，主要分布在南羌塘拗陷中南部，有机质类型以Ⅱ₂型为主，平均有机碳含量为0.57%，镜质体反射率R_o平均值为1.34%，处于高成熟阶段。

中侏罗统夏里组（J₂x）厚度一般为600～1000m，是一套以三角洲-滨岸、岛湖、潮坪相的砂泥岩为主的沉积，其沉积中心位于北羌塘拗陷中西部及南羌塘拗陷中部，泥页岩厚度大于100m，最高可达713m，有机质类型以Ⅱ₂型为主，残余有机碳含量大于0.8%，局部区域可达15.17%，平均为6.17%，镜质体反射率平均为0.93%，处于成熟阶段。

上侏罗统索瓦组（J₃s）为海退背景沉积，泥岩主要发育在盆地东部，有机质类型以Ⅰ型为主，Ⅱ₁型次之，有机碳含量介于0.35%～3.21%，平均为0.67%，处于成熟-过成熟阶段。

另外，古生界热觉茶卡组泥页岩有机碳含量为0.36%～2.49%，平均为1.09%，镜质体反射率为1.91%～2.45%，平均为2.09%，也有一定页岩气前景。

青藏地区具有形成页岩油气的物质基础，需要进一步加强研究。

二、海相页岩气富集条件与分布特征

海相页岩气一般具有大面积分布、连续聚集特点，其富集高产主要受含气页岩的有机质丰度、有机质成熟度、脆性矿物含量、储集条件、规模和保存条件等因素控制，而上述因素基本受有利沉积相带、热演化程度、盖层和构造演化三大富集条件控制。

（1）有利沉积相带控制富有机质、高脆性矿物含量页岩的形成和规模分布，是海相页岩气富集高产的地质基础。

根据川南筇竹寺组和龙马溪组沉积和岩相古地理研究，海平面快速上升形成的辽阔深水陆棚为表层浮游生物的高生产，以及海底有机质的聚集与保存提供的良好场所，是造就两套富有机质页岩大面积集中分布的关键，由此控制形成的富有机质页岩连续分布面积为筇竹寺组$10.1 \times 10^4 km^2$、龙马溪组$10.7 \times 10^4 km^2$，集中段厚度为筇竹寺组20～100m，龙马溪组20～135m，有机质丰度为筇竹寺组2%～3.3%、龙马溪组2%～8.3%。

丰富的有机质不仅是产生海相页岩气的物质基础，还是形成海相页岩气吸附气的重要载体。根据钻井岩心等温吸附和威201井（S）、宁203井（S）含气量测试结果（图3-6），页岩对天然气的吸附能力和含气量与有机质丰度具有显著正相关性，即：页岩对天然气的吸附能力和含气量随着有机质含量升高而增大。由此推断，有效储层（含气量一般在2m³/t岩石以上）的有机质丰度需要在2%以上。

深水环境在形成有机质高度富集的同时，也促进了页岩地层硅质的发育。根据长宁双河剖面资料，龙马溪组底部页岩段形成于深水陆棚区，其硅质含量平均为41.3%，较中上部（平均为 24.5%）高 16.8%。岩相研究证实，长宁双河剖面底部 44.5m 页岩段发现大量海绵骨针和放射虫等微体化石，且硅质含量与 TOC 呈正相关性（图 3-7）。这两大特征与 Barnett 页岩十分相似，表明富有机质页岩段硅质的形成具有生物成因显著特征，即龙马溪组底部丰富的硅质除来源于陆源无机硅以外，海绵骨针和放射虫等深水硅质生物对此贡献也较为突出。

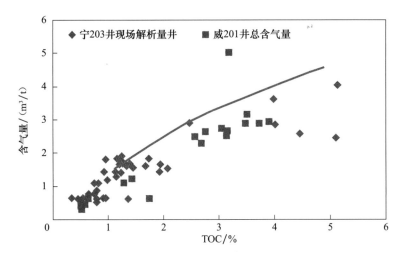

图 3-6　川南龙马溪组页岩含气量与 TOC 关系

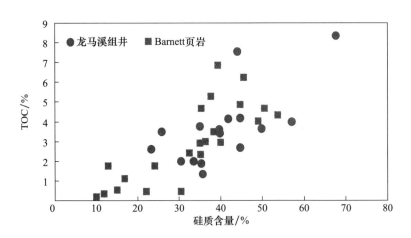

图 3-7　龙马溪组底部 44.5m 段、Barnett 页岩硅质含量和 TOC 关系图

丰富的硅质是使页岩脆性增强，在构造应力或人工改造机制作用下易形成大量裂缝，并控制页岩气富集高产。根据岩石力学性质和脆性矿物含量关系，对长宁龙马溪组剖面进行力学参数拟合并建立龙马溪组岩矿、TOC 与杨氏模量剖面（图 3-8）。根据此图，龙马溪组底部 74.5m 页岩段为 TOC、脆性矿物含量"双高"集中段，即：TOC 普遍大于 1.5%，主要矿物平均含量为石英 40%、黏土矿物 32%，弹性模量一般超过

20GPa（最大达 52.3GPa），露头显示为薄层状，页理、节理、裂缝发育。而中上页岩段（距底 74.5～308m）TOC 一般为 0.5%～1.5%，主要矿物平均含量为石英 23.6%、黏土 47.8%，弹性模量一般为 5.4～26.4GPa（平均在 20GPa 以下），露头显示为厚层状，页理、节理、裂缝发育程度较下部明显变差。

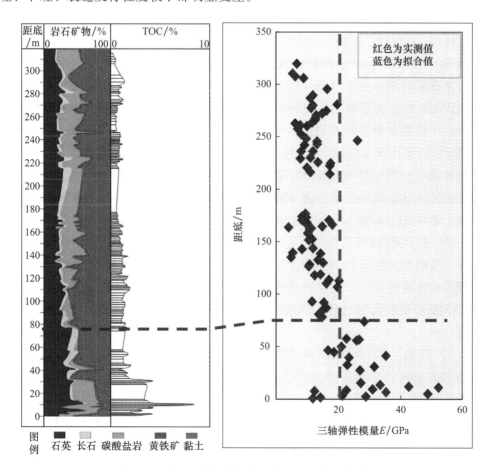

图 3-8　长宁龙马溪组岩矿、TOC 与杨氏模量剖面

在阳 101 井区，龙马溪组脆性地层裂缝十分发育，自上而下声波时差异常幅度增大，并控制页岩气的富集高产。以阳深 2 井为例，其 2680～3552m 井段为下志留统石牛栏组—龙马溪组页岩地层段。上部 2680～3050m 为石牛栏组地层，声波时差一般为 201～271ms/m，与深度变化趋势线总体符合指数递减曲线（泥页岩正常压实曲线）；下部 3058～3552m 为龙马溪组笔石页岩段（厚 494m），其声波时差一般为 201～293ms/m，平均为 243ms/m，随深度呈增加趋势。与石牛栏组相比，龙马溪组声波时差明显高于正常趋势线，其中 3100～3150m、3300～3420m 和 3450～3520m 为三个声波时差异常带，异常比达到 1.2～1.5 且向下增大。声波时差异常表明，龙马溪组深水相黑色页岩段存在裂缝发育带（或异常高压带），且底部富有机质页岩段裂缝更发育。

（2）富有机质页岩处于有效生气窗内，有利于形成异常高压，是形成高产气层的重要控制因素。

根据天然气有机成因理论，处于有效生气窗内是页岩气形成和富集的重要条件。理论和实践表明，Ⅰ型和Ⅱ$_1$型干酪根热成熟度过低（$R_o < 1.1\%$），富有机质页岩主要生成石油；热成熟度过高（$R_o > 3.5\%$），富有机质页岩不再生成烃类气体，已生成的烃类气体只有得到有效保存，才能形成页岩气富集。美国页岩气主要产层的热成熟度适中，R_o 一般为 $1.1\% \sim 2.0\%$，个别地区达到 3.0%，但不超过 3.5%。

川南龙马溪组 R_o 一般为 $2\% \sim 3\%$，平均为 2.5%，热成熟度总体适中。试验分析产烃潜量（$S_1 + S_2$）一般为 $0.05 \sim 0.2mg/g$，基本处于有效生气窗内，钻探显示为区域整体含气，保存条件主要影响页岩含气丰度。长宁—昭通筇竹寺组页岩的 R_o 大多介于 $2.0\% \sim 5.0\%$，平均在 3.0% 以上，热成熟度高；试验分析产烃潜量（$S_1 + S_2$）一般为 $0.02 \sim 0.04mg/g$，测井显示为超低电阻特征且电阻曲线随 TOC 反转，钻井无气显示，现场解析含气量不足 $0.5m^3/t$，其中烃类含量低于 10%。据此推测该黑色页岩总体处于有机质碳化的高过成熟阶段，生气能力的不足，同时上覆盖层厚度小，断层发育，是导致该地区含气性变差的首因。

对于干酪根为Ⅰ型或Ⅱ型的泥页岩，在历经液态生排烃过程并进入有效生气窗后，一般保持强大的生烃能力，不仅通过生烃增压形成高压—超高压气层，还产生大量裂缝、微-纳米级有机质孔隙、无机矿物溶蚀孔等孔缝，为页岩气运聚创造丰富的气源和良好的储渗空间。

川南龙马溪组页岩有机质类型以Ⅰ型或Ⅱ$_1$型为主，现今热成熟度一般保持在 $2.3\% \sim 2.6\%$，正处于有效生气窗内，生气潜力大，同时因黑色页岩厚度大导致排烃不畅，易于形成异常高压。通过新井钻探和老井复查证实，川南页岩气超压区主要分布于黑色页岩厚度超 100m 的区域，面积为 $2 \times 10^4 \sim 3 \times 10^4 km^2$，气层压力系数一般为 $1.4 \sim 2.2$（图 3-9）。

其中长宁地区龙马溪组下部 TOC>1% 集中段厚度超过 160m（长宁剖面 166m、宁 203 井 163m），普遍为超高压气层，其气层声波时差异常值为 1.4，压力系数为 2.0；在阳 63 井区，龙马溪组 GR>150API 集中段超过 300m，压力系数为 2.2；但在威远地区，龙马溪组 TOC>1% 集中段厚度仅 43m，压力系数为 $0.9 \sim 1.0$。如果将川南长宁、泸州龙马溪组压力系数折算为压力梯度，则其压力梯度为 0.87psi/ft[①]，高于 Barnett 页岩、Marcellus 页岩、Woodford 页岩和 Fayetteville 页岩，与 Bassier 页岩和 Haynesville 页岩相当。

在异常高压环境下，龙马溪组黑色页岩段含气量也明显高于常压区。在长宁超压区，龙马溪组近 300m 页岩段含气量为 $0.5 \sim 6.5m^3/t$，下部 166m（TOC>1%）为超压段，现场解析含气量为 $1 \sim 4m^3/t$，其中底部 33m（TOC>2%）现场解析含气量为 $2.4 \sim 4m^3/t$，

---

① 1ft＝3.048×10^{-1}m。

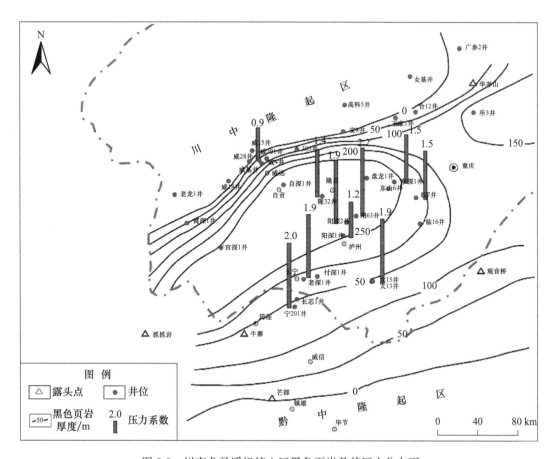

图 3-9　川南龙马溪组核心区黑色页岩及其压力分布图

总含气量为 3.5～6.5m³/t。而在威远常压区，龙马溪组 1500～1542m 富有机质页岩为常压段，含气量一般为 1.09～3.15m³/t，平均为 2.67m³/t，明显低于长宁超压区。

（3）富有机质页岩发育基质孔隙和大量裂缝，物性与北美页岩地层相当，具备优质储层的基本条件。

通过对龙马溪组和筇竹寺组两套页岩基质孔隙和裂缝的定量表征，总体认为这两套高过成熟的海相页岩储集空间为基质孔隙和裂缝，储集空间构成相似，但物性和气层特征存在较大差异。

基质孔隙是游离气赋存的主要储集空间。试验数据显示，美国 Barnett 页岩和 Woodford 页岩含水饱和度与基质孔隙度具有明显的负相关性，这表明页岩含气饱和度与基质孔隙度具有明显的正相关性，即页岩含气饱和度随着孔隙度增加而增大。这表明，高孔隙带一般含气饱和度高，因而含气量较高。根据威 201 井、宁 203 井气层测试资料（表 3-3），龙马溪组黑色页岩基质孔隙类型多样，镜下常见黏土矿物层间微孔隙、有机质纳米孔隙和脆性矿物内溶蚀孔、晶间孔等，孔隙度一般为 3.8%～8.0%，平均为 5.3%，物性与 Barnett 页岩相当，测试含水饱和度为 22.6%～51.1%（含气饱和度为 77.4%～48.9%），而筇竹寺组基质孔隙度一般为 1.7%~4.0%，平均为 2.6%，测试含水饱和度为 34.0%~79.3%，平均为 58.8%（即含气饱和度为 20.7%~66.0%，平均为 41.2%）。龙马溪组与筇竹寺组页岩相比，前者具有较高的基质孔隙度，因而含气性好于后者。

表 3-3　威 201 井与宁 203 井含气量对比表

井号	井段/m	层位	有机碳	孔隙度	压力系数	含水饱和度	含气量/(m³/t)
威 201井	1 506~1 542	龙马溪组	(1.37%~8.20%)/2.89%	(3.9%~6.7%)/5.28%	0.92	(30.4%~61.3%)/51.13%	(2.74~5.01)/2.92
	2 791~2 818	寒武系	(1.7%~4.0%)/2.56%	(1.2%~1.7%)/1.48%	1.01	(34.0%~79.3%)/58.8%	(1.08~2.19)/1.64
宁 203井	2 364~2 392	龙马溪组	(1.95%~7.54%)/3.38%	(3.76%~8.03%)/5.26%	1.35	(14.56%~44.16%)/22.56%	现场解析(2.45~4.04)/3.07；总含气量(3.92~6.47)/4.91

注：表中"/"后为平均数。

另外，龙马溪组页岩裂缝发育，裂缝规模以微型、中-大型裂缝为主，裂缝密度自上而下增大，显示该页岩地层底部具有脆性矿物含量高、杨氏模量高、泊松比低、脆性好等特点。良好的物性条件和异常高压是页岩气富集区的重要特征。这表明，川南龙马溪组气层参数与美国主力产气页岩相近，具有优质储层条件。

与龙马溪组相比，筇竹寺组页岩有效页岩段呈现基质孔隙较少而裂缝较发育的显著特点。定量表征证实，筇竹寺组页岩段孔隙度仅为龙马溪组的 1/3~1/2，且孔隙构成以黏土矿物层间孔隙和有机质孔隙为主体，两者占总孔隙的 90% 以上。物性较差的原因主要表现为两方面：一是有机质成熟度过高，导致有机碳碳化程度增加，有机质微孔隙出现塌陷和充填；二是成岩作用强，导致无机矿物中大孔隙减少，中小孔隙增多，岩石更加致密。尽管基质孔隙发育程度较龙马溪组差，但该黑色页岩段裂缝总体较发育，自上而下均见裂缝，裂缝规模以微型、小型裂缝为主，裂缝密度在顶部和中下部较大，上部相对较小。裂缝发育状况反映了筇竹寺组黑色页岩整体具有脆性矿物含量高、杨氏模量高、泊松比低、脆性好等特点。

目前，筇竹寺组已有几口井获得页岩气工业气流，但还没有实施水平开发试验井，能否成为优质储层尚需勘探进一步证实。

（4）处于构造相对稳定区，拥有良好的保存条件，是页岩气富集高产的重要地质要素。

川南地区横跨四川盆地和滇黔北构造改造区，南部的滇黔北地区构造复杂，改造强。北部的四川盆地构造相对平缓，有侏罗系和三叠系地层发育，并构成稳定的区域盖层，筇竹寺组和龙马溪组埋深一般在 1500m 以下，且龙马溪组厚度大，其中上部页岩自身构成对下部含气页岩的直接盖层，保存条件基本不存在风险，而且地层普遍超压，含气量总体较高,如宁 203 井龙马溪组(表 3-4)。在盆地边缘和盆外页岩地层出露区,由于上覆盖层缺失、埋深变浅、直接盖层发育差,断裂断至地表,保存条件显著变差,地层压力降低,黑色页岩含气量明显低于盆地内部,如昭 101 井、YQ1 井、黔页 1 井等含气量明显低于长宁和威远地区。可见,要形成页岩气的有效封盖,必须具备有效的区域盖层和适度的埋深。

表 3-4 川南及其周边部分钻井含气性统计表

区块	井号	井段/m	层位	优质页岩厚度/m	有机碳	孔隙度	含气量/(m³/t)	备注
昭通	昭 101 井	1 357~1 715	$\in_1 q$	100	(1.0%~5.1%)/1.6%	(0.8%~5.8%)/2.7%	(0.17~0.51)/0.33	出露中上寒武统
	YQ1 井	195~231	$S_1 l$	36	(1.2%~3.1%)/2.3%	(1.1%~4.9%)/2.6%	0.23~0.43	出露龙马溪组
	昭 104 井	2 027~2 065	$S_1 l$	38	(1.2%~4.9%)/2.6%	(0%~7.9%)/5%	(0.6~5.8)/2.3	出露三叠系
渝东南	黔页 1 井	700~800	$S_1 l$	>20			1.2~2.1	出露志留系
威远	威 201 井	1 506~1 542	$S_1 l$	32	(1.37%~8.20%)/2.89%	(3.9%~6.7%)/5.28%	(2.7~5.0)/2.9	出露侏罗系,常压区
长宁	宁 203 井	2 364~2 392	$S_1 l$	28	(1.95%~7.54%)/3.38%	(3.8%~8.0%)/5.3%	(3.9~6.5)/4.9	出露三叠系,超压区

注:表中"/"后为平均值。

第四节 中国海陆过渡相页岩气发育地质条件及实例分析

一、中国海陆过渡相页岩气发育地质条件

(一)海陆过渡相页岩类型与分布

海陆过渡相富有机质页岩可以进一步划分为泥页岩型和泥页岩-煤层型两种类型。

(1)泥页岩型。富有机质页岩为主,夹有其他碎屑岩等构成含气页岩层段,主要有滇黔桂地区下二叠统梁山组和萍乐拗陷下二叠统小江边组等。

(2)泥页岩-煤层型。泥页岩与煤层及其他碎屑岩、碳酸盐岩构成含气页岩层段,主要有南方地区龙潭组、北方地区本溪组、太原组、山西组和下石河子组。

中国海陆过渡相页岩主要发育在上古生界,华北板块的石炭系—二叠系,扬子—滇黔桂地区的二叠系,湖南、江西等地区的二叠系均有发育。

(二)泥页岩型海陆过渡相页岩特征与含气性

1. 下二叠统梁山组

1)分布特征

主要分布在上扬子及滇黔桂地区,以黔西六盘水地区最为发育,在晴隆、六枝一带

暗色页岩厚度为30～300m，其余地区厚度较薄，一般为10～30m。埋藏深度变化较大，最深可达5000m，部分地区出露地表，大部分地区埋深在1000～3000m。

2）岩矿特征

下二叠统梁山组下段岩性主要为灰黑色泥岩、页岩夹黄灰色砂质泥岩、石英砂岩、灰岩。泥页岩石英含量为18.73%～58.49%，平均含量为32.70%；长石含量为0～3.26%，平均含量为1.55%；碳酸盐岩含量为8.17%～43.98%，平均含量为31.74%，以方解石为主，次为白云石；铁矿物含量为0～3.74%，平均含量为2.57%；黏土矿物含量为26.98%～33.96%，平均含量为30.75%，黏土矿物中以蒙脱石、高岭石为主，伊利石含量次之，个别样品中含有叶蜡石，在晴隆地区非晶质含量较高。

3）有机地化特征

下二叠统梁山组页岩的有机质类型以Ⅲ型为主；有机碳含量在0.14%～17.61%，平均为1.74%；有机质成熟度在0.95%～2.71%，平均为1.60%，处于高成熟期；有机碳含量高值区分布在威宁—水城一带。

4）含气性特征

贵州省页岩气调查井岩心解析结果显示，梁山组下段泥页岩样品的解析气含气量介于1.527～3.955m³/t，含气量较高，高值区出现在梁山组下部黑色页岩段。

梁山组的井下岩心物性参数测试还未完成，也为进一步开展页岩气调查和勘探开发工作。其页岩气分布区域和开发前景尚未明确。

2. 下二叠统小江边组

1）分布特征

中二叠统小江边组富有机质泥页岩主要为黑色炭质页岩，夹有砂岩，少量硅质岩及凸镜状含燧石结核灰岩。小江边组在整个萍乐拗陷地区分布稳定，其中安福县境内厚度变化不大，介于50～350m，最厚达400m。埋藏深度在300～4000m。

2）有机地化特征

根据显微组分分析测试结果，小江边组有机质类型以Ⅰ型为主，有机碳含量在0.5%～2.54%，平均为1.21%。由于化验取样点控制范围有限，区域有机碳含量分布趋势不是很明显，但总体反映出西部有机碳含量较高，东部稍低。有机质成熟度分析样品较少，演化程度还不确定，其上部乐平组有机质成熟度在1.03%～4.54%，变化较大。

小江边组的研究程度总体很低，目前江西省正在开展全省页岩气资源调查评价工作，对其认识程度会进一步提高。

（三）泥页岩—煤层型海陆过渡相页岩特征与含气性

1. 华北板块石炭系—二叠系

1）分布特征

华北板块石炭系—二叠系广泛发育，是我国北方重要的含煤层系，也正在成为重要的天然气产层。其中泥页岩-煤层型含气页岩主要分布在沁水盆地、鄂尔多斯盆地、南华北盆地、渤海湾盆地深层，以及大同宁武等盆地。页岩常常作为煤层的顶底板出现，与煤层具有共生性。

沁水盆地自下石河子组至太原组可以划分出 7 段含气页岩层段。

（1）下一段泥岩（P_1x^1）：指下石盒子组中部泥岩。厚度为 11～32m，主要为浅灰色泥岩，夹薄层砂岩。

（2）下二段泥岩（P_1x^2）：指下石盒子组底部泥岩，即 K8 砂岩上部泥岩，在盆地内普遍发育，厚度在盆地内变化不大，为 8～38m，主要为深灰色、灰黑色泥岩，夹薄层砂岩，偶有煤线出现。

（3）山一段泥岩（P_2s^1）：指山西组 3 号煤层顶部泥岩，位于 2 号煤及 3 号煤之间；该段泥岩在盆地中部、南部发育，北部地区 3 号煤上部砂岩居多；厚度在南部较厚，往北部逐渐变薄，为 3～21m；主要为深灰色、灰黑色泥岩，多有碳质泥岩出现，夹薄层砂岩。

（4）山二段泥岩（P_2s^2）：指山西组 3 号煤及 K7 标志层砂岩之间泥岩，在盆地内普遍发育，厚度在盆地内变化不大，为 3～19m；主要为深灰色泥岩，偶有碳质泥岩出现，夹薄层砂岩。

（5）太一段泥岩（C_3t^1）：指山西组 K7 标志层砂岩及太原组 K6 标志层灰岩之间泥岩，在盆地内普遍发育，厚度在盆地内变化不大，为 3～31m；主要为深灰色泥岩、碳质泥岩，夹薄层灰岩、煤线。

（6）太二段泥岩（C_3t^2）：指太原组 9 号煤上部泥岩，在盆地内普遍发育，厚度在 4～9m；主要为深灰色泥岩、碳质泥岩，夹薄层砂岩、煤线。

（7）太三段泥岩（C_3t^3）：指太原组 K2 标志层灰岩上部泥岩，在盆地内普遍发育，厚度在 4～15m；主要为深灰色泥岩、碳质泥岩，夹薄层砂岩、煤线。

各层泥页岩的厚度普遍不大，如果含气量不高，单独开发页岩气的价值不大。

2）有机地化指标

沁水盆地下石盒子组下二段泥岩 TOC 在 0.036％～50.73％，平均为 2.37％。TOC>1.5％的样品数量占全部样品数的 33.9％。山一段泥岩 TOC 在 0.045％～36.94％，平均为 3.63％。TOC>1.5％的样品数量占全部样品数的 51.5％。山二段泥岩 TOC 在0.02％～31.05％，平均为 3.49％。TOC>1.5％的样品数量占全部样品数的 67.2％。太一段泥岩 TOC 在 0.04％～52.84％，平均为 3.76％。TOC>1.5％的样品数量占全部样品数的 64.9％。有机质成熟度平均在 2％～3％，最大达到 3.0％以上，属于成熟-过成熟阶段。

总体上山西组泥页岩段的有机地化指标要优于上部的下石河子组和下部的太原组。

3）岩矿特征

沁水盆地山西组山二段泥岩脆性矿物含量在 19.3％～52％，平均为 33.35％。山一段泥岩脆性矿物含量在 33.3%～49%，平均为 40.74%。下石盒子组下二段泥岩共脆性矿物含量在 4.7%～87%，平均为 45.68%。各层段石英含量均在 35% 以上，反映出该地区泥岩脆性较好，易于形成裂缝。

4）含气性

气测录井显示，下石盒子组下部的下二段、山西组上部山一段和太原组上部太一段泥页岩层气层显示较好，为气测有利层段。

岩心解析结果显示，下石盒子组下二段泥岩总含气量在 0.45～2.85m³/t，平均为 1.26m³/t；含气量大于 1.5m³/t 的样品数量占全部样品数的 19%。山一段泥岩总含气量在 0.44cm³/g～4.47m³/t，全部样品平均值为 2.18m³/t；含气量大于 1.5m³/t 的样品数量占全部样品数的 61.1%。山二段泥岩总含气量在 0.52～12.11m³/t，全部样品平均值为 2.549m³/t；含气量大于 1.5m³/t 的样品数量占全部样品数的 45.8%。太一段泥岩总含气量在 0.61cm³/t～2.5m³/t，全部样品平均值为 1.09m³/t；含气量大于 1.5cm³/g 的样品数量占全部样品数的 11.43%。

从以上各项指标可以看出，沁水盆地石炭系—二叠系发育多段含气页岩层段，这在整个华北板块石炭系—二叠系是普遍现象，其中鄂尔多斯盆地石炭系—二叠系可以识别出 8 段，南华北、渤海湾深层等也具有类似特征。地化指标方面，华北板块北部和南部略有差异，但山西组的含气页岩段地化指标均较好，在含气性方面，山一段、山二段泥岩也明显优于太原组和下石河子组。

华北板块石炭系—二叠系页岩气的勘探开发刚刚起步，还面临许多需要探索的问题需要在勘探实践中解决。

2. 南方地区二叠系龙潭组

1）分布特征

南方地区龙潭组分布广泛，在上扬子及滇黔桂地区、中下扬子地区、东南地区广泛分布，为南方地区主要煤系地层之一。

四川盆地上二叠统龙潭组在四川盆地东北部绿水洞一带含气泥页岩主要发育在龙潭组的下部龙一段，具有连续分布的特征，厚度大致在 10m。四川盆地南部含气泥页岩主要分布在古蔺一带的龙潭组中下部，具有由西向东逐渐变厚的特征，其厚度大致在 10m 左右。川西、川中一带埋深大于 4000m，荣县—威远一带埋深较浅，在 2000m 以内，靠近川东华蓥山以西地区、川南宜宾一带较浅，多在 1500～3000m，重庆—广安以东暴露地表。

黔西北和黔西地区龙潭组富有机质页岩广泛发育，在黔西北地区以大方—息烽一线为沉积中心，最厚达 30～40m，向南、向北厚度逐渐减薄。埋深总体较浅，一般不大于 3000m。

湘中地区、萍乐拗陷、下扬子地区龙潭组及相当层位的富有机质页岩也很发育。其中萍乐拗陷为乐平组老山段视厚度达到约 547.66m，顶部岩性主要为灰黑-黑色薄层状碳质泥岩与灰白色薄层状细粒石英砂岩互层；中部岩性主要为灰黑色薄层状碳质泥岩偶夹浅灰色极薄层状粉砂岩；底部岩性主要为灰黑-黑色薄层状含生物碎屑含碳泥岩。

2）岩石组成

四川盆地二叠系龙潭组岩性以深灰-黑色泥岩、炭质页岩、钙质页岩为主，常夹灰岩、粉砂岩及薄煤层等，微裂缝较发育。黔西北和黔西地区龙潭组为一套海陆交互相含煤沉积岩系，岩性主要由黑色、深灰色碳质泥岩、页岩，泥灰岩，粉砂岩及煤层组成。萍乐拗陷龙潭组老山段主要为黑色高碳泥岩、含碳质泥岩、含粉砂质泥岩及其他碎屑岩和碳酸盐岩夹层。

3）矿物特征

黔西北和黔西龙潭组矿物组成主要是黏土矿物和石英，黏土矿物的平均含量为41.4%，石英的平均含量为47.8%，还含有少量长石、碳酸盐岩和黄铁矿等。黏土矿物主要为伊/蒙混层矿物和伊利石，伊/蒙混层平均为67.2%，伊利石平均为14.67%，部分样品还含有一定量的高岭石和绿泥石。

四川盆地龙潭组碎屑矿物含量在14%~77%，平均为38%，成分主要为石英，含少量长石，不含岩屑；黏土矿物含量在23%~80%，平均为43.6%，主要为伊利石、伊/蒙混层和绿泥石，其次为高岭石，含少量绿/蒙混层；碳酸盐岩矿物主要为方解石和铁白云石，白云石含量较少；龙潭组含较多的锐钛矿和黄铁矿，很多样品都在10%左右，另外部分样品含少量菱铁矿。

萍乐拗陷乐平组老山段黏土含量总量占29%~60%，脆性矿物石英总量占24.5%~61.0%，总体化验数据表明二叠系乐平组黏土含量较高。

其他地区龙潭组及相当层位的岩矿特征与以上地区具有相似性。

4）有机地化特征

四川盆地上二叠统龙潭组有机碳含量整体东高西低，呈现出以遂宁—大足一带为中心向西、向西南逐渐减小的趋势。盆地内有机碳含量最高的地区位于大足玉龙一带，TOC 值超过 9%以上。盆地西部总体有机碳含量偏低，但成都—德阳—绵阳一带仍有 TOC 值大于 2%的区域。资阳—威远隆起一带是上二叠统龙潭组有机碳含量最低的区域，其 TOC 值为 1.0~1.5。

黔西北和黔西地区上二叠统龙潭组富有机质页岩的有机质类型主要为 Ⅲ 型，有机碳含量范围在 1.0%~10.0%，有 15.15%的样品有机碳含量大于 10%，最高值达到 17%。其中，煤层顶底板发育的炭质页岩和泥岩的有机碳含量普遍大于 5%。在平面上，高有机碳含量主要位于页岩的沉积中心，即大方地区，有机碳含量超过 6.0%，向研究区北部和南部逐渐降低。

萍乐拗陷乐平组有机碳含量范围在 0.07%~14.43%，平均为 1.27%，总体西部高，东部偏低。

黔西上二叠统龙潭组潜质页岩的有机质成熟度在 0.86%～2.91%，平均为 1.95%，处于高成熟期。二叠系乐平组有机质成熟度在 1.03%～4.54%。

5) 储层物性

四川盆地龙潭组孔隙度分布范围为 1.75%～3.18%，平均为 2.465%，孔隙度较小，渗透率为 2.8×10^{-5}～5.0×10^{-5} μm^2，渗透率极低；大隆组底层只分布于四川盆地北部，孔隙度分布范围为 1.45%～3.38%，平均为 2.73%，孔隙度较小，渗透率为 1.3×10^{-6}～9.8×10^{-6} μm^2，渗透率极低。

乐平组孔隙度在 0.203%～3.0%，平均为 1.65%，渗透率在 3.86×10^{-7}～6.7×10^{-5} μm^2，平均为 1.12×10^{-5} μm^2，

6) 含气性

黔西北和黔西地区龙潭组岩心解析结果均显示出，龙潭组富有机质页岩含气性较高，且在深度 500m 以深就有明显的含气性。含气量总体在 1.0～$6.0m^3/t$，部分页岩样品的含气量在 $10.0m^3/t$ 以上，最大达到 $19.5m^3/t$。

龙潭组分布广，含气性高，但脆性矿物含量略低。目前，针对该目的层系的页岩气勘探开发还没有起步，需要将其作为南方页岩气勘探开发重点层系之一加以研究。

二、海陆过渡相页岩油气实例分析

(一) 辽河拗陷东部凸起石炭系—二叠系

1. 地质背景

渤海湾盆地辽河凹陷的东部凸起上古生界页岩是海陆过渡相泥页岩发育页岩油气的典型实例之一。

中石炭世本溪期华北板块开始海侵接受沉积，发育了本溪组、太原组和山西组海陆过渡相泥页岩。晚石炭世太原组沉积时期海水浸漫范围最广，此时该区的大部分浸没在浅海中，古气候温暖潮湿，发育了一套陆表海台地相、有障壁海岸相，向南逐渐过渡为陆表海碳酸盐岩和泥质岩沉积；二叠纪中晚期，气候由潮湿逐渐转化为半干旱-干旱气候，在陆表海逐渐收缩的背景下发育了一定规模的三角洲相、湖泊相、河流相沉积，具有鲜明海陆交互相特征。

辽河东部凹陷斜坡带和东部凸起太原组和山西组沉积相在平面上具有南海北陆的特点，纵向上自下而上由陆表海相、海陆交互相逐步过渡为陆相。其中，太原组主要发育障壁岛、浅水潟湖、潮坪及台地相沉积，太原组沉积时期，研究区南部处于华北地台内部陆表海环境中，水体较浅，形成了一套以碳酸盐岩沉积为主的陆表海台地相沉积（图 3-10）；山西组沉积时期，随着北部褶皱山系的进一步抬升，陆源碎屑物质的供应进一步增加，辫状河三角洲向南推进，分布宽度范围也有所扩大，潮坪相及潟湖相向南东方向萎缩，障壁岛相也向南迁移，南部的陆表海相面积减小，北部以辫状河三角洲沉积为主，中南部以潮坪相和潟湖相为主，南段局部发育了陆表海相和障壁

岛相（图3-11）。沉积相控制了暗色泥页岩发育与分布，潟湖相泥页岩集中发育，单层厚度相对较大、连续性较强，有机质丰富且类型好，是该区页岩气富集的有利相带。

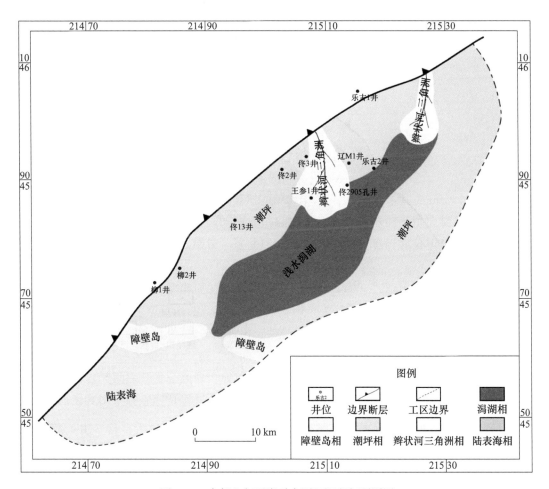

图 3-10　东部凸起石炭系太原组沉积相预测图

2. 分布特征

东部凸起上古生界地层整体上地层厚度大，分布面积广，埋藏深度较浅；太原组在东部凸起的绝大部分区域都有分布，分布面积为1230km²，佟3井、佟2905井、乐古2井和王参1井钻井揭示太原组地层厚度分别为174m、103m、136m和123m，地层厚度范围为20～158m，局部达到182m，平均厚度为108m，平面上在中部呈现出两个沉积中心，中北部沉积中心位于佟3井沉附近，厚度超过了130m，最厚达到155m，中南部地区以王家南部为沉积厚度中心，厚度超过了100m，最厚达到158m（图3-12）；埋藏深度为200～4500m，大部分埋藏深度为300～3000m。

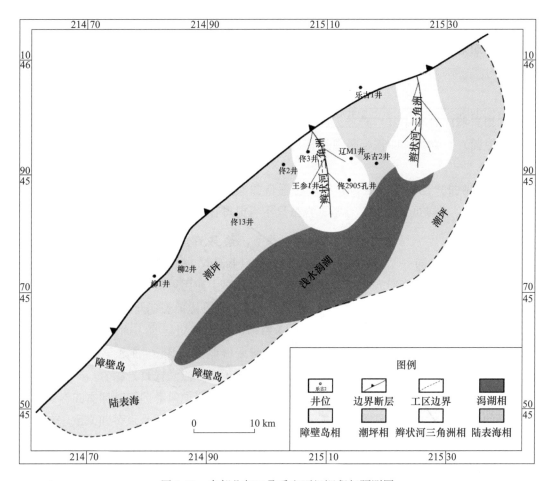

图 3-11 东部凸起二叠系山西组沉积相预测图

山西组地层展布面积比太原地层稍大，厚度也较太原组地层大，佟 3 井、佟 2905 井、乐古 2 井和王参 1 井钻井揭示山西组地层厚度分别为 102m、116m、174m 和 175m，地层厚度范围为 80～290m，平均厚度为 152m，平面上以区域中部的王家—刘二堡为沉积中心，地层厚度超过了 150m，最厚为 290m（图 3-13）。山西组地层埋藏深度在 200～4300m，大部分区域埋藏深度为 300～2800m，有利于页岩气的勘探开发。太原组和山西组地层暗色富有机质泥页岩发育，泥页岩具有明显的电性特征和地震反射特征，通过井震结合、利用地震属性技术手段，预测了太原组及山西组暗色泥页岩分布。太原组泥页岩分布在平面上受古构造地形影响，呈现出西厚东薄、中间厚、南北边部薄的特征，富有机质泥页最大厚度为 95m，最小厚度为 23m，平均厚度为 47m，平面上形成了王家南部为中心，以乐古 2 井北部为次中心的两个泥岩发育区，厚度为 50～95m，其他区域泥页岩厚度为 20～40m；山西组富有机质泥页岩最大厚度为 83m，平均 41m，以王家东南部为沉积厚度中心，预测最大厚度超过 100m；厚度大、分布广泛的富有机质泥页岩是页岩气富集的物质基础。

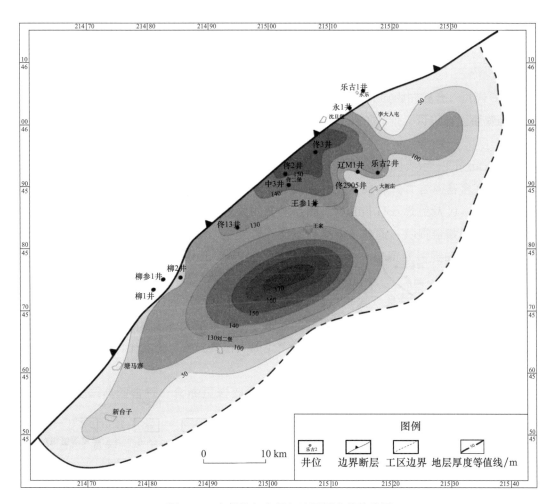

图 3-12 东部凸起太原组地层厚度等值线图

3. 参数特征

辽河东部凸起上古生界太原组和山西组有机碳含量平均达到 1.5% 以上,有机质成熟度大部分超过 1.5%,达到高成熟-过成熟热演化阶段,主体以Ⅲ型干酪根为主,模拟生气量超过 $42 \times 10^{11} m^3$,最大累积生气强度超过 $6 \times 10^8 m^3/km^2$。泥页岩黏土矿物以伊/蒙间层和伊利石为主,石英等脆性矿物含量约为 50%,并还有少量的黄铁矿,表明上辽河东部凸起上古生界太原组和山西组页岩气保存条件好,并且脆性矿物含量高,有利于后期的压裂改造。

两套泥页岩主要储集空间为黏土矿物粒间微孔隙,颗粒溶孔、次生溶蚀孔隙,成岩微裂缝及构造裂缝等多种孔隙类型,层间页理缝较发育,孔径主要集中在 $0.1 \sim 10 \mu m$,孔隙度集中在 $2.3\% \sim 5.2\%$,渗透率平均为 $2 \times 10^{-5} \mu m^2$。现场解析气量平均为 $1 m^3/t$ 以上,等温吸附试验模拟最大吸附量可达 $6 m^3/t$,录井显示具有很好的气显。太原组、

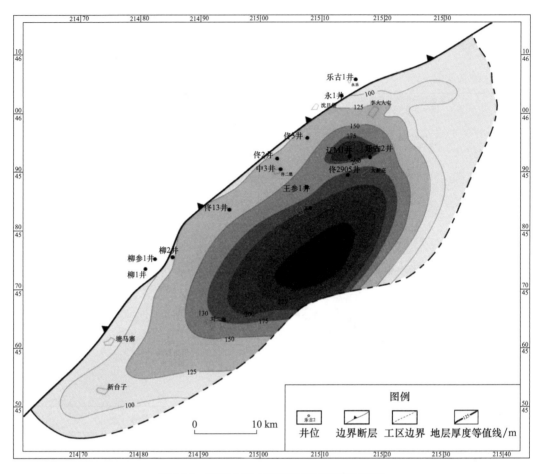

图 3-13　东部凸起山西组地层厚度等值线图

山西组含气量普遍较大，平均 2m³/t 以上，最高值可达 3.5m³/t。达到 1m³/t 工业标准的范围几乎全盆分布。但含气量较高的地区主要分布为潟湖相发育的地区，区域上呈南北向展布。

（二）黔西地区二叠系龙潭组（西页 1 井为例）

西页 1 井位于贵州省黔西县甘棠乡新田村附近，井口经纬度坐标为北纬 27°08.013′，东经 106°06.889′。目的层段二叠系上统龙潭组全段厚度为 153.49m，岩性以深黑色碳质泥页岩为主，夹多层优质煤层，部分层段岩性以泥灰岩为主，偶见粉砂岩夹层、方解石条带，多见方铁矿颗粒（图 3-14）。

龙潭组为一套海陆交互相含煤沉积岩系，岩性主要由黑色、深灰色碳质泥岩、页岩，泥灰岩，粉砂岩及煤层组成，含腕足类及瓣鳃类化石，产大量植物化石，有栉羊齿、蕉羊齿等。煤层平均厚度为 24m，可采煤层总厚为 8.32m。

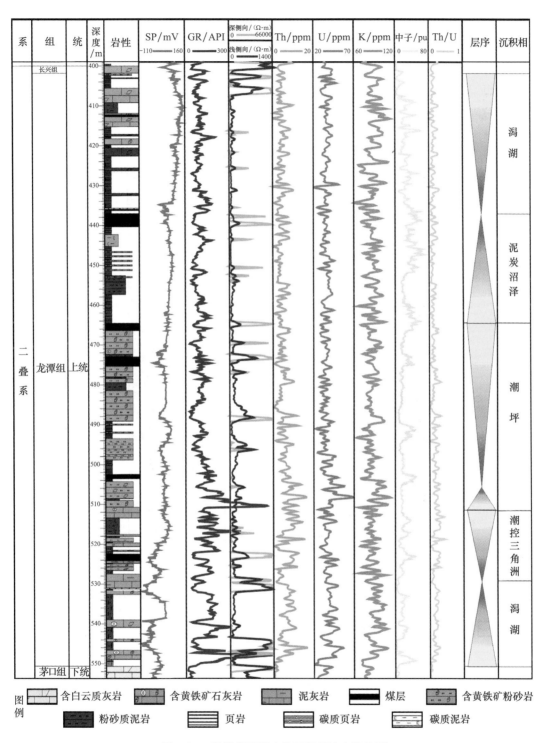

图 3-14 贵州省西页 1 井沉积相综合柱状图

1. 有机地化特征

由于龙潭组地层广泛发育煤层，有机碳含量分布范围在0.44%～77.3%，变化幅度非常大，平均值为10.387%。研究表明，黔西地区龙潭组地层下部广泛发育有机碳含量极高的煤层，煤层顶底板发育炭质页岩、泥岩，有机碳含量普遍大于5%。有机质成熟度分布范围在2.12%～3.45%，平均值为2.57%（图3-15）。

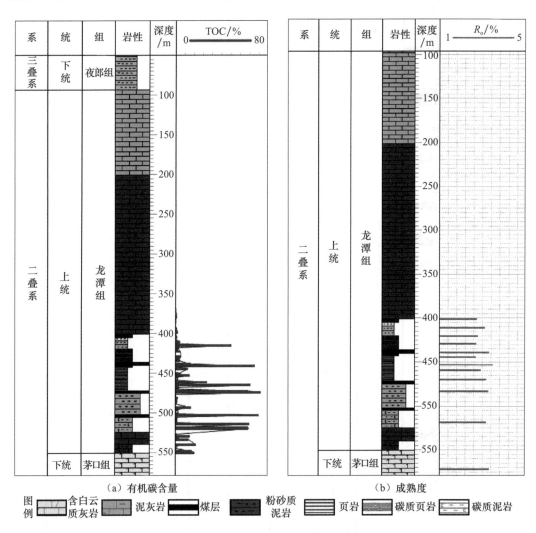

图3-15　西页1井龙潭组有机碳含量和成熟度柱状图

2. 储集物性特征

西页1井纵向孔隙度测试表明，其富有机质页岩段纵向变化无规律（图3-16），且孔渗关系不明显，分析认为这主要是因为龙潭组的岩性纵向上的多变性引起的。龙潭组页岩为海陆过渡相沉积，泥页岩和粉砂岩多表现出互层形式，对孔隙度和渗透率的影响较大。但是综合来看，泥页岩处孔隙度相对粉砂岩互层要小，这种变化形式在一定程度上是有利于页岩气赋存和导流的。

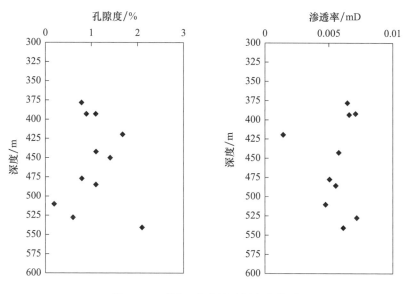

图 3-16 西页 1 井孔渗随深度变化图

微裂缝大量发育，微裂缝多呈明显的锯齿状弯曲，并且延伸性较好，长度多在
$2\mu m$，宽度在 $20\sim700nm$。根据裂缝延伸程度可分为脆性矿物微裂缝［图 3-17(a)］和
大型贯通式微裂缝［图 3-17(b)］。微裂缝常表现为黏土矿物裂开缝［图 3-17(d)］、脆
性矿物微裂缝［图 3-17(a)］或有机质与脆性颗粒间缝［图 3-17(c)］，在有机质中较
常见，这在一定程度上也反映了宏观上裂缝多发育在高脆性矿物含量及高有机质丰度
的页岩段。研究表明，宏观尺度裂缝的形成主要与岩石脆性、地层孔隙压力、差异水
平压力、断裂和褶皱等因素相关，而微观尺度张力测试的模拟则在一定程度上反映了
微裂缝受制于矿物的结晶作用及有机质的生烃作用。

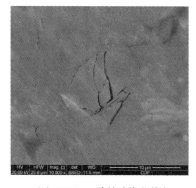

（a）443.5m，脆性矿物微裂缝

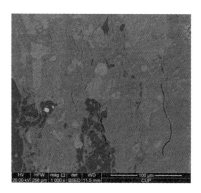

（b）430m，大型贯通式微裂缝

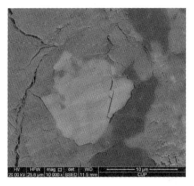

（c）430m，有机质与脆性颗粒间缝　　　　　（d）443.5m，黏土矿物裂开缝

图 3-17　西页 1 井龙潭组微裂缝特征

3. 含气性特征

西页 1 井现场共完成了 24 块样品的解吸作业任务。

由于井深较浅，西页 1 井岩心提取时间较短，根据图 3-18 分析知，提心时间在 10~20min 的岩心占总岩心的 33.3%，提心时间在 20~30min 的岩心占总岩心的 29.2%，提心时间小于 40min 的岩心占总岩心的 75%，大部分岩心暴露时间较短(图 3-19)。

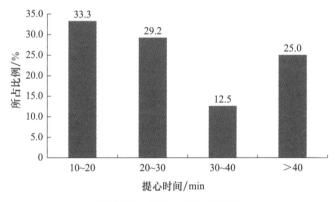

图 3-18　西页 1 井提心时间

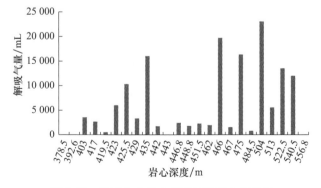

图 3-19　西页 1 井岩心解吸气量变化趋势图

现场解吸试验中 24 块样品中的含气量总体呈一个先升后降的变化趋势（图 3-20 和图 3-21），由图可知，随着深度的增加，解吸气量变化趋势逐渐增加，到 504m 时达到峰值23 005mL，解吸气量较高的主要集中在 420～440m 和 460～540m 两段，到 540m 以后解吸气量逐渐减少。

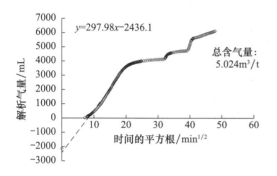

图 3-20　西页 1 井 6 号样品现场解析试验直线拟合图

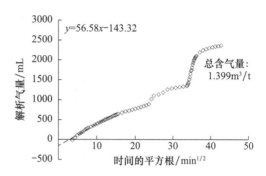

图 3-21　西页 1 井 14 号样品现场解析试验直线拟合图

通过计算得到西页 1 井上二叠统龙潭组炭质页岩样品的解吸气含气量大致为 4.926～19.171m³/t，通过直线趋势拟合法（图 3-20、图 3-21）对损失气量做线性回归分析，最终计算页岩总含气量在 5.242～19.603m³/t，再考虑到装罐时间较长、损失气量较多、解吸试验未完全完成等原因，结合参考已有的解吸曲线做比较，推测页岩含气量应在 6.0～20.0m³/t，完全符合工业开采标准。西页 1 井钻遇的上二叠统龙潭组潜质页岩主要为一套深黑色薄层状炭质页岩，含有煤层。在这段页岩中，含气量自上而下逐渐变高，而且普遍偏高，尤其是在含煤的层位，含气量更是达到峰值（图 3-22）。

4. 天然气组分

通过试验测试西页 1 井现场解吸气样，天然气组分以 CH_4 为主，此外还有部分 C_2H_6 及混入的 O_2 和 N_2（图 3-23）。CH_4 含量较高，峰值达到 92.57%，平均含量

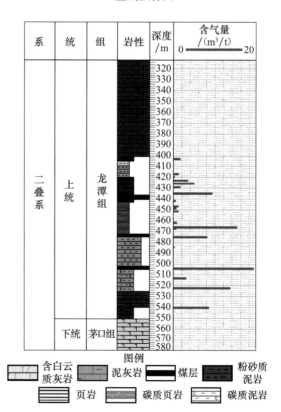

图 3-22　西页 1 井含气量垂向变化图

为 84.64%，C_2H_6 含量较低，平均含量为 0.22%，O_2 平均含量为 1.75%，N_2 平均含量为 10.82%。

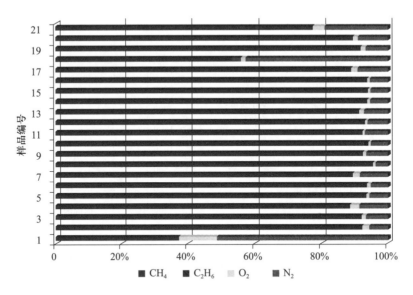

图 3-23 西页 1 井天然气组分百分比图

三、海陆过渡相页岩气富集条件

我国海陆过渡相富有机质页岩分布广泛，有机质类型复杂、热演化程度适中，但南北略有差异。其中，北方地区石炭系—二叠系富有机质页岩的单层厚度通常较薄，但累计厚度大，常与砂岩、煤系等其他岩性互层。有机碳含量一般介于 0.5%～10%，变化较大，其中沼泽相炭质页岩有机碳含量普遍较高。页岩的有机质类型主要为混合型-腐殖型，R_o 一般介于 0.5%～3.0%，少部分超过 3.0%。南方地区海陆过渡相富有机质页岩间夹煤层，上二叠统页岩在滇黔桂地区、四川盆地及其外围均有分布。页岩厚度变化介于 10～125m，一般为 20～60m，有机质以腐殖型为主，有机碳含量介于 0.5%～12.55%，平均为 2.91%，R_o 一般介于 1.0%～3.0%。

与纯陆相、纯海相相比，我国的海陆交互相富有机质泥页岩层系和煤系地层具有自己独有的特征，具体如下：①地层剖面上对应的沉积相类型较多，且变化频率较高，这种快速更替的沉积环境也导致了岩性的快速变化；②岩性剖面上以煤系地层的伴生最为明显；③泥页岩层系的厚度较为适中，分布范围较广；④煤系地层和碳质泥页岩有机质丰度很高，然而其生烃潜力还应该结合干酪根显微组分和地层后期作用充分考虑；⑤干酪根以Ⅲ型干酪根为主，有机质来源主要为高等植物和少量的水生生物，富有机质泥页岩的变质程度和热演化程度在三类泥页岩当中是使用的；⑥烃源岩与储集层空间距离相对较小，一般为同层或互层；⑦多种天然气藏同时发育，具有页岩气、致密砂岩气和常规储层气的连续过渡序列。

第五节 中国陆相页岩油气发育地质条件及实例分析

中国大量发育有陆相含油气盆地。其烃源岩主要形成于上古生界二叠系至新生界古近系。主要分布在含油气盆地和含煤盆地中。具体可进一步分为湖相页岩和湖沼相页岩两类。

湖相页岩主要分布在松辽盆地、渤海湾盆地、鄂尔多斯盆地、四川盆地、塔里木盆地、准噶尔盆地、吐哈盆地、三塘湖盆地、柴达木盆地等大中型含油盆地的沉积中心附近。

湖沼相页岩主要和中新生代含煤盆地相关，目前研究程度较低。

一、中国陆相页岩油气发育地质条件

（一）陆相页岩分布

我国具有页岩气资源潜力的陆相暗色泥页岩在南方主要发育在四川盆地，北方地区发育更为广泛，如鄂尔多斯盆地三叠系延长组、准噶尔盆地和吐哈盆地下侏罗统八道湾组和三工河组及中侏罗统下部的西山窑组、松辽盆地白垩系青山口组和嫩江组富含有机质泥岩、海拉尔盆地伊敏组、大磨拐河组和南屯组，二连盆地中下侏罗统阿拉坦合力组、下白垩统巴彦花群等。新生代暗色页岩主要有渤海湾盆地古近系沙河街组。

湖沼相煤系富含有机质泥页岩有机质丰度高，热演化程度普遍不高，R_o多在3.0%以下，多数处于生气高峰，富含有机质泥页岩由于多与煤层和致密砂岩层互层产出，如果煤层中存在煤层气富集或致密砂岩层中存在天然气富集比较普遍，则发展不同类型天然气资源多层合采技术（表3-5）。

表3-5 陆相页岩地化指标统计表

盆地名称	层系	R_o	TOC	厚度/m	氯仿沥青"A"
四川盆地	下侏罗统	1%～1.87%	0.4%～1.2%	40～180	
江汉盆地	古近系	1.5%	1.06%	1 500	0.332 7%
鄂尔多斯盆地	侏罗系	0.48%～0.74%	0.98%～5.16%	60～120	
	三叠系	0.66%～1.07%	0.51%～5.81%	20～500	0.04%～0.67%
	二叠系	>1.8%	1.3%～2.07%	37～125	
南华北盆地	古近系	0.25%～0.5%	0.34%～1.48%	403～493	0.04%～1.6%
	下白垩统	0.5%～3.38%	0.09%～1.56%	200～1 000	0.003%～0.098 7%
	侏罗系	1.0%～2.0%	0.15%～3.38%	50～250	0.001 6%～0.366 6%
	中上三叠统	1.1%～2.4%	0.625%	500～800	0.036%～0.145%
松辽盆地	白垩系	0.68%～3.3%	0.36%～2.4%	900～1 500	0.15%～0.53%
辽河拗陷	古近系	0.4%～2.2%	0.38%～2.83%	1 000～1 600	0.015 9%～0.216 7%

续表

盆地名称	层系	R_o	TOC	厚度/m	氯仿沥青 "A"
冀中拗陷	古近系	1%～1.7%	1%～1.7%	400～1 200	0.003 4%～0.422 4%
黄骅拗陷	古近系	0.5%～1.5%	0.8%～3.0%	1 500～2 000	0.262%
济阳拗陷		0.60%～1.8%	0.6%～2.3%	50～200	0.006%～0.214%
	古近系	0.5%～2.0%	0.5%～6.0%	1 300	
准噶尔盆地	古近系	<0.5%	0.04%～4.5%	30～60	0.021 0%～0.096 0%
	白垩系	<0.5%	0.06%～0.08%	50～250	0.023%
	侏罗系	0.48%～0.74%	0.98%～5.16%	200～500	0.005%～0.52%
	三叠系	0.4%～0.8%	0.53%～7.5%	30～257	0.052%
吐哈盆地	中下侏罗统	0.5%～1.0%	0.5%～2.5%	300～700	0.02%～1.53%
	二叠系	1.5%～2.5%	1.33%～2.93%	100～400	0.003%～0.04%
柴达木盆地	第四系	0.2%～0.47%	0.33%～9.06%	0～800	0.02%～0.6%
	古近系	0.25%～1.2%	0.29%～0.89%	2 000	0.052%～0.271%
	侏罗系	0.40%～2.18%	0.28%～5.89%	9～916	0.003 5%～0.439 1%
伦坡拉盆地	新近系	0.6%～1.1%	0.4%～1.35%	1 200	

(二) 主要参数特征

鄂尔多斯盆地三叠系浅湖、沼泽相暗色泥岩厚 20～500m，有机碳含量为 0.51%～5.81%，氯仿沥青 "A" 为 0.04%～0.67%，平均为 0.24%，总烃含量为 129～5217.79μg/g，平均为 1765μg/g，成熟度为 0.66%～1.07%；南华北盆地下白垩统暗色泥岩厚 200～1000m，有机碳含量为 0.09%～1.56%，氯仿沥青 "A" 为 0.003%～0.0987%，平均为 0.05%，总烃含量为 104～487μg/g，平均为 170μg/g，成熟度为 0.5%～3.382%。

吐哈盆地主要发育的两套主力烃源岩，即中侏罗统煤系源岩和二、三叠系湖相源岩；其中二叠系湖湘泥岩是吐哈盆地主力烃源岩，有效厚度为 100～400m，有机碳含量为 1.33%～2.93%，氯仿沥青为 "A" 为 0.003%～0.04%，平均为 0.02%，总烃含量为 385～546μg/g，成熟度为 1.5%～2.5%，生烃潜量为 2.06mg/g，有机质类型以Ⅲ$_2$型为主，是一套好级别的烃源岩。中下侏罗统湖相泥岩有效厚度为 300～700m，有机碳含量为 0.5%～2.5%，氯仿沥青 "A" 为 0.02%～1.53%，平均为 0.37%，总烃含量为 72～862μg/g，平均为 253μg/g，成熟度为 0.5%～1.0%，干酪根类型主要以Ⅲ$_2$型为主 (图 3-24)。

柴达木盆地中生代烃源岩与西北地区其他盆地类似，以侏罗系地层为主。其中、下侏罗统暗色泥岩和碳质泥岩主要分布在柴北缘，有机碳含量为 0.28%～5.89%，R_o 在 0.25%～1.2%，厚度为 9～916m，总体上有机质丰度高，类型中等-差，成熟度高，为一套好的烃源岩。古近系烃源岩主要分布在柴西地区，平均厚度达 2000m 左右，有机碳含量为 0.29%～0.89%，R_o 为 0.25%～1.2%，氯仿沥青 "A" 为 0.052%～0.271%，

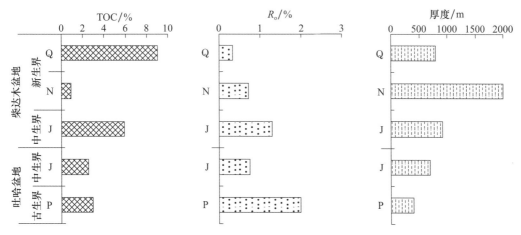

图 3-24 吐哈盆地和柴达木盆地暗色泥页岩有机地化指标

平均为 0.12%，总烃含量为 485～2136μg/g，平均为 989.6μg/g，成熟度为 0.25%～1.2%，有机质类型为中等-差，成熟度较差，处于生油高峰期；第四系烃源岩主要分布在柴东地区，岩性主要为碳质泥岩、灰色及黑色泥岩，有机碳含量为 0.33%～9.06%，R_o 为 0.2%～0.47%，最大厚度可达 800m，第四系烃源岩还处于早期成岩阶段，有机质仍处于未成熟阶段（图 3-25）。

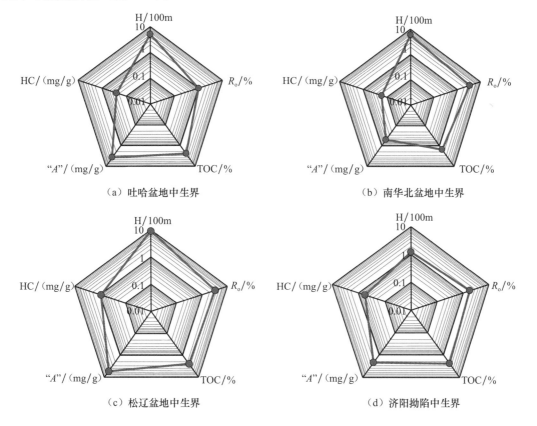

（a）吐哈盆地中生界   （b）南华北盆地中生界

（c）松辽盆地中生界   （d）济阳拗陷中生界

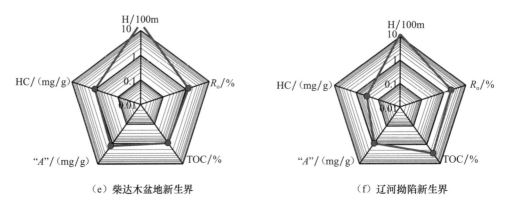

（e）柴达木盆地新生界　　　　　　　（f）辽河拗陷新生界

图 3-25　陆相页岩地化特征蛛网图

东北地区中生界暗色泥页岩主要发育于侏罗系—白垩系，其中松辽盆地发育白垩系湖相黑色、褐色及灰色泥页岩，厚度在 900～1500m，有机碳含量为 0.36％～2.4％，氯仿沥青 "A" 为 0.15％～0.53％，总烃含量为 62～1682μg/g，成熟度为 0.68％～3.3％；二连盆地下白垩统暗色泥页岩有机碳含量为 0.52％～15.19％，平均为 1.35％～2.06％，厚度为 200～600m，目前处于低熟-成熟阶段。

东北地区新生界暗色泥页岩主要发育于古近系，平面上广泛分布，其中辽河拗陷下古近系湖相泥岩厚度在 1000～1600m，局部地区厚度达 2000m，有机质丰度较高，有机碳、氯仿沥青 "A"、总烃含量分别为 0.38％～2.83％、0.0159％～0.2167％、24～1142μg/g，成熟度为 0.4％～2.2％，埋深在 5000m 以下的主力烃源岩大面积处于过成熟演化状态；伊兰伊通盆地暗色泥岩在各区的厚度横向上有变化，最大厚度多在 150m 以上，多数大于 200m，最厚可达 600m 以上，有机碳含量为 0.2％～6.47％，有机质主要为湖相有机质，类型上主要为 II_2-III 型，其中 III 型更多，同时有少量 I、II_1 型有机质。

伦坡拉盆地烃源岩主要发育在古近系牛堡组二、三段和丁青湖组一段的半深湖-深湖相泥页岩，有机碳含量在 0.4％～1.35％，平均在 0.88％，R_o 为 0.6％～1.1％，厚度可达 1200m，有机质类型主要为 I 型，基本上处于未熟-成熟阶段；可可西里盆地可能具有烃源岩发育的层系为古新世—始新世沱沱河组和中新世五道梁群湖相泥岩。

二、陆相页岩油气实例解剖

（一）基础地质

鄂尔多斯盆地根据现今的构造形态及盆地演化史，全盆可以划分为伊盟隆起、西部冲断构造带、天环拗陷、伊陕斜坡、晋西挠褶带、渭北挠褶带六个一级构造单元（图 3-26）。

鄂尔多斯盆地的构造演化经历了中晚元古代拗拉谷发育阶段、早古生代的陆表海与古隆起发育阶段、晚古生代克拉通内拗陷发育阶段、中生代中晚期鄂尔多斯盆地形成阶段、新生代周边断陷盆地发育阶段五个阶段。

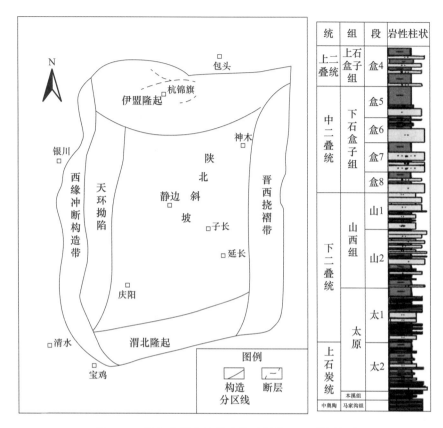

图 3-26 鄂尔多斯盆地构造单元划分及地层柱状图

晚三叠世开始，鄂尔多斯盆地进入陆相沉积演化阶段，湖盆在发生—发展—消亡过程积演化的过程中形成了完整的湖泊-三角洲相沉积演化旋回。其中，上三叠统延长组是一套以大型内陆凹陷盆地为背景，以河流和湖泊相为主的陆缘碎屑岩沉积，是湖盆发育的全盛期，为一完整水进—水退沉积旋回，其形成了东北河流三角洲、西南扇三角洲为代表的两大沉积体系。伴随着基准面的升降变化，可容纳空间和沉积物补给相应的发生变化，湖盆演化经历了初始拗陷、强烈拗陷、回返抬升及萎缩消亡 4 个完整的阶段，湖盆沉积中心由东向西逐渐迁移，湖盆演化表现出不同的地层堆砌样式和充填特点。

长 10—长 9 沉积期，为湖盆初始拗陷阶段，湖盆开始发育。长 9 沉积期印支构造运动有所增强，湖盆范围迅速增加，沉积了大套厚层黑色碳质泥岩夹油页岩。

长 8—长 7 沉积期，为湖盆强烈拗陷阶段。长 8 沉积初期由于盆地不均衡下陷，湖盆范围迅速扩大，水体变深；长 7 沉积期盆地基底整体不均衡强烈拉张下陷，水体急剧加深，湖盆发育达到鼎盛的时期，盆地内沉积了一套厚度大、有机质丰度高的暗色泥岩和油页岩，为鄂尔多斯盆地中生界主力烃源岩。同时，半深湖-深湖形成了广泛分布的浊积砂体。

长 6—长 4+5 沉积期，为湖盆回返抬升阶段。长 3—长 1 沉积期为湖盆萎缩消亡阶段（图 3-27）。

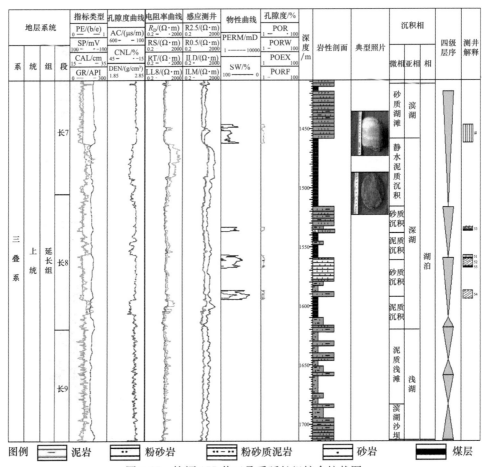

图 3-27　柳评 177 井三叠系延长组综合柱状图

(二) 参数特点

1. 泥页岩分布

从层位上看，鄂尔多斯盆地陆相富有机质泥页岩主要发育于三叠系延长组长 9 段和长 7 段两套湖相为主的地层中。其中长 9 段泥岩在区内厚度变化较大，主要发育于盆地中南部，平均厚度为 50m，最厚处可达 110m 左右。长 7 段泥岩区内分布面积较长 9 段更广泛，总体呈北薄南厚分布，平均厚度为 60m，最厚处约 140m（图 3-28）。

在三叠系延长组长 9 期，盆地下沉速度明显加大，盆地南部几乎全部被湖水淹没，湖岸线大范围向外推移，湖盆面积大规模扩大。长 9 期的泥岩主要发育在定边-吴旗-志丹-直罗-马栏-长武-宁县-太白-华池所圈定的范围内。

进入长 7 期，盆地基底整体由于受强烈拉张而下陷，水体加深，湖盆发育达到鼎盛时期。其中泥岩发育的中心位于庆阳、正宁、直罗、吴旗、盐池、环县和延安—富县及其以东广大区域内，呈北西—南东向的不对称展布，并且发育有深灰色、灰黑色泥岩、油页岩，黑色泥岩厚达 80～130m；油页岩或碳质泥岩厚为 30～100m，有机质丰富，是盆地最主要的生油岩发育区。

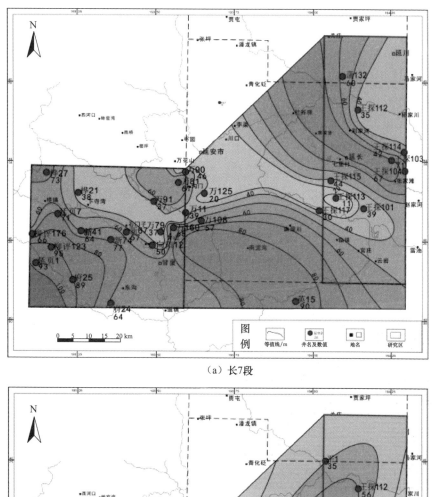

（a）长7段

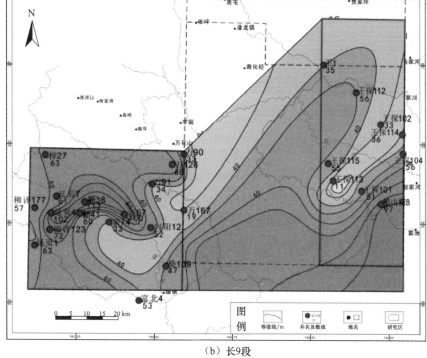

（b）长9段

图 3-28　延长组长 7 段和长 9 段页岩厚度图

2. 矿物组成特征

1）常规矿物组成特征

长9段、长7段以黏土矿物（平均含量为46.3%）、石英（29.7%）和长石（18.9%）为主，含少量碳酸盐矿物（4.6%），基本不含黄铁矿。本溪组、山西组以黏土矿物（60.5%）和石英（34.1%）为主，含少量长石（1.2%）和碳酸盐矿物（4.1%），基本不含黄铁矿（图3-29）。

2）黏土矿物组成特征

长7段、长9段黏土矿物以伊/蒙混层、伊利石和绿泥石为主；其中伊/蒙混层为最主要矿物，平均含量为47.6%；基本不含高岭石。山西组黏土矿物以高岭石、伊/蒙混层、伊利石和绿泥石为主；其中伊/蒙混层平均含量为30.0%；高岭石平均含量为31.3%。本溪组黏土矿物以高岭石、伊利石、伊/蒙混层和绿泥石为主；其中伊/蒙混层平均含量仅12.8%；高岭石为最主要矿物，平均含量为52.3%（图3-30）。

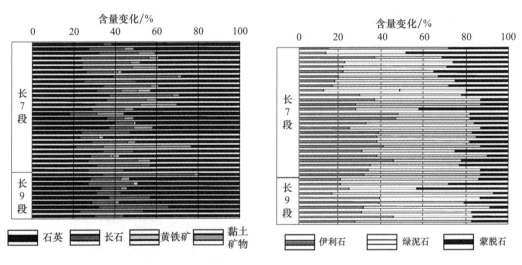

图3-29 储层矿物相对含量变化图　　　图3-30 黏土矿物相对含量变化图

3. 孔隙结构

以孔隙直径为划分依据，直径小于2nm为微孔，2~50nm为中孔，大于50nm为宏孔，对鄂尔多斯盆地延长组长7段和长9段泥页岩孔隙结构特征进行了初步分析，得到以下结论：延长组长7段和长9段孔隙结构均以中孔为主，宏孔和微孔不太发育（图3-31）。

4. 干酪根及显微组分

干酪根类型影响着气体含量、赋存方式及气体成分。不同类型的干酪根，其显微组分不一样，显微组分也是控制气体含量的主要因素。

根据显微组分分析，延长组长7段与长9段烃源岩具有腐泥型和混合型干酪根的特点，显微组分主要为壳质组与腐泥组（图3-32）。此外，根据范式图解，延长组长7段与长9段有机质类型主要为II$_1$型，部分为I型；有机质成熟度主要在0.5%~1.5%。

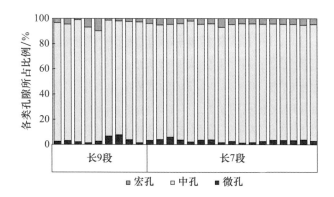

图 3-31 储层孔隙结构相对比例

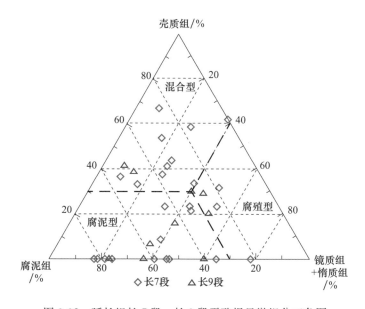

图 3-32 延长组长 7 段、长 9 段干酪根显微组分三角图

5. 有机质丰度

鄂尔多斯盆地延长组长 7 段泥页岩 TOC 值主要集中在 2%~3%，平均为 2.96%。氯仿沥青 "A" 值平均为 0.5%。总烃（HC）值平均值为 3808μg/g。生烃潜量（S_1+S_2）值为 6~12mg/g，平均为 9.38mg/g。

长 9 段泥页岩 TOC 值为 3%~4%，平均为 2.18%。氯仿沥青 "A" 值为 0~0.1%，平均为 0.33%。总烃（HC）含量为 0~500μg/g，平均为 2607μg/g。生烃潜量（S_1+S_2）值平均为 5.36mg/g。可以看出，长 9 段泥页岩有机质含量总体较长 7 段稍低。

6. 有机质成熟度

在热成因页岩气的储层中，烃类气体是在时间、温度和压力的共同作用下生成的。干酪根的成熟度不仅可以用来预测源岩中生烃潜能，还可以用于高变质地区寻找裂缝性页岩气储层，作为页岩储层系统有机成因气研究的指标。

自从 1950 年 Teichmuller 首先将镜质体反射率用于确定沉积岩中有机质的成熟度，镜质体反射率（R_o）就成为了国际上公认的有机质成熟度的指标。有机质成熟度划分标准：R_o 低于 0.6％为未成熟，0.6％～1.3％为成熟，1.3％～2％高成熟，2％～3％过成熟早期阶段，3％～4％过成熟晚期阶段。

根据统计试验数据结果显示，鄂尔多斯盆地延长组泥页岩有机质成熟度主要在 0.5％～1.5％，处于成熟-湿气阶段。

7. 含气量

对鄂尔多斯盆地内万 169 井延长组地层进行现场解析，结果显示长 7 段含气量为 1.548～4.646m³/t；长 9 段为 2.28～9.35m³/t。多项式拟合结果显示：长 7 段含气量为 2.143～7.714m³/t；长 9 段为 4.978～8.986m³/t，可以看出长 9 段含气量高于长 7 段（图 3-33，表 3-6）。

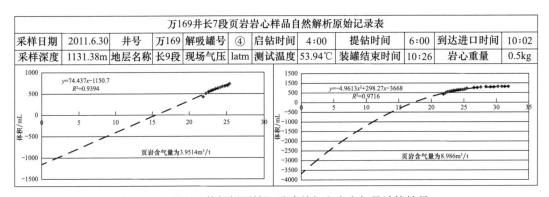

万169井长7段页岩岩心样品自然解析原始记录表									
采样日期	2011.6.30	井号	万169	解吸罐号	④	启钻时间	4:00	提钻时间	6:00	到达进口时间	10:02
采样深度	1131.38m	地层名称	长9段	现场气压	1atm	测试温度	53.94℃	装罐结束时间	10:26	岩心重量	0.5kg

图 3-33　万 169 井解析原始记录清单与室内含气量计算结果

表 3-6　万 169 井现场解析含气量计算结果统计表

层位	深度/m	直线法含气量/(m³/t)	多项式拟合法含气量/(m³/t)
长 7 段	973	1.548	2.143
	974.4	3.4832	3.876
	976.7	4.646	7.714
长 9 段	1129.67	2.28	4.978
	1131.38	3.9514	8.986
	1133.7	4.614	5.098

8. 孔隙特征

在充分研究北美海相页岩储层孔隙分类的基础上，借助氩离子抛光-扫描电镜技术对延长矿区陆相页岩延长组长 7 段、长 9 段、山西组、本溪组样品进行了系列研究，并根据页岩孔隙成因、结构特征及物化特性作以下孔隙类型分类（表 3-7）。为方便对孔隙类型的讨论，对孔径的表示采用目前国际上通用的根据物理吸附特性和毛细凝聚理论来划分的三分法，即小于 2nm 的为微孔，2～50nm 的为中孔，大于 50nm 的为宏孔。

表 3-7 鄂尔多斯陆相页岩孔隙分类特征表

孔隙类型		成因机制	孔径特征	常见分布特征
无机孔	粒间孔	矿物颗粒堆积形成	30nm～3μm	多见于软硬颗粒接触处和黏土矿物聚合体中
	粒内孔	矿物成岩转化	8～100nm	多见于层状或薄片状黏土矿物颗粒层间
	晶间孔	晶体生长过程中不紧密堆积	5～200nm	骨架颗粒或胶结物晶体接触处
	溶蚀孔	溶蚀作用	30nm～3μm	见于石英、长石、方解石等化学不稳定矿物中
有机孔		有机质成熟生烃	5～150nm	常呈凹坑状或片麻状分布于热演化程度较高的有机质中
微裂缝		沉积及微观应力作用	50nm～5μm	常呈狭长条带分布在矿物相变处或颗粒内

（1）粒间孔。通常发育于矿物颗粒接触处［图 3-34（a）～（d）］，粒间孔隙呈现出多角形和拉长型，多数为原生孔隙，呈分散状分布于基质中，排列一般无规律，粒间孔径

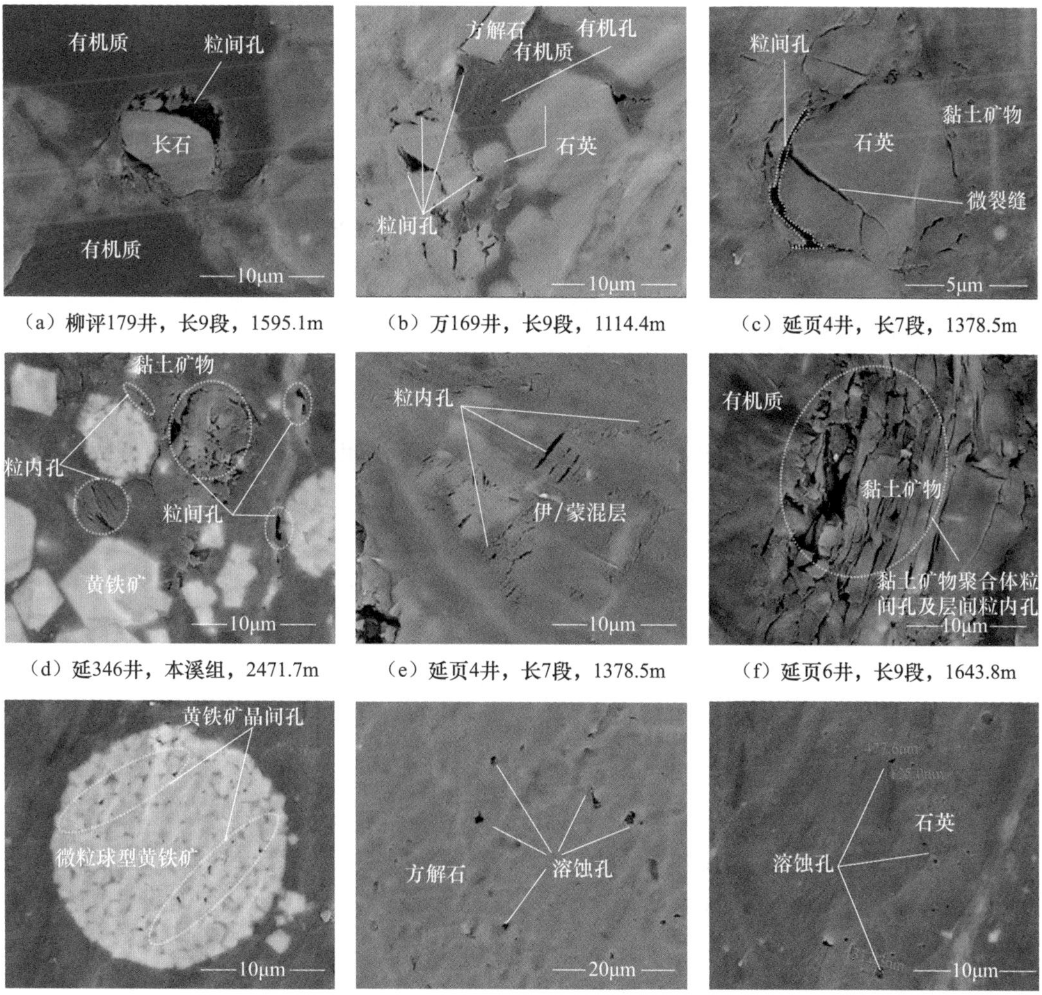

（a）柳评179井，长9段，1595.1m 　（b）万169井，长9段，1114.4m 　（c）延页4井，长7段，1378.5m

（d）延346井，本溪组，2471.7m 　（e）延页4井，长7段，1378.5m 　（f）延页6井，长9段，1643.8m

（g）延346井，本溪组，2471.7m 　（h）延页4井，长7段，1378.5m 　（i）延346井，本溪组，2471.7m

图 3-34 无机孔赋存状态及特征

多大于100nm。分析认为多角形孔多为软硬颗粒间经压实胶结后剩余的孔隙空间；线型孔多与层状黏土矿物有关。本次试验中黏土矿物粒间孔大量存在，并多发育于伊/蒙混层聚合体（絮状）中［图3-34(d)、(f)］，内部具纸房子微观构造，而纸房子构造呈开放型，因而存在大量的孔隙空间，并且这些孔隙之间具有一定的连通性，能为气体导流提供微观运移通道，同时增强气体渗透能力。

（2）粒内孔。黏土矿物层间粒内孔是本次试验中最广泛发育的孔隙类型［图3-34(d)、(f)］，其他矿物较少见孔径相对较小，在几纳米至几十纳米。黏土矿物特别是化学不稳定矿物蒙脱石在沉积埋藏转变为伊/蒙混层或伊利石的过程中会产生大量粒内孔，这些层间微孔隙大大增加了页岩气赋存的空间。早期浅埋泥页岩发育的大量粒间孔及少量的粒内孔连通性很好，是非常有效的孔隙网络。

（3）晶间孔。晶体生长过程易受外界环境干扰，致使晶体堆积过程中出现缝隙。观察发现作为骨架矿物的石英和长石，以及作为填隙物的微球粒状/莓状黄铁矿晶间存在少量晶间孔缝［图3-34(b)、(g)］。缝隙最宽为100nm，最窄处只有十几纳米。这种缝隙边缘平整，相互之间有一定的连通性。

（4）溶蚀孔。在深埋藏下一些不稳定矿物如石英、碳酸盐、长石、云母、黏土矿物等会因发生溶蚀而形成溶蚀孔［图3-34(h)、(i)］。成因可能是干酪根热解过程中的脱碳酸基作用使得部分化学易溶蚀性矿物颗粒发生化学溶解形成溶蚀孔，这个过程发生在80～120℃，高于现今长7段、长9段泥页岩生烃阶段温度（成岩阶段A期），因此综合来看，溶蚀孔发育很少。

（5）有机孔。有机质主要以游离态和吸附包裹于黏土表面或与碳酸盐、黄铁矿呈披覆、黏附的团块状有机质的形式存在［图3-35(a)、(f)］。即有机质大多以集合体的形式存在，这在EDS分析得到的元素组成（C、Al、Ca、Si、O）中得到证实［图3-35(c)、(g)］。

有机孔主要发育于有机质间和有机质内，呈片麻状、凹坑状、椭圆形或多角形等多种形态有机质纳米级孔隙［图3-36(a)、(c)～(g)］，直径主要在5～150nm，即多属中孔范围。但总体来看，有机孔发育很少，这与长7段、长9段热演化程度较低有关。有机质颗粒内纳米级孔隙富集和形成与有机质的成熟生烃相关，主要是由于生成液体或气体聚积生成气泡而成。片麻状结构的有机质内孔隙，能够大大提高岩石的基质孔隙度。研究表明，有机孔的形成主要受有机质丰度、干酪根类型及热演化程度的控制。

有机质与黄铁矿共存现象也很普遍，通常呈包裹与被包裹的关系，且其间也发育少量有机孔［图3-36(f)］；研究表明黄铁矿多与Ⅰ型、Ⅱ型干酪根共存，而与Ⅲ型干酪根呈分散分布［图3-35(a)，图3-36(f)、(i)］。

研究发现，并不是所有的有机质类型都倾向于发育有机孔，从照片及数据中对比得出Ⅱ型干酪根比Ⅲ型干酪根更倾向于发育有机孔，即有机质类型为Ⅱ型的长7段、长9段有机质比有机质类型为Ⅲ型的山西组、本溪组有机质较发育有机孔。

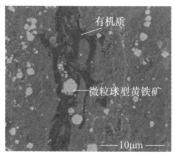

（a）延346井，本溪组，2471.7m，
有机质呈游离态

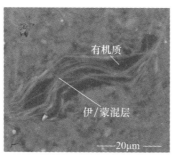

（b）延页4井，长7段，1378.5m，
有机质与伊/蒙混层呈混合态

（c）柳评177井，长7段，1477.8m，
有机质与绿泥石呈结合状

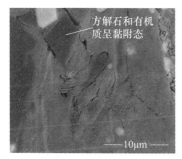

（d）延346井，本溪组，2471.7m，
有机质与方解石共生

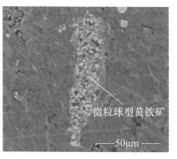

（e）万169，长9段，1114.4m，
黄铁矿与有机质共生

（f）延页6，长9段，1643.8m，
磷灰石与有机质共生

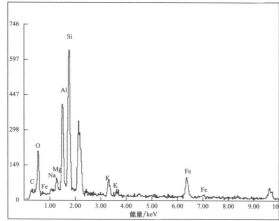

元素	质量分数/%	原子分数/%
CK	14.24	25.82
OK	22.76	30.99
NaK	0.93	00.88
NgK	02.24	02.00
AlK	13.82	11.16
SiK	27.17	21.08
KK	04.20	02.34
FeK	14.65	05.72
基质	校正	ZAF

（g）图（c）中有机质集合体的能谱分析

图 3-35　有机质赋存形式

　　本次试验发现有机孔与基质中的粒内孔一般不呈平行排列，且一些有机质具有继承性构造，这些构造控制着有机孔的发育和分布。另外，发现有机孔并不是孤立存在的，而是存在某种程度上的连通性［图 3-36(a)］，这在北美页岩气的研究中得到了证实。因此，富含大量有机孔并且具备较好连通性的干酪根孔隙网络可以使气体突破渗流阈值在页岩储层中形成导流微通道，提高页岩的渗透率。

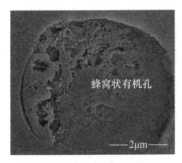

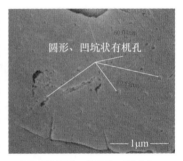

（a）柳评179井，长9段，1595.1m，
TOC：3.56%，R_o：0.96%

（b）柳评179井，长9段，1595.1m，
TOC：3.56%，R_o：0.96%

（c）万169井，长9段，1114.4m，
TOC：4%，R_o：0.72%

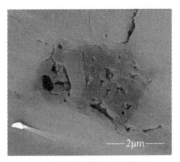
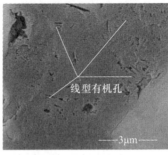
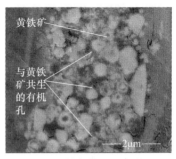

（d）万169井，长9段，1114.4m，
TOC：4%，R_o：0.72%

（e）万169井，长9段，1114.4m，
TOC：4%，R_o：0.72%

（f）万169井，长9段，1114.4m，
TOC：4%，R_o：0.72%

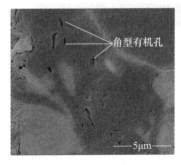
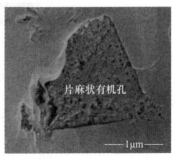
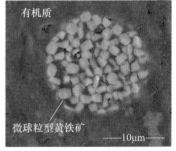

（g）延154井，山西组，2662.6m，
TOC：9%，R_o：2.2%

（h）柳评177井，长7段，1490.1m，
TOC：2.1，R_o：0.92%

（i）柳评177井，长7段，1490.1m，
TOC：2.1，R_o：0.92%

图 3-36 有机孔赋存形式及特征

　　另外，与粒间孔隙一样，有机孔也会受到埋藏压实的影响，在电镜下常见有机质压实变形现象［图 3-35(b)］。因此推断岩石的力学性质是有机孔隙保存的重要条件之一。

　　（6）微裂缝。试验中也发现了不少微裂缝，其常发育于晶间和晶内［图 3-37(a)和(b)］，在有机质中也较常见［图 3-37(c)］，裂缝呈明显的锯齿弯曲状，且多具较好延伸性，长度多在 2μm，宽度在 20～700nm。宏观尺度裂缝的形成主要与岩石脆性、有机质生烃、地层孔隙压力、差异水平压力、断裂和褶皱等因素相关，而微观尺度张力测试的模拟则在一定程度上反映了微裂缝受制于矿物的结晶作用。虽然有些泥岩储层中微裂缝被杂基胶结，但研究表明即使被胶结物充填，这些微裂缝仍然对后期压裂诱导裂缝的延伸起到促进作用。泥页岩中开放型微裂缝的发育不仅提供了页岩气赋存的空间，而且也为页岩气运移提供了有效的微疏导通道，这在北美页岩气勘探开发中得到了证实，即微裂缝发育的地方其气体产量往往也越高。

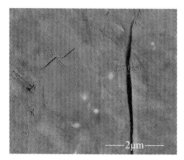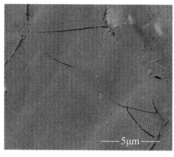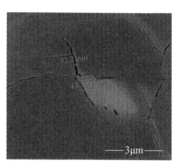

（a）延页6井，长9段，1643.8m　　（b）延页4井，长7段，1378.5m　　（c）柳评177井，长7段，1490.1m

图 3-37　微微裂缝赋存形式及特征

（三）产气特点

鄂尔多斯盆地三叠系延长组长 7 段、长 9 段页岩直井产气量普遍在 1500～2000m³/d。

三、陆相页岩油气发育特点

鄂尔多斯盆地三叠系延长组泥页岩是中国陆相湖泊沉积的典型代表，也是陆相页岩气勘探的重大突破口。通过对鄂尔多斯盆地延长组泥页岩的构造沉积背景、地球化学参数、储层特征及含气性进行解剖，总结中国陆相页岩气的成藏特征。

与国内外海相页岩地层不同，陆相泥页岩具有平面相变快、发育较局限、纵向上单层厚度小、与砂岩频繁互层出现的展布特点，纯泥岩段厚度通常小于 10m。陆相泥页岩有机质类型多样。深湖、半深湖相泥页岩多为Ⅰ型和Ⅱ型干酪根，浅湖、三角洲相泥页岩则以Ⅱ型和Ⅲ型为主，沼泽、河流相多为Ⅲ型干酪根。在剖面上，Ⅱ型和Ⅲ型干酪根泥页岩主要分布在上部层系或斜坡部位，与盆地埋深结构相对应，常具有相对较低的有机质热演化程度，可对应形成规模性分布的页岩气；Ⅰ型干酪根泥页岩主要分布在盆地的沉降——沉积中心（图 3-38）。

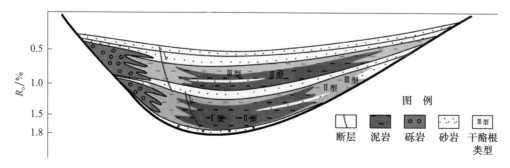

图 3-38　中国陆相页岩气成藏模式图

从其他方面来看，我国陆相富有机质泥页岩普遍成熟度比海相泥页岩要低，另外，由于形成时代较新，我国陆相泥页岩保存条件较海相好。由于离物源较近，搬运距离有限，陆相泥页岩黏土含量多较高，通常在60%以上，孔隙结构复杂，孔隙度较低，且渗流能力较差。

第六节　各大区页岩气地质特点

依据页岩发育地质基础、区域构造特点、页岩气富集背景及地表开发条件，将中国的页岩气分布区域划分为上扬子及滇黔桂区、中下扬子及东南区、华北及东北区、西北区、青藏区（未进行评价）5个大区，各区页岩气地质条件和特点差异明显（表3-8）。

表 3-8　中国页岩分区特征表

地区	评价单元	评价层系	地质特点
上扬子及滇黔桂区	四川盆地及周缘、南盘江拗陷、黔南拗陷、桂中拗陷、十万大山盆地、百色-南宁盆地、六盘水盆地、楚雄盆地、西昌盆地等	下寒武统、下志留统、中、下泥盆统、下石炭统、上二叠统、三叠系、侏罗系	海相页岩厚度大、分布稳定、有机质含量高、热演化程度高、后期构造作用强；上古生界围绕下古生界出露区环形分布，单层厚度较小，煤系地层发育；中生界分布于四川等盆地内，页岩累计厚度大，夹层发育
中下扬子及东南区	湘鄂下古、湘中上古、江汉、洞庭、苏北、皖浙、赣西北、萍乐、永梅等盆地和地区	寒武系、奥陶系、泥盆系、石炭系、二叠系、三叠系及古近系	中下扬子古生界构造变动复杂，后期改造强烈；上古生界页岩分布范围略小，东南地块岩浆热液活动频繁，保存条件较差
华北及东北区	松辽盆地及其外围、渤海湾盆地及其外围、沁水盆地、大同、宁武盆地、鄂尔多斯盆地及其外围地区、南襄盆地及南华北地区	蓟县系、奥陶系、石炭系、二叠系、三叠系、白垩系、古近系	上古生界页岩单层厚度较薄，累计厚度大，与砂岩互层；中生界陆相页岩分布广、厚度稳定，处于湿气阶段；新生界页岩累计厚度大，热演化程度较低，主体处于低熟-成熟生油气阶段
西北区	塔里木盆地、准噶尔盆地、柴达木盆地、吐哈盆地、三塘湖、酒泉盆地及中小型盆地	奥陶系、寒武系、石炭系、二叠系、三叠系、侏罗系、白垩系及古近系	下古生界主要分布在塔里木盆地台盆区，总体埋深较大，仅盆地边缘埋深较浅的区域可成为勘探开发有利区；上古生界页岩分布较广，但单层厚度较小；中生界以高有机碳含量为主要特征，成熟度较低，累计厚度大，常夹有煤层

一、上扬子及滇黔桂区

上扬子及滇黔桂区包括四川盆地及周缘（米仓山地区、大巴山地区、川北地区、川西地区、川中地区、川东地区、川西南地区、鄂西渝东地区、黔中地区、黔东地区等）、南盘江拗陷、黔南拗陷、桂中拗陷、十万大山盆地、百色-南宁盆地、六盘水盆地、楚雄盆地、西昌盆地等评价单元，评价层系主要涵盖下古生界（下寒武统、下志留统等）、上古生界（中下泥盆统、下石炭统、上二叠统等）、中生界（图3-39～图3-41）。

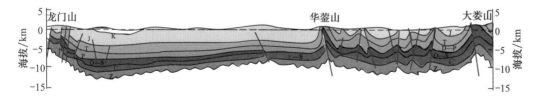

图 3-39 四川盆地剖面图

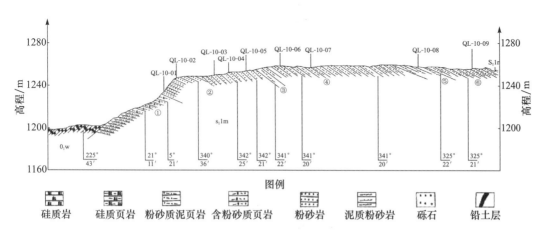

图 3-40 重庆黔江漆辽五峰—龙马溪地层实测剖面

上扬子及滇黔桂区富有机质页岩发育层位多，分布广，主要有下寒武统、下志留统、下泥盆统、下石炭统、二叠系、三叠系和侏罗系等多套富有机质页岩。下寒武统、下志留统主要分布于四川盆地及渝东鄂西、滇黔北地区，其分布最为广泛；下泥盆统主要分布于黔南、桂中等地区；下石炭统主要分布于南盘江、黔南桂中和滇东黔西等地区；二叠系主要分布于四川盆地、黔南拗陷、南盘江拗陷等地区；三叠系主要分布于四川盆地、楚雄盆地；侏罗系分布于四川盆地东北部。

上扬子及滇黔桂区页岩气的宏观地质条件与美国东部地区具有一定的相似性。该区复杂的地质背景形成了特色明显的页岩气富集特点，其中海相页岩普遍具有有机碳含量高、热演化程度高、构造复杂等特征。从川南的宽缓背向斜到川东的隔挡式构造，再到渝东鄂西的隔槽式构造及穹窿构造区，构造形式复杂，保存条件多样，页岩气富集的多种模式同时具备，目前已发现页岩气。

海陆过渡相页岩分布面积广，部分单层厚度小、有效厚度薄，有机质类型及有机碳含量变化较大、热演化程度适中。中生界陆相页岩主要分布在四川盆地内部，累计厚度大，夹层发育。目前已经在侏罗系自流井组获得页岩气工业气流。

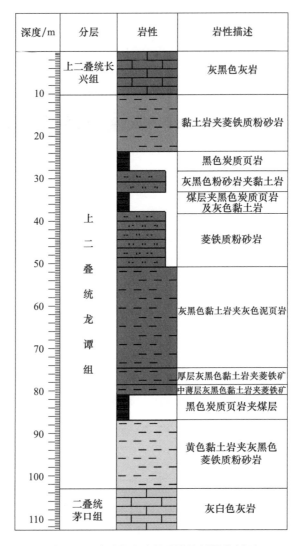

图 3-41 黔西北金沙县禹谟镇纸槽沟剖面

二、中下扬子及东南区

中下扬子及东南区主要包括中扬子地区（主要包括江汉盆地、秭归盆地、湘鄂西地区东部、湘中地区和洞庭湖地区等）、下扬子地区（主要包括苏南-皖南-浙西地区和苏北盆地等）、东南区（主要包括浙西北、永梅凹陷和三水盆地等）等评价单元，评价层系涵盖下古生界（寒武系、奥陶系等）、上古生界（泥盆系、石炭系、二叠系）、中生界（三叠系等）及新生界（古近系）。中下扬子及东南区页岩均发育于早古生代的海相地层和中新生代的陆相地层。构造演化复杂，后期改造强烈，岩浆热液活动频繁，保存条件较差（图 3-42～图 3-44）。

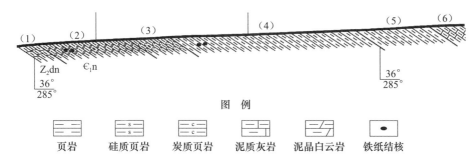

图 3-42 湖北省鹤峰县五里镇岩湾大桥下寒武统牛蹄塘组黑色页岩剖面

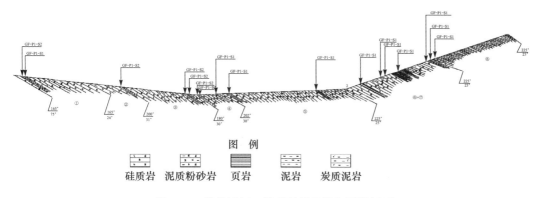

图 3-43 苏北镇江二叠系孤峰组黑色页岩剖面

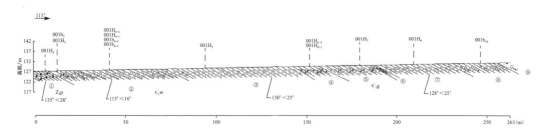

图 3-44 江西修水义宁镇下寒武统黑色页岩剖面

中扬子地区重点目标层位为下寒武统、上奥陶统—下志留统；湘中地区重点目标层位为上古生界的泥盆系—下石炭统页岩；江汉盆地以下侏罗统和古近系陆相地层为重点。中扬子古生界有机质 R_o 一般在 $2.0\%\sim5.0\%$。

下扬子地区包括古生界海相和中新生界陆相页岩，海相古生界页岩发育在上震旦统—下寒武统、上奥陶统—下志留统、中二叠统—上二叠统。陆相页岩主要发育在上白垩统和古近系。下扬子地区下寒武统（荷塘组）页岩厚度大，有机碳含量高，平均值达 2.5%；有机质为 Ⅰ 型，热演化程度较高，R_o 普遍大于 3.0%，后期改造强烈；储层硅质含量较高，且孔隙类型较丰富。上二叠统（龙潭组）主要为海陆过渡相的（含）煤系沉积，有机质丰富，有机碳含量一般在 $0.5\%\sim18\%$，有机质类型主要为 Ⅱ 统 Ⅲ 型，热演化程度平均值为 1.95%。

东南地区上古生界地层页岩分布范围小，平面上被大规模发育的花岗岩体分隔，构造改造强烈，有利区较少，盆地面积较小。其中修武盆地和浙西北主要发育古生界页岩，有机碳含量在 2.5%~8.1%，R_o较高，达 4%~6%。永梅拗陷下二叠统暗色页岩层系和浙江地区、三水盆地陆相暗色页岩层系较为有利。

三、华北及东北区

华北及东北区包括松辽盆地及其外围地区、渤海湾盆地及其外围地区、沁水盆地及其外围地区、鄂尔多斯盆地及其外围地区、南襄盆地及南华北地区等五大评价区块，评价层系涵盖下古生界（奥陶系）、上古生界（石炭系、二叠系）、中生界（侏罗系、白垩系），以及新生界（古近系）（图 3-45 和图 3-46）。

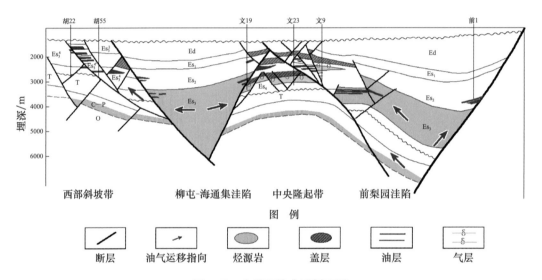

图 3-45　东濮凹陷典型剖面图

华北及东北区上古生界主要发育海陆过渡相富有机质页岩，中新生界主要发育陆相富有机质页岩，层系多、分布广。上古生界页岩主要分布在鄂尔多斯及南华北等盆地中，累计厚度大，单层厚度较薄，常与砂岩频繁互层；中生界陆相页岩主要分布于鄂尔多斯及松辽两大拗陷型湖盆中，平面分布广、厚度稳定，有效厚度可达 60~80m，发育多种干酪根类型，热演化程度在 0.7%~1.5%，靠近湖盆中心可达 1.5%，总体处于湿气阶段，可形成规模富集的页岩气。新生界主要发育于断陷湖盆，并以渤海湾盆地为代表，页岩累计厚度大，局部夹煤层，有机质类型以Ⅱ、Ⅲ型为主，有机碳含量高，热演化程度普遍较低，主体处于低熟-成熟生油气阶段，页岩气的有利区相对较小。

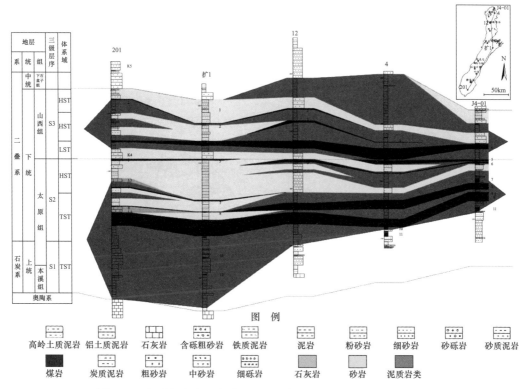

图 3-46 山西省宁武石炭系—二叠系南北向沉积地层与层序对比图

四、西北区

西北区主要包括塔里木盆地、柴达木盆地、吐哈盆地、准噶尔盆地、酒泉盆地及其他中小型盆地（六盘水盆地、潮水盆地、花海-金塔盆地、焉耆盆地、伊犁盆地等）等评价单元，其评价层系涵盖下古生界（寒武系、奥陶系）、上古生界（石炭系、二叠系）、中生界（三叠系、侏罗系、白垩系）和古近系。其中，塔里木盆地主要评价层位为中下寒武统、中下奥陶统、三叠系及侏罗系；柴达木盆地主要评价层位为中下侏罗统以及古近系；吐哈盆地主要评价层系为石炭系、二叠系；准噶尔盆地主要评价层系为石炭系、中二叠统、上三叠统、中上侏罗统；酒泉盆地主要评价层系为白垩系；其他中小型盆地主要评价层系为三叠系、侏罗系以及白垩系等。总的看来，西北区页岩主要分布在大中型盆地内，分布层位多，古生界海相、海陆过渡相和中生界陆相均有分布（图 3-47～图 3-50）。

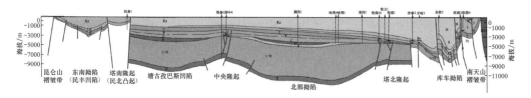

图 3-47 塔里木盆地民丰-拜城地层剖面图

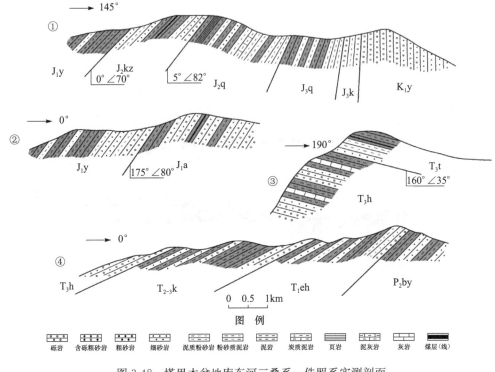

图 3-48 塔里木盆地库车河三叠系—侏罗系实测剖面

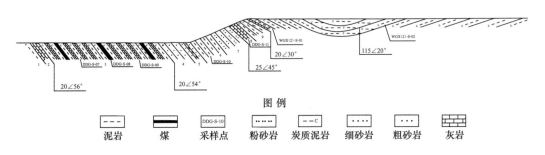

图 3-49 柴达木盆地旺尕秀石炭系实测剖面

下古生界海相页岩主要分布在塔里木盆地,中下寒武统和中下奥陶统页岩分布面积大,埋藏较深,有机碳含量为 0.5%～4.0%,有机质热演化普遍处于高过成熟阶段,有机质为 Ⅰ-Ⅱ₁ 型。

上古生界至中生界陆相页岩主要分布在准噶尔盆地和吐哈盆地。页岩分布范围局限于在盆地内部,埋深相对较大,有机质类型以偏生气的 Ⅱ₂-Ⅲ 型为主,有机碳含量普遍较高,一般为 0.5%～13.0%,有机质热演化均处于高熟-过成熟阶段。

中生界页岩地层主要分布于陆相湖盆,埋深相对较大,有机碳含量平均值普遍较高,成熟度变化范围较大。以侏罗系为代表的中生界沉积常与煤系伴生,具有页岩沉积

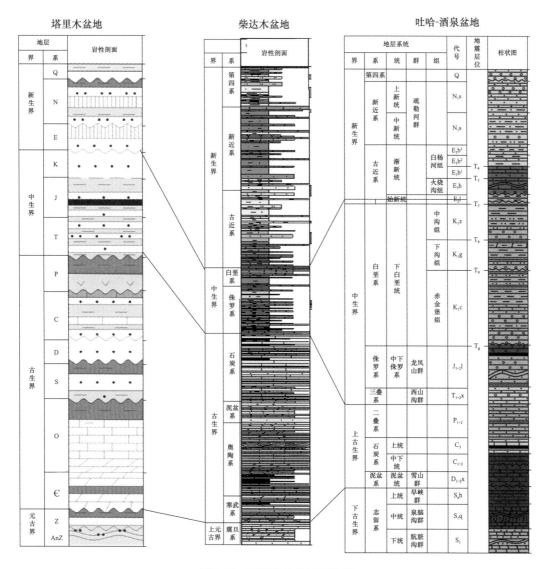

图 3-50 西北地区地层对比图

厚度大、偏生气型有机碳含量高、保存条件好等特点,但由于区域地热流较低,有机质热演化程度普遍较低。与华北及东北地区相似,低热演化程度的有机质同样是页岩油气同时赋存的先决条件。

此外,青藏地区古生界和中生界的海相页岩发育,厚度大,有机碳含量高,热演化程度较高,有页岩气富集远景。页岩发育特征和页岩气资源前景有待进一步调查研究。

第四章
页岩气、页岩油有利区优选标准与资源潜力评价方法

第一节 页岩气、页岩油有利区选区标准

一、相关术语

依据我国页岩气（油）资源特点，将页岩气（油）分布区划分为远景区、有利区和目标区三级（图4-1）。本次评价工作只进行有利区优选。

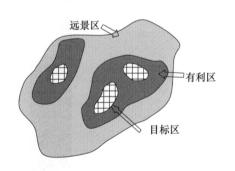

图4-1 页岩气分布区划分示意图

（1）页岩气远景区：在区域地质调查基础上，结合地质、地球化学、地球物理等资料，优选出的具备规模性页岩气形成地质条件的潜力区域。

（2）页岩气有利区：主要依据页岩分布、评价参数、页岩气显示及少量含气性参数优选出来、经过进一步钻探能够或可能获得页岩气工业气流的区域。

（3）页岩气目标区：在页岩气有利区内，主要依据页岩发育规模、深度、地球化学指标和含气量等参数确定，在自然条件或经过储层改造后能够具有页岩气商业开发价值的区域。

二、页岩气（油）有利区优选标准

（一）页岩气有利区优选标准

中国页岩气发育地质条件复杂，分为海相、海陆过渡相和陆相三种类型，在选区过程中宜按不同标准进行优选。以美国已商业性开采页岩的基本参数、我国不同类型页岩气的实际地质参数、统计规律及我国气源岩分级标准等为依据，结合多年来项目组在不同地区的页岩气勘探实践，经相关专家多次研讨，初步提出我国现阶段不同类型页岩气

的有利区优选标准（表 4-1~表 4-6）。

表 4-1 海相页岩气远景区优选参考标准

主要参数	变化范围
TOC	平均不小于 0.5%
R_o	不小于 1.1%
埋深	500~4500m
地表条件	平原、丘陵、山区、沙漠及高原等
保存条件	有区域性页岩的发育、分布，保存条件一般

表 4-2 陆相、海陆过渡相页岩气远景区优选参考标准

主要参数	变化范围
TOC	平均不小于 0.5%
R_o	不小于 0.4%
埋深	500~4500m
地表条件	平原、丘陵、山区、沙漠及高原等
保存条件	有区域性页岩的发育、分布，保存条件一般

表 4-3 海相页岩气有利区优选参考标准

主要参数	变化范围
页岩面积下限	50km²
泥页岩厚度	厚度稳定、单层不小于 10m
TOC	平均不小于 2.0%
R_o	Ⅰ型干酪根不小于 1.2%；Ⅱ型干酪根不小于 0.7%
埋深	500~4500m（南方下寒武统为 1000~4500m）
地表条件	地形高差较小，如平原、丘陵、低山、中山、沙漠等
总含气量	不小于 0.5m³/t
保存条件	中等-好

表 4-4 陆相、海陆过渡相页岩气有利区优选参考标准

主要参数	变化范围
页岩面积下限	50km²
泥页岩厚度	单层泥页岩厚度不小于 10m； 或泥地比大于 60%，单层泥岩厚度大于 6m 且连续厚度不小于 30m，夹层厚度小于 3m
TOC	平均不小于 2.0%
R_o	Ⅰ型干酪根不小于 1.2%；Ⅱ型干酪根不小于 0.7%；Ⅲ型干酪根不小于 0.5%
埋深	500~4500m
地表条件	地形高差较小，如平原、丘陵、低山、中山、沙漠等
总含气量	不小于 0.5m³/t
保存条件	中等-好

表 4-5 海相页岩气目标区优选参考标准

主要参数	变化范围
页岩面积下限	50km²
泥页岩厚度	厚度稳定、单层厚度不小于 30m
TOC	大于 2.0%
R_o	Ⅰ型干酪根不小于 1.2%；Ⅱ型干酪根不小于 0.7%
埋深	500~4000m（南方下寒武统为 1000~4500m）
总含气量	不小于 1.0m³/t
可压裂性	适合于压裂
地表条件	地形高差小且有一定的勘探开发纵深
保存条件	好

表 4-6 陆相、海陆过渡相页岩气目标区优选参考标准

主要参数	变化范围
页岩面积下限	50km²
泥页岩厚度	单层厚度不小于 30m； 或泥地比大于 60%，连续厚度不小于 40m
TOC	大于 2.0%
R_o	Ⅰ型干酪根不小于 1.2%；Ⅱ型干酪根不小于 0.7%；Ⅲ型干酪根不小于 0.5%
埋深	500~4000m
总含气量	一般不小于 1.0m³/t
可压裂性	适合于压裂
地表条件	地形高差小且有一定的勘探开发纵深
保存条件	好

1. 远景区优选

选区基础：从整体出发，以区域地质资料为基础，了解区域构造、沉积及地层发育背景，查明含有机质泥页岩发育的区域地质条件，初步分析页岩气的形成条件，对评价区域进行以定性-半定量为主的早期评价。

选区方法：基于沉积环境、地层、构造等研究，采用类比、叠加、综合等技术，选择具有页岩气发育条件的区域，即远景区（表 4-1 和表 4-2）。

2. 有利区优选

选区基础：结合泥页岩空间分布，在进行了地质条件调查并具备了地震资料、钻井（含参数浅井）及试验测试等资料，掌握了页岩沉积相特点、构造模式、页岩地化指标及储集特征等参数基础上，依据页岩发育规律、空间分布及含气量等关键参数在远景区内进一步优选出的有利区域。

选区方法：基于页岩分布、地化特征及含气性等研究，采用多因素叠加、综合地质评价、地质类比等多种方法，开展页岩气有利区优选及资源量评价（表 4-3 和表 4-4）。

3. 目标区优选

选区基础：基本掌握页岩空间展布、地化特征、储层物性、裂缝发育、试验测试、含气量及开发基础等参数，有一定数量的探井实施，并已见到了良好的页岩气显示。

选区方法：基于页岩空间分布、含气量及钻井资料研究，采用地质类比、多因素叠加及综合地质分析技术优选能够获得工业气流或具有工业开发价值的地区（表4-5和表4-6）。

在资源潜力评价和选区工作中，各项参数（含气量、有机碳含量、有机质成熟度、地层厚度等）标准原则上需要执行指南规定。确有必要的，可根据具体情况进行适当调整。

（二）页岩油有利区优选标准

1. 远景区优选

结合常规油气勘探成果，已具备大中型油田的沉积盆地通常具有一定规模的有效生油岩，均是页岩油发育的远景区（表4-7）。

2. 有利区优选

在前期油气勘探工作中，已在钻井、气测、录井及测试工作中发现泥页岩含烃异常，并基本掌握了异常层系的发育规模、有机地化特征、岩石学特征及少量含油性特征，经过进一步评价工作可确定含气层段的区域是页岩油发育的有利区（表4-7）。

3. 目标区优选

通过试验模拟、分析测试等工作，获得较多有利泥页岩层段空间分布及含油性等相关参数，掌握裂缝发育规律、可动油潜力、储层可压裂性、地层压力等开发地质条件，通过钻探可获得工业油流的区域是页岩油发育的目标区（表4-7）。

表 4-7 我国页岩油分布区优选参考标准

分布区	主要参数	参考标准
远景区	沉积相	海相，陆相（深湖、半深湖、浅湖）等
	泥页岩厚度	有效泥页岩层段大于20m
	有机碳含量	TOC>0.5%
	有机质成熟度	0.5%<R_o<1.2%
	可改造性	脆性矿物含量大于30%
有利区	有效泥页岩	有效层段连续厚度大于30m，泥页岩与地层单元厚度比值大于60%
	埋深	<5000m
	有机碳含量	TOC>1.0%
	有机质成熟度	0.5%<R_o<1.2%
	可改造性	脆性矿物含量大于35%
	原油相对密度	<0.92
	含油率（质量分数）	>0.1%
目标区	有效泥页岩	有效层段连续厚度大于30m
	埋深	1000～4500m
	有机碳含量	TOC>2.0%
	有机质成熟度	0.5%<R_o<1.2%
	可改造性	脆性矿物含量大于40%
	原油相对密度	<0.92
	含油率（质量分数）	>0.2%

三、选区结果提交

1. 页岩气选区结果提交

在页岩形成的地质背景、类型特征及页岩气发育条件的研究基础上，按照各大区评价单元不同层系的面积、厚度、埋深、有机碳含量、有机质热演化程度、含气量及保存条件等特点，依据选区标准，主要采用多因素叠合和综合分析法进行选区。

要求提交优选出的各个有利区的坐标、面积、含气页岩层系、构造位置、地理位置及地表条件等信息，填写表 4-8。

表 4-8 有利区信息统计表

有利区	经纬度坐标	面积/km²	层系	构造位置	地理位置	地表条件
有利区 1 名称						
有利区 2 名称						
…						

填表人：　　　　校对人：　　　　　　　　审核人：　　　　　　填表时间：

根据地质条件、可信度等不同，可对优选的有利区进行进一步分类。

2. 页岩油选区结果提交

提交优选出的各个有利区的坐标、面积、含气页岩层系、构造位置、地理位置及地表条件等信息，填写表 4-9。

表 4-9 有利区信息统计表

有利区	经纬度坐标	面积/km²	层系	构造位置	地理位置	地表条件
有利区 1 名称						
有利区 2 名称						
…						

填表人：　　　　校对人：　　　　　　　　审核人：　　　　　　填表时间：

第二节 页岩气、 页岩油资源潜力评价方法

一、相关术语

（1）页岩气：赋存在泥页岩层系中的天然气。天然气的赋存介质包括页岩、泥岩及其中的夹层，赋存相态包括吸附相、游离相和溶解相。

（2）含气页岩层系：有直接或间接证据表明含有页岩气，并可能具有工业价值页岩气聚集的页岩层系。

（3）页岩气资源：页岩层系中赋存的页岩气总量，是发现与未发现资源量的总和。

（4）页岩气地质资源量：根据一定的地质和工程依据计算，当前可开采利用或可能具有潜在利用价值的页岩气数量，即根据目前的地质资料计算出来的当勘探工作量和勘探技术充分使用的条件下，最终可探明的具有现实或潜在经济意义的页岩气总量。

（5）页岩气可采系数：页岩地层中可采出的量占其地质资源量的比例，是地质资源量计算可采资源量的关键参数。

（6）页岩气可采资源量：在现行的经济和技术条件下，预期从某一具有明确地质边界的页岩范围内（最终）可能采出并具有经济意义的天然气数量。

（7）页岩油：有效生烃泥页岩层系中具有勘探开发意义并以液态为主的烃类。页岩油主要以游离态、吸附态及溶解态等方式赋存于泥页岩基质孔隙、裂缝及砂岩、碳酸盐岩、火山岩等夹层中。

（8）页岩油有效泥页岩：具有一定的有机碳含量、曾经生成原油或目前处于生油范围内、可形成工业性页岩油聚集的泥页岩。

（9）页岩油地质资源量：根据一定的地质依据计算、当前可开采利用或可能具有潜在利用价值的页岩油数量，即根据目前地质资料计算出来、在勘探工作量和当前已知的勘探技术充分使用的条件下，可以探明的具有现实或潜在经济意义的页岩油总量。

（10）页岩油可采资源量：在现行的经济和技术条件下，预期从某一具有明确地质边界的泥页岩范围内（最终）可能采出并具有经济意义的页岩油总量。

二、页岩气资源潜力评价方法和参数

（一）方法原理

依据概率体积法基本原理，页岩气资源量为泥页岩质量与单位质量泥页岩所含天然气（含气量）之概率乘积。

假设 Q_t 为页岩气资源量（亿 m^3）；A 为含气泥页岩面积（km^2）；h 为有效泥页岩厚度（m）；ρ 为泥页岩密度（t/m^3）；q 为含气量（m^3/t）。则

$$Q_t = 0.01 A h \rho q$$

泥页岩含气量是页岩气资源计算和评价过程中的关键参数，是一个数值范围变化较大且难以准确获得的参数。因此，也可以采用分解法对（总）含气量进行分别求取。在泥页岩地层层系中，天然气的赋存方式可能为游离态、吸附态或者溶解态，可分别采取不同的方法进行计算。

$$q_t = q_a + q_f + q_d$$

式中，q_a 为吸附含气量（m^3/t）；q_f 为游离含气量（m^3/t）；q_d 为溶解含气量（m^3/t）。

1. 吸附含气量

获取吸附含气量的方法目前主要是等温吸附试验法，即将待试验样品置于近似地下温度的环境中，模拟并计量不同压力条件下的最大吸附气量。设 q_a 为吸附含气量（$m^3/$

t），V_L 为朗谬尔（Langmuir）体积（m^3），P_L 为朗谬尔压力（MPa），P 为地层压力（MPa），则吸附气总量（Q_a）和朗谬尔方程中的吸附含气量（q_a）分别为

$$Q_a = 0.01Ah\rho q_a$$

$$q_a = V_L P/(P_L + P)$$

采用等温吸附法计算所得的吸附气含量数值通常为最大值，具体地质条件的变化可能会不同程度地降低实际的含气量，故试验所得的含气量数据在计算使用时通常需要根据地质条件变化进行校正。

2. 游离含气量

游离含气量的计算可通过孔隙度（包括孔隙和裂缝体积）和含气饱和度实现。设 Φ_g 为孔隙度（%）；S_g 为含气饱和度（%）；B_g 为体积系数（无量纲，为将地下天然气体积转换为标准条件下体积的换算系数），则游离含气量（Q_f）为

$$Q_f = 0.01Ah\rho q_f$$

$$q_f = \Phi_g S_g/(B_g \rho)$$

3. 溶解含气量

泥页岩中的天然气可不同程度地溶解于地层水、干酪根、沥青质或原油中，但由于地质条件变化较大，溶解气含量通常难以准确获得。在地质条件下，干酪根和沥青质对天然气的溶解量极小，而地层水又不是含气泥页岩中流体的主要构成，故上述介质均只能对天然气予以微量溶解，在通常的含气量分析及资源量分解计算中可忽略不计。当地层以含油（特别是含轻质油）为主且油气同存时，泥页岩地层中可含较多溶解气（油溶气），此时可按凝析油方法进行计算。

4. 地质资源量

在不考虑页岩油情况下，页岩气地质资源量为

$$Q_t = 0.01Ah\rho q_t = 0.01Ah(\rho q_a + \Phi_g S_g/B_g)$$

含气量是页岩气资源量计算过程中的关键参数，分别可由现场解吸试验法、等温吸附试验法、地质类比法、数学统计法、测井解释法及计算法等多种方法计算获得。但需要说明的是，通过现场解吸试验和等温吸附试验所获得的含气量已经考虑到了天然气从地下到地表（或标准条件）由于压力条件改变而引起的体积变化，因此不需要用体积系数（B_g）进行校正；但当采用其他方法且未考虑到温度和压力条件转变引起的体积变化时，所获得的含气量就需要用体积系数进行校正。

5. 可采资源量

页岩气可采资源量可由地质资源量与可采系数相乘而得。假设 Q_r 为页岩气可采资源量（$10^8 m^3$）；k 为可采系数（无量纲）；q_o 和 q_r 分别为泥页岩原始和残余含气量（m^3/t），有

$$Q_r = Q_t k$$

$$k = (q_o - q_r)/q_o$$

$$Q_r = (q_o - q_r)Q_t/q_o$$

评价中还可视具体情况结合使用类比法、成因法及动态法等。

（二）起算条件

（1）合理确定评价层段：要有充分证据证明拟计算的层段为含气页岩段。在含油气盆地中，录井在该段发现气测异常；在缺少探井资料的地区，要有其他油气异常证据；在缺乏直接证据情况下，要有足以表明页岩气存在的条件和理由。

（2）有效厚度：单层厚度大于10m（海相）；泥地比大于60%、连续厚度大于30m、最小单层泥页岩厚度大于6m（陆相和海陆过渡相）。计算时应采用有效（处于生气阶段且有可能形成页岩气的）厚度进行赋值计算。若夹层厚度大于3m，则计算厚度时应予以扣除。

（3）有效面积：连续分布的面积大于50km²。

（4）有机碳含量（TOC）和镜质体反射率（R_o）：计算单元内必须有TOC>2.0%且具有一定规模的区域。成熟度（R_o<3.5%）：Ⅰ型干酪根多于1.2%；Ⅱ₁型干酪根多于0.9%；Ⅱ₂型干酪根多于0.7%；Ⅲ型干酪根多于0.5%。

（5）埋藏深度：主体埋深在500~4500m。

（6）保存条件：无规模性通天断裂破碎带、非岩浆岩分布区、不受地层水淋滤影响等。

（7）不具有工业开发基础条件（如含气量低于0.5m³/t）的层段，原则上不参与资源量估算。

（三）评价参数

为了克服页岩气评价参数的不确定性，保证估算结果的科学性和合理性，依照资源潜力评价中参数的取值原则，以实际地质资料为基础，对主要计算参数分别赋予不同概率的数值，通过统计分析及概率计算获得不同概率下的资源量评价结果。

1. 参数信息

评价时，需填写页岩气资源评价单元基本信息表（表4-10），系统整理和掌握评价单元中的各项参数，统计分析后分别进行概率赋值，填写评价单元评价层系资源潜力计算参数表（表4-11），对参数进行蒙特卡罗法统计计算后得到不同概率的资源量。

2. 参数分析

为了克服页岩气评价参数的不确定性，保证评价结果的科学合理性，在计算过程中，需要对参数所代表的地质意义进行分析，研究其所服从的分布类型、概率密度函数特征以及概率分布规律。对于一般参数，通常采用正态或正态化分布函数对所获得的参数样本进行数学统计，求得均值、偏差及不同概率条件下的参数值，结合评价单元地质条件和背景特征，对不同的计算参数进行合理赋值。

计算过程中，所有的参数均可表示为给定条件下事件发生的可能性或条件性概率，表现为不同概率条件下地质过程及计算参数发生的概率可能性。可通过对取得的各项参数进行合理性分析，确定参数变化规律及分布范围，经统计分析后分别赋予不同的特征概率值（表 4-12）。

表 4-10 页岩气资源潜力评价单元基本信息表

评价单元名称	
评价层系	
岩性及其组合特征	
沉积相类型	
干酪根类型	
有机碳含量/%	
有机质成熟度/%	
埋深/m	
地层压力/MPa	
地层温度/℃	
构造特征	
工作程度	
地形地貌	

填表人：　　　　校对人：　　　　　　　审核人：　　　　填表时间：

注：每个目标层系填写一张表格；构造特征部分填写构造单元位置、断裂发育情况等；勘探及工作量程度部分填写地震、钻井、试验测试样品、天然气发现情况、资料情况等；该表与评价结果表一起上交。

表 4-11 评价单元评价层系参数赋值表

参数			P_5	P_{25}	P_{50}	P_{75}	P_{95}	参数获取及赋值方法
体积参数	面积/km²							
	有效厚度/m							
含气量参数	分解法	总含气量/(m³/t)						
		吸附气含量/(m³/t)						
		游离气含量/(m³/t)						
其他参数	页岩密度/(t/m³)							
	可采系数/%							
地质资源量/10⁸m³								
可采资源量/10⁸m³								

表 4-12 参数条件概率的地质含义

条件概率	参数条件及页岩气聚集的可能性	把握程度		赋值参考
P_5	非常不利，机会较小	基本没把握	勉强	乐观倾向
P_{25}	不利，但有一定可能	把握程度低	宽松	
P_{50}	一般，页岩气聚集或不聚集	有把握		中值
P_{75}	有利，但仍有较大的不确定性	把握程度高	严格	保守倾向
P_{95}	非常有利，但仍不排除小概率事件	非常有把握	苛刻	

　　从参数的可获得性和参数变化的自身特点看，页岩气资源评价中的计算参数（地质变量）可分为连续型和离散型分布两种。对于厚度、深度等连续型分布参数，可借助比例法（如相对面积占有法）、间接参数关联法及统计计算法进行参考估计和概率赋值。对于获得难度较大、数据量较少离散特点数据来说，可根据其分布特点进行概率取值，或经过正态化变换后，按正态变化规律对不同的特征概率予以求取和赋值。

　　对于服从正态分布特点的参数，可以通过以下步骤实现不同概率的赋值。

　　（1）整理评价单元内所有数据并检查其合理性，包括数据量、数量值及其合理性、代表性、分布的均一性等。

　　（2）根据有效数据，对参数进行数学统计，得到正态分布概率密度分布函数，即假设评价单元内某一参数的数值分别为 x_1、x_2、x_3、$\cdots$、x_n，则平均数、方差及正态分布的概率密度函数分别可用下列公式表示：

$$\mu = (x_1 + x_2 + x_3 + \cdots + x_n)/n$$

$$\delta^2 = \frac{1}{n}\left[(x_1 - \mu)^2 + (x_2 - \mu)^2 + \cdots + (x_n - \mu)^2\right]$$

当参数从最小值变化到最大值时，概率密度积分为 1。当计算数据的最小值和最大值分别为 a 和 b 时，一定概率下的参数赋值即为从 a 到 b 的范围内，从最小值积分到 x 时的面积（即图 4-2 中阴影部分），x 即为不同概率下所对应的参数值。

　　（3）对概率密度函数积分即可获得不同概率下的参数对应值，即令积分函数分别等于 5％、（25％）50％、（75％）95％，分别求

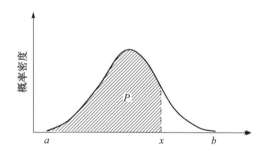

图 4-2　正态分布参数的概率密度

得相应结果。如 P_{75} 时的概率赋值，即可按下式计算获得

$$\int_a^b \frac{1}{\delta\sqrt{2\pi}} e^{\frac{1}{2\delta^2}(x-\mu)^2} \mathrm{d}x = 0.75$$

　　（3）结合累计概率分布，检查取值结果的合理性。

　　3. 可采系数

　　我国现阶段页岩气可采系数尚难以准确确定，目前可结合现经济技术条件，通过与美国的页岩气地质条件类比并结合评价单元的地质、工程、地表及其他开发条件进行分布预测。

三、结果汇总和提交

　　以区划研究后确定的地质单元为基本评价单元，将含气页岩层系作为基本评价层系，对符合起算条件的自然地质单元采用统一方法（体积概率法）、统一标准（页岩气

资源评价方法暂行稿)、统一时间（资料截止某年某月）、统一算法（蒙特卡罗算法）分别进行页岩气参数赋值和资源潜力评价。

提交各评价单元页岩气资源量。资源量评价结果按照地质单元、目标层系（表 4-13）、埋藏深度（表 4-14）、地表条件（表 4-15）、省份单元（表 4-16）五种方式提交。

表 4-13 按地质单元、层系资源潜力评价结果表

评价单元	评价层系	地质资源量/$10^8 m^3$					可采资源量/$10^8 m^3$				
		P_5	P_{25}	P_{50}	P_{75}	P_{95}	P_5	P_{25}	P_{50}	P_{75}	P_{95}
单元 1 名称	层系 1										
	层系 2										
	...										
单元 2 名称	层系 1										
	层系 2										
	...										
...											
合计											

填表人：　　　　　校对人：　　　　　审核人：　　　　　填表时间：

表 4-14 某评价单元按埋深资源潜力评价结果表

埋深/m	地质资源量/$10^8 m^3$					可采资源量/$10^8 m^3$				
	P_5	P_{25}	P_{50}	P_{75}	P_{95}	P_5	P_{25}	P_{50}	P_{75}	P_{95}
<1500										
1500～3000										
3000～4500										
合计										

填表人：　　　　　校对人：　　　　　审核人：　　　　　填表时间：

表 4-15 某评价单元按地表条件资源潜力评价结果表

地表条件	地质资源量/$10^8 m^3$					可采资源量/$10^8 m^3$				
	P_5	P_{25}	P_{50}	P_{75}	P_{95}	P_5	P_{25}	P_{50}	P_{75}	P_{95}
平原										
丘陵										
低山										
中山										
高山										
高原										
黄土塬										

续表

地表条件	地质资源量/$10^8 m^3$					可采资源量/$10^8 m^3$				
	P_5	P_{25}	P_{50}	P_{75}	P_{95}	P_5	P_{25}	P_{50}	P_{75}	P_{95}
沙漠										
戈壁										
湖沼										
喀斯特										
合计										

填表人：　　　　　　校对人：　　　　　　　　　审核人：　　　　　　　填表时间：

表 4-16　某评价单元按省际资源潜力评价结果表

省际	地质资源量/$10^8 m^3$					可采资源量/$10^8 m^3$				
	P_5	P_{25}	P_{50}	P_{75}	P_{95}	P_5	P_{25}	P_{50}	P_{75}	P_{95}
省份1										
省份2										
...										
合计										

填表人：　　　　　　校对人：　　　　　　　　　审核人：　　　　　　　填表时间：

四、页岩油资源潜力评价方法和参数

（一）方法原理

依据概率体积法基本原理，页岩油地质资源量为页岩总质量与单位质量页岩所含液态烃的乘积，可表示为

$$Q_o = 100 A h \rho w$$

式中，Q_o 为页岩油地质资源量（10^4 t）；A 为含油页岩分布面积（km^2）；h 为有效页岩厚度（m）；ρ 为页岩密度（t/m^3）；w 为含油率（质量分数）。

可采资源量由地质资源量与可采系数相乘获得

$$Q_{o可采} = Q_o k_o$$

式中，$Q_{o可采}$ 为页岩油可采资源量（10^4 t）；k_o 为页岩油可采系数（无量纲）。

评价中还可视具体情况结合使用类比法、成因法及动态法等。

（二）起算条件

（1）合理确定评价层段：要有充分证据证明拟计算的层段为含油泥页岩段。在含油气盆地中，页岩层段见油气显示或气测录井在该段发现气测异常；在缺少探井资料的地区，要有油苗、油迹或其他油气异常证据；在缺乏直接证据情况下，要有足以表明页岩油存在的条件和理由。

（2）有效厚度：计算目的层的泥地比大于60％，泥页岩连续厚度大于30m，最小单

层泥页岩厚度大于 6m，其他岩性夹层厚度小于 3m。计算时应采用有效（处于主要生油阶段且有可能形成页岩油的）厚度进行赋值计算。

（3）有机碳含量（TOC）和镜质体反射率（R_o）：计算单元内需要有 TOC 大于 2.0% 且具有一定规模分布的富有机质泥页岩，成熟度 $0.5\% < R_o < 1.2\%$。

（4）埋藏深度：主体埋深不超过 5000m。

（5）保存条件：保存条件良好，不受地层水淋滤影响等。

（6）不具有工业开发基础条件（如含油率低于 0.1%）的层段，原则上不参与资源量估算。

（三）评价参数

为了克服页岩油评价参数的不确定性，保证估算结果的科学性和合理性，依照资源潜力评价中参数的取值原则，以实际地质资料为基础，对主要计算参数分别赋予不同概率的数值，通过统计分析及概率计算获得不同概率下的资源量评价结果。

1. 参数信息

评价参数主要包括面积、有效厚度、含油率等。不直接参与计算但可能对评价结果有间接影响的参数主要包括深度、地层压力、原油密度、干酪根类型、成熟度、裂缝发育程度等。

评价时，需填写页岩油资源评价单元基本信息表（表 4-17），系统整理和掌握评价单元中的各项参数，统计分析后分别进行概率赋值，填写评价单元评价层系资源量计算参数表，对参数进行蒙特卡罗法统计计算后得到不同概率的资源量。

表 4-17　页岩油资源潜力评价单元基本信息表

评价单元名称	
评价层系	
岩性及其组合特征	
沉积相类型	
构造特征	
干酪根类型	
有机碳含量/%	
有机质成熟度（R_o）/%	
埋深/m	
地层压力/MPa	
地层温度/℃	
原油相对密度	
工作程度	

填表人：　　　　校对人：　　　　　　　　审核人：　　　　　　　　填表时间：

注：每个目标层系填写一张表格；构造特征部分填写构造单元位置、断裂发育情况等；勘探及工作量程度部分填写地震、钻井、试验测试样品、油气发现情况、资料情况等；该表与评价结果表一起上交。

2. 参数获取和赋值

计算过程中，所有的参数均可表示为给定条件下事件发生的可能性或者条件概率。概率的地质意义是在不同的概率条件下地质过程发生及参数分布的可能性。不同的条件概率按下表所列进行赋值（表4-18）。

表 4-18 估算参数条件概率的参考地质含义

置信度	参数条件及页岩油聚集的可能性	把握程度	赋值参考	
P_5	非常不利，机会较小	基本没把握	勉强	乐观倾向
P_{25}	不利，但有一定可能	把握程度低	宽松	
P_{50}	一般，页岩油聚集或不聚集	有把握	中值	
P_{75}	有利，但仍有较大的不确定性	把握程度高	严格	保守倾向
P_{95}	非常有利，但仍不排除小概率事件	非常有把握	苛刻	

评价单元中的各项参数均以实测为基础，分布上要有代表性。对取得的各项参数进行合理性分析，确定参数变化规律及取值范围，经正态化处理或正态分布统计分析后分别赋 P_5、P_{25}、P_{50}、P_{75}、P_{95} 五个特征概率值（表4-19）。

表 4-19 评价单元评价层系参数赋值表

参数		P_5	P_{25}	P_{50}	P_{75}	P_{95}	参数获取及赋值方法
体积参数	面积/km²						
	有效厚度/m						
含油性	含油率/%						
其他参数	页岩密度/(t/m³)						
	可采系数/%						
地质资源量/10⁴t							
可采资源量/10⁴t							

参数获取可以采取多种方法。对不同方法获得的参数应进行合理性分析，确定参数的变化规律和取值范围。评价参数的确定要有一定的数据量为基础，尽量达到统计学要求。参数要具有代表性，分布上具有均匀性，取值要真实客观。

1）有效厚度

泥页岩层系厚度可通过露头调查、钻探、地震及测井等手段获得。在符合资源量起算条件的基础上，进一步综合分析确定含油泥页岩层系厚度，即有效厚度。有效厚度主要依据钻井、测井、录井、岩心测试、试验分析等各类资料，按照气测异常、有机地化参数、脆性矿物含量等参数特征及其在剖面上的变化来确定。

为获得有效厚度概率值，当数据资料较少时，可根据沉积相及沉积相变、构造格局及其演变特征，对泥页岩有效厚度及其分布进行合理预测。进一步，可将星散分布的泥页岩有效厚度数据作为离散数据进行统计分析，并求取相应的概率赋值，即采用离散型参数概率统计分析法[1]；当数据资料较多，可编制有效厚度等值线图，并据此进行概率赋值。

2）面积

可通过泥页岩层系连井剖面、地震解释等资料分析，掌握有效厚度在剖面和平面上的变化规律，结合泥页岩层系各项相关参数平面变化等值线图，对面积概率值进行分析并赋值。

3）含油率

含油率以质量分数来表示，一般较难准确获得，目前的主要方法有如下六种。

（1）地球化学法：测定岩心样品中氯仿沥青"A"或全烃，或通过热解法获得 S_1、S_2 等参数，各项指标代表含义不同，均需辅以校正系数进行修正，适用于资料相对较少地区。

（2）类比法：建立研究区与参照区之间的地质相似性关系，获取基于不同类比系数条件基础上的含油率数据，适用于各类勘探开发程度的地区。

（3）统计法：建立 TOC、孔隙度等参数与含油率的统计关系模型，根据统计关系进行赋值，适合于资料丰富、研究程度稍高的地区。

（4）含油饱和度法：将泥页岩孔隙度与含油饱和度相乘后换算为以质量分数计算的含油率，适合于孔隙度和含油饱和度相对容易获得的地区，特别是裂缝型页岩油。

（5）测井解释法：通过测井资料信息解释获得含油率，适合于资料丰富、研究程度较高的地区。

（6）生产数据反演法：依据实际开发生产动态数据推演获得，适合于勘探开发程度高的地区。

含油率概率赋值可参照离散型参数概率统计分析法进行。

4）页岩密度

页岩密度可通过实测法、类比法、测井解释法等方法获得。

5）可采系数

可采系数的取值主要考虑地质条件、工程条件及技术经济条件，具体需要通过试验测试数据获得。

（四）结果汇总和提交

将各单元含油页岩层系作为基本评价层系，对符合起算条件的自然地质单元采用概率体积法进行蒙特卡罗计算后得到不同概率的地质资源量。提交各评价单元页岩油资源量。资源量评价结果按照地质单元、目标层系（表 4-20）、埋藏深度（表 4-21）、省份单元（表 4-22）四种方式提交。

---

[1] 参见《页岩气资源评价方法与选区标准暂行稿》。

表 4-20　按地质单元、目标层系资源潜力评价结果表

评价单元	评价层系	地质资源量/10^4 t					可采资源量/10^4 t				
		P_5	P_{25}	P_{50}	P_{75}	P_{95}	P_5	P_{25}	P_{50}	P_{75}	P_{95}
单元 1 名称	层系 1										
	层系 2										
	…										
单元 2 名称	层系 1										
	层系 2										
	…										
…											
合计											

填表人：　　　　　校对人：　　　　　　　　　审核人：　　　　　　　　填表时间：

表 4-21　某评价单元按埋深资源潜力评价结果表

埋深/m	地质资源量/10^4 t					可采资源量/10^4 t				
	P_5	P_{25}	P_{50}	P_{75}	P_{95}	P_5	P_{25}	P_{50}	P_{75}	P_{95}
<2000										
2000～3500										
3500～5000										
合计										

填表人：　　　　　校对人：　　　　　　　　　审核人：　　　　　　　　填表时间：

表 4-22　某评价单元按省际资源潜力评价结果表

省际	地质资源量/10^4 t					可采资源量/10^4 t				
	P_5	P_{25}	P_{50}	P_{75}	P_{95}	P_5	P_{25}	P_{50}	P_{75}	P_{95}
省份 1										
省份 2										
…										
合计										

填表人：　　　　　校对人：　　　　　　　　　审核人：　　　　　　　　填表时间：

第五章

"川渝黔鄂"页岩气资源调查先导试验区、五大区页岩气有利区优选及资源评价

第一节 "川渝黔鄂" 页岩气有利区优选及资源评价

为摸索页岩气资源调查评价工作思路，建立页岩气资源调查评价工作流程，制定页岩气有利区优选标准和方法、页岩气资源评价方法和参数，分析总结页岩气富集地质特点，制定页岩气资源调查评价技术规范，在上扬子的四川盆地及周缘划定了"川渝黔鄂"页岩气资源调查先导试验区，开展页岩气资源调查先导试验工作。"川渝黔鄂"页岩气资源调查先导试验区一部分位于四川盆地内、另一部分位于四川盆地外，便于开展不同地质条件下的页岩气富集特征对比；目标层系以下古生界海相的牛蹄塘组和五峰组—龙马溪组为主，同时包含上古生界海陆过渡相的梁山组和龙潭组，中生界陆相的须家河组和自流井组，涵盖了海相、海陆过渡相和陆相富含有机质页岩层系类型。"川渝黔鄂"页岩气资源调查先导试验区的代表性较强。

一、"川渝黔鄂"页岩气资源调查先导试验区基本地质特征

"川渝黔鄂"页岩气资源调查先导试验区发育由震旦纪至侏罗纪的完整沉积序列（表5-1）。页岩油气主要目的层有震旦系陡山沱组，寒武系下寒武统牛蹄塘组及相当层位，上奥陶统五峰组—下志留统龙马溪组，下二叠统梁山组，上二叠统龙潭组，三叠系须家河组须一段、须三段、须五段，侏罗系自流井组东岳庙段、马鞍山段、大安寨段、千佛崖组，包括海相、海陆过渡相和陆相页岩油气目的层。

二、"川渝黔鄂"页岩气资源调查先导试验区页岩气（油）富集地质条件

（一）页岩分布特征

1. 下寒武统牛蹄塘组富有机质页岩分布

岩性主要以灰黑-黑色泥页岩、炭质泥页岩为主，TOC>2%的富有机质页岩厚度为

表 5-1 川渝黔鄂地区震旦系—中生界简表

界	系	统	组	地层代号	简要岩性	备注
中生界	侏罗系	中上统				
		下统	自流井组	J_1zl	深灰、灰黑色泥页岩、炭质泥页岩夹煤，夹介壳灰岩和生物碎屑灰岩	
			珍珠冲组	J_1z	紫红色、灰绿色、黄灰色等杂色泥岩，砂质泥岩夹少量浅灰色、黄灰色薄至中厚层状细至中粒石英砂岩及石英粉砂岩、粉砂岩、页岩	
	三叠系	上统	须家河组	T_3x	分为六段，一、三、五段为黑、黑色泥岩、碳质泥岩夹煤	同时异相为香溪组
		中统	巴东组	T_2b	灰色薄-厚层状灰岩、白云岩夹盐溶角砾岩及砂质泥岩，含石膏、盐岩	同时异相为雷口坡组
		下统	嘉陵江组	T_1j	灰色-浅灰色薄-中厚层状灰岩、生物碎屑灰岩，夹白云质灰岩	
			飞仙关组	T_1f	紫灰、紫红色页岩为主，夹少量泥质、介屑灰岩	
古生界	二叠系	上统	长兴组	P_3c	下部为灰色、深灰色厚层灰岩，骨屑灰岩，夹少量黑色钙质页岩；中、上部为灰色、灰白色中厚层含燧石结核、条带灰岩与白云质灰岩	同时异相为吴家坪组和大隆组
			龙潭组	P_3l	灰黑、黑色炭质、砂质泥页岩，夹煤、粉细砂岩，局部地区夹硅质石灰岩	
		中统	茅口组	P_2m	下部为深灰色厚层状生物碎屑灰岩、有机质页岩；中部为灰色、浅灰色厚层状灰岩、生物碎屑灰岩、含燧石结核灰岩；上部为浅灰色厚层灰岩，顶部含燧石结核或薄层硅质岩	
			栖霞组	P_2q	深灰色、灰色厚层状灰岩，生物碎屑灰岩，含燧石团块	
		下统	梁山组	P_1l	底部为灰绿色鲕状绿泥石铁矿透镜体及黏土岩；中部为白灰色、深灰色含高岭石水云母黏土岩或铝土岩；上部为灰黑色炭质页岩夹煤线，含黄铁矿	
	泥盆系—石炭系					区内绝大部分缺失

界	系	统	组	地层代号	简要岩性	备注
古生界	志留系	中上统				局部分布
		下统	韩家店组	S_1h	灰绿、灰黄色页岩、粉砂质页岩，夹粉砂岩、生物灰岩透镜体	局部富含有机质页岩
			石牛栏组	S_1s	深灰、黑灰色泥页岩、含粉砂质泥岩，夹薄层生物屑灰岩、泥质粉砂岩、砂质泥灰岩、瘤状泥灰岩及钙质泥岩；探区南缘为灰岩相区	
			龙马溪组	S_1lm	上部深灰色泥岩夹粉砂质泥页岩、下部黑色页岩富含笔石	统称龙马溪组
	奥陶系	上统	五峰组	O_3w	黑色含硅质灰质页岩，顶常见深灰色泥灰岩	
			涧草沟组	O_3j	灰、浅灰色瘤状泥灰岩	
		中统	宝塔组	O_2b	浅灰、灰色含生物屑马蹄纹灰岩	
			十字铺组	O_2sh	灰、深灰色含生物屑灰岩、泥质灰岩偶夹页岩	
		下统	湄潭组	O_1m	上部为灰色、灰绿色页岩，粉砂质页岩夹灰岩；中部黄绿色粉砂岩与深灰色，含泥质灰岩互层；下部为黄绿色页岩、粉砂质页岩，夹生屑灰岩透镜体	
			红花园组	O_1h	灰色、深灰色生物屑灰岩，夹少量页岩、白云质灰岩和砂屑灰岩，普含硅质条带（结核）	
			桐梓组	O_1t	上部为灰色、灰黄色页岩，深灰色生物屑灰岩、鲕灰岩，下部为浅灰、灰色白云质灰岩、灰质白云岩、泥质白云岩夹页岩生物屑灰岩、砂屑灰岩及鲕状灰岩	
	寒武系	上统	娄山关群	ϵ_3ls	白云岩，底为细粒石英砂岩夹云质泥岩	
		中统	石冷水组	ϵ_2d	白云岩，含泥质云岩及灰岩夹石膏	
			陡坡寺组	ϵ_2q	含泥石英粉砂岩	
		下统	清虚洞组	ϵ_1q	下段以灰岩为主，上段白云岩夹泥质云岩	
			金顶山组	ϵ_1j	泥页岩、泥质粉砂岩与粉砂岩夹灰岩	黔北地区相变为杷朗组，富含有机质页岩层段
			明心寺组	ϵ_1m	泥、砂岩为主，下部有较多的灰岩	
			牛蹄塘组	ϵ_1n	泥岩、含粉砂质泥岩为主，夹粉砂岩，与梅树村组假整合接触	
元古界	震旦系	上统	灯影组	Z_2d	白云岩夹硅质岩	
		下统	陡山沱组	Z_1ds	泥岩为主，底为白云岩，顶为含胶磷矿结核砂质泥岩	

12.2～246.0m。沉积环境主要为深水陆棚相。纵向上，富有机质页岩主要分布于牛蹄塘组下部。平面上分布广泛，基本上整个中上扬子地区均有分布（图5-1），研究区内几乎全区分布，在川南宜宾的宁2井、黔北岩背岭—三穗、渝东南默戎、大巴山前缘的城口大枞、大渡溪一带厚度最大，可划分出三个明显的沉积中心，其中渝东南默戎一带富有机质页岩厚度最大可达246.0m。

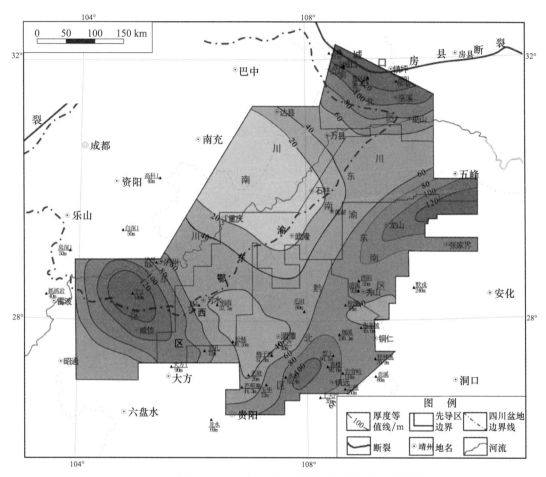

图5-1 川渝黔鄂地区下寒武统牛蹄塘组富有机质页岩等厚图

2. 下志留统龙马溪组富有机质页岩分布

五峰组—龙马溪组地层岩性主要为灰黑-黑色泥页岩、硅质泥页岩、炭质泥页岩，富有机质页岩厚度一般为17.2～155.0m，沉积环境以局限浅海陆架沉积为主。纵向上，五峰组—龙马溪组富有机质页岩主要分布于该组地层下部，局部地区，如长宁双河一带，富有机质页岩在全组层段中均有分布。平面上，该组富有机质页岩在整个川渝黔鄂地区广泛分布（图5-2）。渝东南渝页1井为沉积中心，厚度最大可达220.0m；向南部黔中隆起北部，厚度逐渐减薄。"川渝黔鄂"页岩气调查先导试验区南部，五峰组—龙马溪组地层大面积出露，遭受剥蚀；而在四川盆地南部、鄂西渝东地区、渝东南地区等其他地区，该组地层深埋地腹，保存条件较好，具有较好的页岩气勘探潜力。

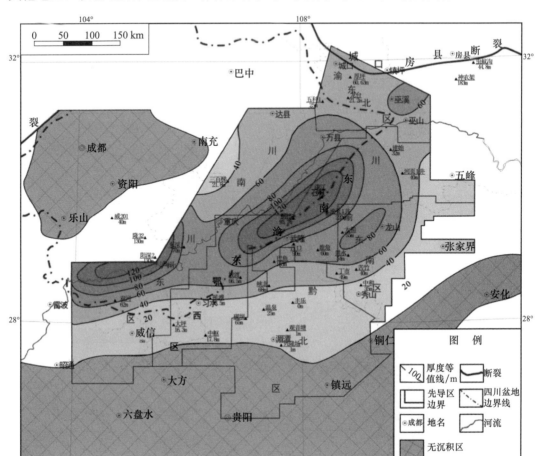

图 5-2　川渝黔鄂地区晚奥陶世—早志留世龙马溪组富有机质页岩等厚图

（二）页岩地化特征

1. 有机质类型

川渝黔鄂地区下寒武统牛蹄塘组黑色页岩以海洋菌藻类为主的生源组合，其原始组分属富氢、富脂质，有机成分以腐泥型有机质为主，约占 95%。研究区龙马溪组页岩的干酪根类型以 I 型为主，部分 II_1 型，个别样品中见镜质体和丝状体。

2. 有机碳含量及其变化

牛蹄塘组泥页岩有机碳普遍较高，具有纵横向变化较大的特点，TOC 测定值在 0.4%~20.57%，主要分布于 2.0%~10.0%，局部地区局部层段高达 7.0%~11.0%。龙马溪组有机碳含量普遍较高，纵横向上非均值性较强，变化较大，主要在 1%~7%。

3. 有机质成熟度

对川渝黔鄂地区下寒武牛蹄塘组黑色页岩样品分析测试表明，该套暗色富有机质页岩总体演化程度较高，基本都达到成熟阶段，一般为 1.29%~5.5%，平均为 3.01%。

对研究区下志留统龙马溪组黑色页岩样品分析测试表明，总体演化程度较高，一般为 1.04%～4.3%，平均为 2.59%。渝东南石柱一带 R_o 为 1.37%～3.79%，平均为 2.37%。

4. 生气史及生气条件

加里东运动导致盆地区域性不均一抬升与剥蚀作用，使得寒武系烃源岩生烃作用趋于停滞，而这时期龙马溪组有机质受热温度较低，烃源岩未达生烃门限；印支期，区域性构造快速沉降，埋深加大，使得大部分寒武系烃源岩进入成油气期，志留系烃源岩也开始进入成熟阶段，有机质达到生烃高峰；燕山晚期，寒武系牛蹄塘组和志留系龙马溪组两套烃源岩总体埋深大，热演化程度高，干酪根进入干气阶段。喜马拉雅晚期，盆地处于总体挤压环境，地壳以收缩为主，改造了燕山期形成的构造格局，整个盆地开始较大规模迅速抬升剥蚀，导致两套烃源岩埋藏变浅，不少地区甚至出露地表。

（三）页岩储层特征

1. 岩矿特征

1）页岩岩石矿物

牛蹄塘组富有机质页岩主要为碳质泥岩、含粉砂碳质泥岩及粉砂质碳质泥岩。矿物组成总体较为简单，包括石英、长石和黏土矿物，少量碳酸盐和硫酸盐矿物。脆性矿物含量较高，平均为 64.4%，其中石英＋长石为 22%～87%，平均为 55.8%；黄铁矿为 0～8%，平均约为 3.0%；碳酸盐矿物含量较低，重庆秀山—贵州松桃地区方解石＋白云石含量相对较高，局部地区如长阳津洋口碳酸盐含量最高可达 87.81%，而过渡为碳质灰岩。黏土矿物主要为伊利石和伊/蒙混层，少量高岭石和绿泥石，含量平均为 35.6%。

下寒武统牛蹄塘组黑色页岩石英和碳酸盐岩等脆性矿物含量总体较高，各区平均值高达 60% 以上，其中川西、滇东—黔北和渝东南—湘西含量最高，大于 65%。

龙马溪组富有机质页岩主要分布于龙马溪组下部，岩性以碳质泥岩、粉砂质碳质泥岩、碳质硅质泥岩、含放射虫硅质岩为主，局部夹细微条纹状含灰质白云岩、白云质灰岩。

岩石中脆性矿物含量占 50%～70%，平均约 60%。石英为脆性矿物的主要贡献者，约占总含量的 40%；其次为方解石＋白云石、钾长石＋斜长石。黄铁矿含量平均约 2.8%。黏土矿物约占 40%，黏土矿物主要为伊利石，伊/蒙混层、高岭石和绿泥石含量相比较低，结合有机质成熟度判断，页岩已到晚成岩 C 阶段（据渝东南地区成果）。

总体上，研究区下寒武统牛蹄塘组黑色页岩石英和碳酸盐岩等脆性矿物含量高于上奥陶统五峰组—下志留统龙马溪组，黏土矿物含量低于上奥陶统五峰组—下志留统龙马溪组，两套页岩岩矿差异受岩相古地理控制，总体反映晚奥陶世—早志留世时期沉积水体较早寒武世浅。从岩矿组成看，下寒武统牛蹄塘组黑色页岩较上奥陶统五峰组—下志留统龙马溪组聚集条件略好。

2）页岩黏土矿物

下古生界两套黑色页岩的黏土矿物主要以伊利石（11%～91%，平均为 58.4%）和伊/蒙混层（5%～87%，平均为31.14%）为主，以及少量的高岭石（0～65%，平均为2.3%）和绿泥石（0～29%，平均为8.16%），不含蒙脱石，其中下寒武统牛蹄塘组黑色页岩的伊利石、伊/蒙混层和绿泥石分别比上奥陶统五峰组—下志留统龙马溪组的略高，而高岭石的含量相对较低。

2. 物性特征

1）孔隙和裂缝

（1）孔隙类型及主要影响因素。电子显微特征显示，研究区泥页岩中存在大量的微小孔洞和裂隙，且呈蜂窝状分布，孔隙直径一般为 $0.1～0.8\mu m$，连通性普遍较差。孔隙类型包括矿物颗粒间（晶间）微孔缝（骨架颗粒间原生微孔、自生矿物晶间微孔、黏土伊利石化层间微缝）、矿物颗粒溶蚀微孔隙、基质溶蚀孔隙等。另外还有大量生烃形成的微孔隙，即有机碳含量高的黑色泥页岩在高演化阶段由于有机质发生热解膨胀作用，在有机物质内部及周围形成大量的纳米级微孔隙。在川南地区下古生界高成熟页岩薄片中发现了大量密集的这种有机质演化、粒间孔、粒内孔等纳米级微孔隙。有机质发生热解形成的这些纳米级微孔隙，数量大、分布密集，可能是深层热成因页岩气藏游离气的另一个主要储集空间。

（2）孔隙结构特征。据川南地区、川东南地区、黔北地区、渝东南地区、渝东北地区的页岩压汞分析和研究成果，黑色页岩压汞曲线位于坐标系的右上方，几乎没有平台，说明孔喉分布偏细。剩余润湿相饱和度可达50%～90%以上。孔喉半径主要分布在 $0.00～0.10\mu m$，其次分布在 $0.10～0.16\mu m$，大于 $0.16\mu m$ 的很少。同时，孔隙直径分布可分为集中型和分散型，集中型孔隙直径主要集中于 $2～5nm$，分散型孔径分布中孔隙直径有多个峰值，主要在 $5nm$ 以下，因此岩石比表面积较大，龙马溪组页岩 BET 比表面积在 $2.38～28.13m^2/g$，平均为 $9.12m^2/g$。

（3）孔隙孔喉分布特征。川渝黔鄂地区黑色页岩的孔喉半径主要在 $0～0.10\mu m$，下寒武统和上奥陶统—下志留统样品在此区间的分布频率分别为88.51%和89.9%，其次是 $0.10～0.16\mu m$，分布频率分别为2.3%和1.83%，在 $0.16～0.25\mu m$ 的分布频率分别为1.51%和1.18%，在 $0.25～0.40\mu m$ 的分布频率分别为1.14%和0.95%，分布在大于 $0.40\mu m$ 区间的样品很少，两套层位的分布频率分别为5.09%和4.71%。

（4）裂缝。研究区泥页岩天然裂缝包括构造缝（张性缝、剪性缝和挤压性缝）、成岩缝（层间页理缝、层面滑移缝、溶蚀缝和成岩收缩缝）和有机质演化异常压力缝。裂缝形成主要受到区域构造应力、构造部位、沉积成岩作用、变质程度、地层压力等作用的影响，其中，构造作用是裂缝形成的关键因素。

总体上，富有机质页岩主要发育微细孔隙，孔喉狭窄半径在 $0.00～0.10\mu m$ 的达90%以上。粒间微孔缝、有机质内微孔隙、微构造缝及成岩裂缝是纳米级孔缝的主要贡献者，而较大的微米级储集空间，主要与碎屑矿物、自生矿物、杂基和胶结物的溶蚀密切相关。孔隙多为孤立微孔，互相之间连通性差，造成岩石极差的渗透性，但页岩破裂潜力普遍较好。借助压裂改造沟通细微孔缝，对页岩气的开采有积极作用。

2) 孔隙度和渗透率

川渝黔鄂地区富有机质页岩物性普遍较差，不同层系相似，总体具有低孔低渗-低孔特低渗特征，具有一定的储集性。

（1）孔隙度。川渝黔鄂地区下寒武统牛蹄塘组黑色页岩的孔隙度在0.7%～25.6%，平均为6.96%；从全部样品的分布频率上看，孔隙度小于2%的占16.1%，分布在2%～7%的占全部样品的48.4%，分布在7%～10%的占全部样品的6.59%，大于10%的占29%（这部分值可能和所取样品有关，因为有些样品风化较严重，经过和样品对比可知，的确是样品风化所致）。

上奥陶统—下志留统黑色页岩孔隙度在0.77%～19.5%，平均为5.05%；从全部样品的分布频率上看，孔隙度小于2%的占13.9%，分布在2%～7%的占全部样品的69.4%，分布在7%～10%的占全部样品的5.6%，大于10%的占11.1%。

综合分析，川渝黔鄂地区下古生界两套黑色页岩的孔隙度主要在2%～7%。

（2）渗透率。下寒武统黑色页岩渗透率主要在0.0018～0.056mD，平均为0.0102mD，大部分样品的渗透率小于0.01mD。渗透率小于0.005mD的占全部样品的30.4%，分布在0.005～0.01mD的占30.4%，即小于0.01mD的样品约占总数的61%，分布在0.01～0.05mD的占30.4%，分布在0.05～0.1mD的占8.7%，没有大于0.1mD的样品。

上奥陶—下志留统黑色页岩渗透率主要分布在0.0013～0.058mD，平均为0.0102mD，大部分样品的渗透率小于0.01mD。全部样品的渗透率小于0.005mD的占全部样品的31.3%，分布在0.005～0.01mD的占全部样品的40.6%，小于0.01mD的样品占总数的71.9%，分布在0.01～0.05mD的占总数的21.9%，分布在0.05～0.1mD的占总数的6.2%，没有大于0.1mD的样品。

综合分析，川渝黔鄂地区下古生界两套黑色页岩渗透率主要分布在小于0.01mD的范围，孔隙度和渗透率呈正相关关系，随孔隙度的增大，渗透率也是增大的。下志留统页岩的岩石物性要好于下寒武统。

（四）页岩含气特征

上扬子地区油气显示众多，类型丰富，主要包括地表沥青、油苗、气苗、井下油、气显示等。目前，在四川盆地威远地区牛蹄塘组和龙马溪组两个页岩层段钻探获得工业气流，在四川盆地以外的丁山1井、方深1井等常规老井复查、复试中均发现良好天然气显示。海相页岩在常规钻井中天然气显示活跃，不仅证实了海相页岩的含气性，还显示川渝黔鄂地区是页岩气的现实勘探地区。据不完全统计，南方地区多年的勘探和调查共发现油气显示点1800多处。油气显示广泛分布于四川盆地及其周缘、滇黔桂、湘鄂西、江汉平原及江南-雪峰隆起周缘的广大地区。常规钻井中，牛蹄塘组和龙马溪组含丰富的油气显示，部分钻井获得了天然气的突破。

三、有利区优选

在对"川渝黔鄂"页岩气资源调查先导试验区不同地区泥页岩的地质特征、地球化学特征、储层特征等进行综合分析的基础上，依据有利区优选标准对"川渝黔鄂"页岩气资源调查先导试验区页岩气有利区进行优选，共选出有利区 29 个，累计面积为 128 126km²。其中渝东南地区共有 5 个，累计面积为 15 800km²；渝东北地区有 3 个，累计面积为 13 341km²；黔北地区共有 11 个，累计面积为 27 451km²；川东川东地区有 5 个，累计面积为 44 300km²；川东南鄂西渝东地区有 5 个，累计面积为 27 234km²。

层系上有利区均分布在下古生界，其中寒武系发育的页岩气有利区最多，共计 16 个，占总个数的 55.17%，累计面积为 67 356.57km²，占总面积的 52.57%；志留系 13 个，占总个数的 44.83%，累计面积为 60 769.5km²，占总面积的 47.43%

四、有利区页岩气资源评价

"川渝黔鄂"页岩气资源调查先导试验区页岩气有利区地质资源为 $36.66 \times 10^{12} m^3$，可采资源为 $5.86 \times 10^{12} m^3$。

页岩气资源主要分布在下古生界寒武系牛蹄塘组、变马冲组和下志留统龙马溪组。其中，寒武系地质资源量为 $16.39 \times 10^{12} m^3$，占总量的 44.73%，可采资源为 $2.26 \times 10^{12} m^3$，占总量的 38.54%；志留系地质资源为 $20.26 \times 10^{12} m^3$，占总量的 55.27%，可采资源为 $3.60 \times 10^{12} m^3$，占总量的 61.46%。

埋深在 500~1500m 的页岩气有利区地质资源为 $3.08 \times 10^{12} m^3$，占该区有利区总量的 8.41%，可采资源为 $0.82 \times 10^{12} m^3$，占该区可采资源的 14.00%；埋深在 1500~3000m 的页岩气地质资源为 $13.82 \times 10^{12} m^3$，占该区总资源的 37.69%，可采资源为 $2.75 \times 10^{12} m^3$，占该区可采资源的 47.00%；埋深在 3000~4500m 的页岩气地质资源为 $19.76 \times 10^{12} m^3$，占该区总量的 53.90%，可采资源为 $2.28 \times 10^{12} m^3$，占该区可采资源的 39.00%。

第二节　上扬子及滇黔桂页岩气有利区优选及资源评价

一、上扬子及滇黔桂区含油气页岩基本特征

(一) 分布及有机地化特征

1. 震旦系陡山沱组

1) 分布特征

扬子地区陡山沱组主要为泥晶白云岩、黑色炭质页岩与硅质页岩，厚度一般为 10~80m，主要分布于滇东、桂北、黔东、川西、湘北、鄂西及大巴山等地。四川盆地内沉

积薄,小于50m,暗色页岩和泥岩主要分布在川西北、川东北、川东南靠盆地一侧,以川东—湘鄂西最发育,厚者可达300余米。

2)有机地化特征

陡山沱组有机质类型主要为腐泥型（Ⅰ）、其次为腐殖腐泥型（Ⅱ）和腐殖型（Ⅲ）。黔中和黔东南地区的黑色页岩段的TOC较高,在2.0%~7.0%。R_o为1.32%~3.84%。

2. 寒武系牛蹄塘组

1)分布特征

牛蹄塘组主要为灰色、黑色泥岩,分布广、面积大,在四川盆地及周缘地区广泛分布,厚度总体较大。

牛蹄塘组含气页岩层段有四个分布中心:①川南—黔中,以宜宾—长宁为中心,从威远至自贡、泸州、金沙岩孔,贵阳一带的有效厚度一般大于60m,形成的范围主要走向是北西向;②川北—大巴山,该区有效厚度自盆地向造山带逐渐变厚,主要是渐变的趋势;③鄂西渝东,该区有效厚度大于60m的区域向东增厚,形成了以咸2井至铜仁北的沉积中心;④黔东南,黔山1井至铜仁南形成这样一个厚度大于60m的中心。

2)页岩有机地化特征

上扬子区下寒武统牛蹄塘组黑色页岩有机质类型基本为Ⅰ型,少数地区为Ⅱ₁型。有机质丰度基本集中在2.0%~8.0%;TOC含量平面分布呈现北低南高和西低南高的局势,高有机质丰度的黑色页岩主要集中在上扬子东南缘的黔中、黔南和湘鄂西—渝东地区,而上扬子北缘、西缘和川中则含量较低。

上扬子下寒武统牛蹄塘组有机质纵向分布具由底部高,且具有向上减小的趋势。牛蹄塘组黑色页岩大部分地区都超过2%,主要集中在3.0%~3.5%,有机质成熟度高,普遍都达到过成熟阶段。相对而言,川东北达州、滇黔北部六盘水及湘鄂西—渝东秀山等地成熟度高,而上扬子边缘、川中和黔中相对更低,可能与构造隆升相关。

另外,在中上扬子东南部的石牌组与天河板组、变马冲组与杷榔组、小烟溪组二段和渣拉沟组中部及清溪组中部等,有炭质页岩（渣拉沟组、小烟溪组）、炭质页岩夹砂岩（清溪组）。

3. 上奥陶统五峰组—下志留统龙马溪组

1)分布特征

五峰组—龙马溪组含气页岩分布在环乐山-龙女寺古隆起和黔中古隆起,由乐山-龙女寺古隆起向鄂西地区、川南地区和川北地区逐渐变厚,黔中古隆起向北变厚,分布面积较牛蹄塘组小,但厚度要比之大得多,最厚可达650m,以川东、川南、鄂西地区最为发育。

该套地层的黑色页岩段主要发育在五峰组—龙马溪组的下段,有效页岩段的厚度与组厚比较一致,一般来讲组厚较厚的地区有效厚度也要大得多。

另外,滇东地区上志留统的妙高组和玉龙寺组也发育有含气页岩,含气页岩主要发育在曲靖—宣威一带。妙高组为灰色瘤状灰岩与黄绿色钙质页岩、泥质页岩互层，上部发育有灰黑色钙质页岩，地层最大厚度为350~400m，暗色泥页岩段厚80~120m。玉龙寺组岩性主要由灰黑色钙质页岩、泥质页岩、灰色薄层泥灰岩、瘤状灰岩、页岩组成，地层最大厚度为339m，暗色页岩厚25~310m。

2）页岩有机地化特征

五峰组—龙马溪组下段含气页岩有机质类型绝大多数属腐泥型（Ⅰ），仅少数样品属腐殖型-腐泥型（Ⅱ$_1$）。五峰组TOC值主要集中在3%~6%，平均为3.48%；龙马溪组下段黑色页岩段的TOC值主要集中在1%~4%，平均值为3.43%。五峰组—龙马溪组下段黑色页岩段有机质丰富，龙马溪组从底到顶TOC值逐渐变小，其R_o值在1.49%~2.34%，机质演化处于高成熟晚期-过成熟阶段，为天然气大量生成阶段。

4. 泥盆系塘丁组、纳标组和罗富组

1）分布特征

下泥盆统塘丁组黑色泥页岩广泛分布于南盘江拗陷、黔南桂中地区、靖西—大新—宾阳地区和十万大山盆地。南盘江拗陷塘丁组（四排组）富有机质泥页岩的厚度普遍在25m以内。黔南拗陷下泥盆统塘丁组黑色泥页岩在长顺地区厚度为150~300m，安顺西北部地区为50~100m，分布面积小。桂中拗陷下泥盆统塘丁组的富有机质泥页岩厚度也较大，超过40m。下泥盆统郁江组也是黑色泥页岩发育的层系，桂中1井钻遇郁江组底部黑色泥岩3层，累计为88m。

中泥盆统黑色泥页岩主要分布在桂中拗陷及南盘江地区。南盘江拗陷沉积中心位于拗陷南部的峨劳—达良—罗富一带，发育区黑色泥页岩最厚大于700m，整体上南厚北薄，隆林—东兰一带厚度仅为50m。在桂中拗陷黑色泥页岩厚度达50~600m，南丹地区厚度最大。

2）有机地化特征

广西南丹罗富剖面下泥盆统塘丁组黑色泥页岩的有机质类型主要为Ⅱ型，干酪根碳同位素分析也表明其有机质类型主要为Ⅱ型有机质。中泥盆统黑色泥页岩有机质类型主要为Ⅱ型有机质。

桂中拗陷下泥盆统塘丁组黑色泥页岩有机碳在0.4%~5.69%。南盘江拗陷中泥盆统罗富组黑色泥页岩有机碳在2.06%~3.01%。黔南桂中地区中泥盆统罗富组黑色泥页岩有机碳含量在0.44%~9.46%。

滇黔桂地区泥盆系黑色泥页岩处于过成熟阶段，桂中拗陷下泥盆统塘丁组R_o一般在1.3%~3.5%，处于高成熟-过成熟早期演化阶段；黔南地区有机质热演化程度高，部分大于4.0%，处于过成熟演化阶段。

5. 下石炭统旧司组、打屋坝组、岩关组

1）分布特征

下石炭统黑色泥页岩主要分布于桂中拗陷和黔南拗陷（打屋坝组）、黔西北六盘水地区（旧司组），厚达 50～500m。桂中拗陷主要分布于北部斜坡及北部凹陷，厚度在 50～500m，具向北西增厚的趋势。黔西北地区下石炭统黑色泥页岩在六盘水西北部的分布厚度超过 400m，黔南拗陷最厚超过 200m。

2）有机地化特征

岩关组（尤其是下段）黑色泥页岩有机碳含量在 2.22%～6.4%。黔南拗陷打屋坝组黑色泥页岩与砂岩互层产出，黑色泥页岩累积厚度达 50m 以上，有机碳含量高，TOC> 2.0% 的样品占 46%。旧司组有机碳含量主要在 0.8%～3.6%。下石炭统黑色泥页岩有机质处于高成熟-过成熟阶段。

6. 梁山组

1）分布特征

梁山组主要分布在四川盆地、黔西、黔北，黔南也有少量出露，岩性主要为石英砂岩、泥岩、碳质泥岩和煤层。

梁山组含气页岩厚度分布主要受早二叠世栖霞期岩相古地理类型的控制，含气页岩厚度达 170m。其中滇黔北含气页岩厚度较大，总体大于 10m，沉积中心在晴隆花贡一带，最大泥页岩沉积厚度达 300.3m。

2）有机地化特征

下二叠统梁山组含气页岩的有机质类型主要为 Ⅲ 型和 Ⅱ$_2$ 型，有机碳含量在 0.14%～17.61%，平均为 1.74%，主体分布在 0.60%～2.50%。含气页岩的有机质成熟度在 0.95%～2.71%，平均为 1.60%，主体在 1.00%～2.50%，有 47.37% 的样品成熟度在 0.50%～1.30%，未见成熟度大于 3.00% 样品。

下二叠统梁山组上段（P_1l^3）岩性主要为灰黑色页泥岩夹黄灰色石英砂岩。下二叠统梁山组中段（P_1l^2）岩性为灰色灰岩、泥岩、页岩夹砂质泥岩。根据泥页岩样品测试结果：石英含量为 32.08%～83.78%，平均含量为 62.63%；下二叠统梁山组下段（P_1l^1）岩性主要为灰黑色泥岩、页岩夹黄灰色砂质泥岩、石英砂岩、灰岩。根据泥页岩样品测试结果：石英含量为 18.73%～58.49%，平均含量为 32.70%；碳酸盐岩含量为 8.17%～43.98%，平均含量为 31.74%。

通过对晴页 1 井的现场解吸数据分析，下二叠统梁山组含气页岩含气量范围为 1.5～4.0m^3/t。结合录井、测井、现场解析和等温吸附等含气量评价方法并参考区内地质条件综合研究认为，贵州地区下二叠统梁山组页岩气聚集发育的最有利区位于威宁—水—晴隆—兴仁—望谟一带。

7. 龙潭组、大隆组

1）分布特征

龙潭组在上扬子及滇黔桂广泛分布，但沉积环境变化大，含气页岩厚度变化大。

四川盆地上二叠统龙潭组总体不厚，四川盆地东北部龙潭组含气页岩层段厚度，厚度在 10～40m。四川盆地南部威远—宜宾一带较厚，在 20～50m，埋深较浅，在 2000m

以内。大隆组主要在四川盆地北部和东北部地区较发育，以深灰-黑色硅质页岩夹炭质页岩及硅质岩为特征。大隆组泥页岩厚度在 $0\sim25m$，由南西到北东增厚，在南江—通江一带最厚，超过 20m。

兰坪-思茅盆地龙潭组以灰、灰黑色泥质岩、炭质泥岩为主，夹煤线和薄煤层，泥质岩累计厚大于 100m。纵向上烃源岩主要分布于龙潭组中下部；横向上分布范围较广，且较稳定，大面积埋藏于地下，大部分地区厚达 $100\sim400m$。

滇黔桂地区上二叠统龙潭组发育煤系泥页岩夹灰岩，主要分布在安顺地区和南盘江地区、十万大山盆地，黔南桂中部分地区也有分布，厚为 $100\sim400m$。十万大山盆地上二叠统龙潭组黑色泥页岩在南部区块厚度较大，为 $100\sim160m$。

2）有机地化特征

龙潭组、大隆组有机质类型以Ⅲ型、Ⅱ$_1$型和Ⅱ$_2$型为主，也有Ⅱ$_1$-Ⅱ$_2$型、Ⅱ$_1$-Ⅲ型分布，但总的来说以腐殖型有机质占优。兰坪-思茅盆地 P_2l 干酪根以Ⅱ$_1$为主，次为Ⅲ型。

龙潭组有机碳含量值超过 $1.0\%\sim9.3\%$，变化较大。大隆组有机碳含量为 $0.16\%\sim14.6\%$，一般分布在 $3\%\sim7\%$，平均为 4.49%。

龙潭组 R_o 值一般不小于 1.0%，一般在 $1.0\%\sim2.8\%$，总体处于高成熟-过成熟阶段。

8. 上三叠统须家河组、白果湾组、干海子组、威远江组

1）分布特征

上三叠统须家河组主要分布在四川盆地，自下而上发育有须一段、须三段、须五段含气页岩。

须一段（T_3x^1）含气页岩主要分布于四川盆地西部和东南部，位于须一段中下部，厚度在 $11\sim55m$。

须三段（T_3x^3）含气页岩厚度从西北往东南逐渐增厚，单层有效厚度可达 $30\sim40m$，连续厚度最大超过 100m。平面上，T_3x^3 有效泥页岩在四川盆地主要分布在四川盆地中部遂宁一带，厚度可达 80m 以上，另外，在南部的威远以南，东南部的雅安东北部也存在一个厚度中心。

须五段（T_3x^5）含气页岩在盆地内厚度很大，普遍大于 30m，泥页岩最厚沉积主要分布在资阳—遂宁一带，呈北东想展布，厚度可达 $120\sim160m$，另外，在西南雅安一带也有厚度较大的泥页岩沉积，最厚可达 120m 左右。

西昌盆地上三叠统白果湾组含气页岩主要分布在西昌盆地东北部昭觉、美姑地区，最大可达 60m，向盆地西南、西北方向，含气泥页岩厚度逐渐减薄至 10m 以下，埋藏深度一般介于 $1000\sim4000m$。

楚雄盆地上三叠统干海子组含气泥页岩在楚雄盆地内均有发育，在楚雄盆地西北部宾川—大姚、盆地中南部楚雄—双柏一带发育最好，呈南北向长条状分布，最厚可达

40m 以上，埋深一般在 0～4500m。

兰坪-思茅盆地上三叠统威远江组含气页岩主要分布在普洱断裂以东的盆地东部，含气页岩西部较东部厚，东部景星-江城凹陷玉碗水一带厚 100～200m；西部景谷凹厚 100～300m，最厚在普文次凹，厚大于 300m。

2）页岩有机地化特征

（1）有机质类型。

上三叠统须家河组有机质类型可以分为西部的 II$_1$ 型、中部的 II$_2$ 型，东部的 III 型和西北部的过渡型。西昌盆地和楚雄盆地的广阔地区为 II 型干酪根，兰坪-思茅盆地上三叠统威远江组干酪根以 II$_2$ 型为主，其次为 II$_1$ 型并存 III 型。

（2）有机碳含量。

须一段 TOC 值在 1.0%～13.1%，平均为 4.15%。最高值位于资中金带场，TOC 值高达 13.10%；门山前一带和潼南—大足一带 TOC 值较低，一般小于 2%。

须三段有机碳含量整体较高，除雅安一带、自贡一带和广元一带外，TOC 值普遍大于 2.5%，平均为 3.95%。须三段有机碳含量表现为以阆中—资中—峨眉山区域为中心，向盆地周缘 TOC 值逐渐减小。

须五段泥页岩的有机碳含量为 0.55%～5.16%，均值为 3.26%，研究区整体 TOC 值较高，除盆地西北部的广元一带及东南部的宜宾一带外，一般都大于 2.5%，在盆地内 TOC 值以绵阳—德阳—资阳—盐亭一带为中心，向盆地周缘逐渐减小。

西昌盆地上三叠统白果湾组有机碳含量总体在 0.75%～14.46%，平均为 2.85%。楚雄盆地上三叠统干海子组有机碳含量总体在 0.64%～4.72%，平均为 3.12%。兰坪-思茅盆地上三叠统威远江组有机碳在 0.21%～3.20%，主要分布于 0.2%～1.0%，平均值为 0.60%。

（3）有机质成熟度。

须一段的 R_o 在 0.64%～2.4%，平均为 1.68%，盆地大部 R_o 大于 0.8%。须三段有机质成熟度在 1.5%～2.0%。以成都、德阳一带为中心，向盆地东侧和北侧 R_o 快速减小，有机质成熟度降低。须五段的 R_o 在 0.88%～1.72%，平均为 1.23%，处于成熟-高成熟阶段。西昌盆地上三叠统白果湾组 R_o 在 1.18%～4.43%，平均为 1.99%。楚雄盆地上三叠统干海子组 R_o 在 0.8%～5.0%，均值为 2.0% 左右。兰坪-思茅盆地上三叠统威远江组 R_o 在 1.49%～3.54%，平均值为 2.29%，R_o>2.0% 的样品占 57%。

9. 四川盆地侏罗系自流井组、千佛崖组

1）分布特征

四川盆地侏罗系主要发育下侏罗统东岳庙段、马鞍山段、大安寨段及中侏罗统千佛崖组二段四套泥页岩层系。

元坝地区自流井组东岳庙—大安寨段为滨湖-半深湖沉积环境，千佛崖组二段为浅湖沉积环境，是泥页岩发育的有利时期。大安寨段 TOC 大于 5% 的富有机质暗色泥页岩主要分布于大二亚段，且主要分布于中部和南部的浅湖-半深湖相带，厚度一般在 30～60m，而在滨湖相带，厚度一般在 5～25m。千佛崖组千二段富有机质泥页岩主要发育浅湖相和半深湖相，主要分布于西北部和东南部，厚度一般为 30～80m。元坝地区自流井组地层埋藏较深，埋深大于 3500m 的面积占主体。

涪陵地区钻井泥页岩厚度及岩性统计显示，暗色泥页岩主要分布于东岳庙段、马鞍山段、大安寨段。在大安寨段，泥页岩主要分布在中部，顶部和底部均为灰岩；在东岳庙段泥页岩也主要分布在中部，顶部为灰岩、底部为砂岩；在马鞍山段整体表现为泥页岩夹砂岩、少量为灰岩。区域内东岳庙段和大安寨段埋深较浅，一般在 2500m 左右。

四川盆地中侏罗统泥页岩主要发育在千佛崖组二段。千佛崖组暗色泥页岩主要分布于川东北元坝—川东南涪陵地区，厚度介于 40～100m。

2）有机地化特征

有机质类型。四川盆地侏罗系部分含油气页岩有机质类型在涪陵地区主要为 II_2 型少量 II_1 型、极少量 III 型有机质。元坝地区自流井组—千佛崖组有机质类型以 II_1 型为主，其次为 II_2 型。

有机碳含量及其变化（剖面、平面）。四川盆地自流井组 TOC 在 0.4%～2.0%，主要在 0.4%～1.8%。在元坝—涪陵沉积中心附近，TOC 在 1.0%～2.0%，有机质丰度高。元坝地区千佛崖组二段有机碳含量最小为 0.33%，最大为 8.87%，平均为 1.21%，TOC>1% 的样品占总样品数的 62.5%。千一段有机碳含量最小为 0.40%，最大为 4.22%，平均为 1.15%；TOC>1% 的样品占总样品数的 68.5%。

有机质成熟度。四川盆地侏罗系千佛崖组—自流井组 R_o 主要在 1.0%～1.8%，处于成熟-高成熟演化阶段，除生成少量原油外，以生气为主。涪陵地区中下侏罗统烃源岩于中侏罗世进入低成熟阶段，R_o 在 0.5%～0.7%，为生物化学生气阶段。

（二）岩矿及物性特征

1. 陡山沱组

陡山沱组的岩矿特征如下：

（1）黑色泥岩/页岩。颜色为黑色-灰黑色，含碳质。主要碎屑矿物为石英、长石，而自生矿物主要有高岭石、蒙脱石、黄铁矿、重晶石、磷灰石和方解石、白云石等。

（2）含磷硅质结核泥岩/页岩。颜色为深灰色-灰黑色，一般磷硅质结核直径介于 0.5～5.0cm。主要矿物成分为磷灰石、石英，并含有少量方解石和黏土矿物、有机质和黄铁矿。

（3）含碳酸盐结核页岩。陡山沱组页岩中发育有碳酸盐（白云质）结核，结核以透入性模式生长，碳酸盐胶结在整个结核中同时析出结晶。

2. 牛蹄塘组

1)岩矿特征

牛蹄塘组岩石组成多样，主要有黑色页岩、泥岩，炭质页岩、泥岩，粉砂质页岩、泥岩，泥质粉砂岩，硅质岩，碳酸盐岩等。硅质岩主要分布在底部，黑色页岩、泥岩和炭质页岩、泥岩发育微细水平层理，粉砂质页岩、泥岩在地层中比例高，主要分布在牛蹄塘组下部。泥质粉砂一般分布在内陆棚牛蹄塘组中上部。碳酸盐岩主要为泥-微晶白云岩/灰岩和碳酸盐岩透镜体。

各剖面全岩矿物具有向上石英含量减少，碳酸盐矿物增加的趋势，横向上具有浅水陆棚到深水陆棚石英含量增加，碳酸盐矿物减少，长石减少的趋势。脆性矿物含量一般在 $30\%\sim70\%$。

2)物性特征

（1）密度和孔隙度。上扬子下寒武统牛蹄塘组黑色页岩密度平均值为 $2.35g/cm^3$。孔隙度为 $0.52\%\sim10.57\%$，平均值为 3.87%。

（2）孔隙体积和比表面。孔隙体积在 $0.0016\sim0.0273cm^3/g$，比表面在 $0.13\sim18.29m^2/g$。

（3）渗透率也极低，在 $1.3\times10^{-6}\sim4.2\times10^{-5}\mu m^2$，属于低孔低渗储层。

3. 五峰组—龙马溪组

1)岩矿特征

主要岩石类型有泥质粉砂岩、黑色页岩、笔石页岩、黑色泥岩、介壳灰岩、硅质岩、白云质微晶灰岩、斑脱岩等。

脆性矿物主要为石英、长石、方解石等，含量在 $30\%\sim65\%$，黏土矿物主要为伊/蒙间层和伊利石、绿泥石等，含量在 $20\%\sim55\%$；另外还含有黄铁矿等矿物。

2)物性特征

五峰组—龙马溪组比表面值介于 $4\sim32m^2/g$，峰值在 $22m^2/g$ 附近。总孔隙体积在 $0.008\sim0.032cm^3/g$ 均有分布，平均值在 $0.02cm^3/g$ 左右。

龙马溪组页岩孔喉直径均值一般介于 $8\sim160nm$，$20\sim50nm$ 的样品占 51.3%，直径小于 $50nm$ 的中小孔隙占 56.4%，直径高于 $50nm$ 的大孔隙占 43.6%，孔隙度主要分布于 $2\%\sim6\%$。

龙马溪组主要为基质孔隙、裂缝双孔隙类型。基质孔隙包括脆性矿物内微孔隙、有机质微孔隙、黏土矿物层间微孔。

上扬子下志留统龙马溪组页岩的渗透率在 $2.4\times10^{-6}\sim7.9\times10^{-5}\mu m^2$，平均为 $1.53\times10^{-5}\mu m^2$，渗透率极低。

4. 塘丁组、纳标组和罗富组

1)岩矿特征

塘丁组、纳标组和罗富组深色泥岩及碳质泥岩类组成。黑色泥页岩中脆性矿物含量占主要成分，石英含量较高，在26.8%~59.0%，且泥岩中含有碳酸盐岩，普遍发育菱铁矿及黄铁矿。黏土矿物含量普遍低于45.0%。

2）物性特征

黑色页岩具有低-中孔、低-中渗等特点，孔隙度为0.64%~6.56%，渗透率为$8.65×10^{-5}$~$3.73×10^{-7}\mu m^2$，突破压力为11.09~47.9MPa。

5. 下石炭统旧司组、打屋坝组、岩关组

黔西南下石炭统旧司组石英含量为6.75%~99.28%，平均含量为50.75%；黔西南地区旧司组黏土矿物中以伊利石占主导地位。

黔南区打屋坝组矿物组成上以黏土矿物和石英为主，黏土矿物的平均含量为52%，石英的平均含量为37.8%，兼有少量长石、碳酸盐岩和黄铁矿等。黏土矿物主要为伊/蒙混层和伊利石，伊/蒙混层平均为80.4%，伊利石平均为12%，部分样品还含有一定量的高岭石和绿泥石。这与黔西南区旧司组矿物组成上区别较大。

6. 梁山组

下二叠统梁山组上段（P_1l^3）岩性主要为灰黑色页泥岩夹黄灰色石英砂岩。下二叠统梁山组中段（P_1l^2）岩性为灰色灰岩、泥岩、页岩，夹砂质泥岩。根据泥页岩样品测试结果：石英含量为32.08%~83.78%，平均含量为62.63%；下二叠统梁山组下段（P_1l^1）岩性主要为灰黑色泥岩、页岩，夹黄灰色砂质泥岩、石英砂岩、灰岩。根据泥页岩样品测试结果：石英含量为18.73%~58.49%，平均含量为32.70%；碳酸盐岩含量为8.17%~43.98%，平均含量为31.74%。

7. 龙潭组

1）岩矿特征

四川盆地二叠系龙潭组含气页岩以深灰-黑色泥岩、炭质页岩、钙质页岩为主，常夹灰岩、粉砂岩及薄煤层等。兰坪-思茅盆地龙潭组含气页岩为灰、灰黑色泥岩、页岩、炭质泥岩、泥灰岩及粉砂岩、隐-显微晶硅质岩。

四川盆地上二叠统龙潭组富有机质泥页岩碎屑矿物含量在14%~77%，平均为38%，成分主要为石英，含少量长石，不含岩屑；黏土矿物含量在23%~80%，平均为43.6%，主要为伊利石、伊/蒙混层和绿泥石，其次为高岭石，含少量绿/蒙混层；碳酸盐岩矿物主要为方解石和铁白云石，白云石含量较少；龙潭组含较多的锐钛矿和黄铁矿，很多样品都在10%左右另外部分样品含少量菱铁矿。

兰坪-思茅盆地龙潭组泥岩黏土矿物含量：伊/蒙混层为72%，伊利石为13%，高岭石为6%，绿泥石为9%；全岩X射线衍射分析全为石英含量为100%。

2）物性特征

四川盆地上二叠统龙潭组孔隙度分布范围为1.75%~3.18%，平均为2.465%，孔隙度较小，渗透率在$2.8×10^{-5}$~$5.0×10^{-5}\mu m^2$，渗透率极低；大隆组底层只分布于四川盆地北部，孔隙度分布范围为1.45%~3.38%，平均为2.73%，孔隙度较小，渗透率

在 $1.3 \times 10^{-6} \sim 9.8 \times 10^{-6} \mu m^2$，渗透率极低。

兰坪-思茅盆地龙潭组泥岩泥质胶结较致密，层间孔、缝还较发育，缝隙较窄，为 $(0.1 \sim 0.3) \mu m \times (30 \sim 100) \mu m$，孔径为 $1.6 \sim 5 \mu m$，个别可达 $7 \sim 16 \mu m$，多数孔与孔相连或孔与孔毗邻，局部次生孔很发育，孔径为 $6 \sim 32 \mu m$，面孔率在 6% 左右，密度为 $2.5771 g/cm^3$，等温吸附气量为 $1.14 m^3/t$。

滇黔桂地区龙潭组黑色页岩具有低-中孔、低-中渗等特点，如贵州龙里剖面黑色泥页岩具特低孔、渗透率为 $8.65 \times 10^{-5} \sim 3.73 \times 10^{-7} \mu m^2$，具有特低渗及中等突破压力的特点。

8. 上三叠统须家河组、白果湾组、干海子组、威远江组

1）岩矿特征

四川盆地上三叠统须一段、须三段、须五段岩性主要为黑色薄层状炭质页岩、泥岩，夹灰色-深灰色薄层状泥质粉砂岩、粉砂质泥岩粉砂岩和少量含黑色碳泥页岩、碳质泥页岩、煤线和灰色砂岩。西昌盆地上三叠统白果湾组为灰至黄绿色长石石英砂岩、粉砂岩及灰色-灰黑色泥岩不等厚互层，夹块状砾岩、炭质页岩、铁质碳质泥岩及煤层。楚雄盆地上三叠统干海子组岩性主要为中-薄层黑色炭质页岩、灰黄色粉砂质泥岩与灰黑色炭质粉砂岩互层，夹细粒岩屑石英砂岩。兰坪-思茅盆地上三叠统威远江组烃源岩类型以泥岩烃源岩为主，岩石类型有含云质泥岩、钙质泥岩、钙泥质粉砂岩、长石岩屑砂岩夹灰岩、泥质灰岩。

须一段碎屑矿物含量在 $30\% \sim 76\%$，平均为 52%，成分主要为石英，含少量长石，不含岩屑；黏土矿物含量在 $24\% \sim 68\%$，平均 44%，主要为伊利石和绿泥石，其次为高岭石和伊/蒙混层，含少量绿/蒙混层；碳酸盐岩含量基本在 10% 以下。

须三段碎屑矿物含量在 $19\% \sim 76\%$，平均为 46%，成分主要为石英，含少量长石，不含岩屑；黏土矿物含量在 $21\% \sim 81\%$，平均为 46%，主要为伊利石和绿泥石，高岭石、伊/蒙混层和绿/蒙混层含量一般都在 10% 以下；碳酸盐岩含量大部分在 10% 以下，但是局部地区含量较高。

须五段碎屑矿物含量在 $12\% \sim 74\%$，平均为 52%，成分主要为石英，含少量长石，不含岩屑；黏土矿物含量在 $17\% \sim 88\%$，平均为 41%，主要为伊利石和绿泥石，其次为高岭石和伊/蒙混层，含少量绿/蒙混层；碳酸盐岩含量大部分在 10% 以下，但是局部地区含量较高，最高达 21%。

西昌盆地上三叠统白果湾组碎屑矿物含量在 $28\% \sim 88\%$，平均为 54%，成分主要为石英，含少量长石；黏土矿物含量在 $11\% \sim 72\%$，平均为 40.33%，主要为高岭石和伊利石，含少量绿泥石；碳酸盐岩含量很少，方解石和白云石均有，含量基本在 10% 以下。

楚雄盆地上三叠统干海子组黏土矿物含量在 $35\% \sim 62\%$，平均为 48.5%，成分伊利石和高岭石；碎屑矿物含量在 $38\% \sim 51\%$，平均为 44%，成分主要为石英，含少量的斜

长石和钾长石；部分样品含少量菱铁矿。

兰坪-思茅盆地上三叠统威远江组黏土矿物中，伊/蒙混层占79%，伊利石占19%，绿泥石占2%；全岩X射线衍射分析以黏土为主，含量为41.3%，其次为石英，含量为23.9%。全岩X射线衍射分析以石英为主，含量为66.3%，其次为黏土，含量24.1%。

2）物性特征

四川盆地上三叠统须一段孔隙度分布范围在1.35%～4.96%，平均为2.796%，孔隙度较小，渗透率为5.0×10^{-6}～$2.49 \times 10^{-3} \mu m^2$，渗透率极低，而且不同地区差别较大，相差两个数量级；须三段孔隙度分布范围为1.79%～5.03%，平均为2.94%，孔隙度较小，渗透率为3.80×10^{-5}～$4.2 \times 10^{-3} \mu m^2$，渗透率极低，不同地区差别较大，相差两个数量级；须五段孔隙度分布范围在1.64%～2.46%，平均为2.06%，孔隙度较小，渗透率为3.3×10^{-6}～$8.00 \times 10^{-5} \mu m^2$，渗透率极低。

目标层段泥页岩中纳米孔隙、微孔隙和微裂缝十分发育，须一段、须三段、须五段中普遍可见大量伊利石集合体及一些片状伊/蒙混层，其中微孔隙（有机质孔、晶间孔和溶蚀孔居多）、微裂缝发育。

兰坪-思茅盆地威远江组下部泥质胶结很致密，次生孔稀少，孔径一般在1～3μm，但个别可达8～13μm，粒间缝窄而少，缝隙为（0.1～0.5）$\mu m \times$（16～40）μm，次生孔孔径为3～5μm，缝隙为（0.1～1）$\mu m \times$（30～60）μm，面孔率为4%。物性测试：氦气孔隙度为0.69%，渗透率为0.07mD，密度为2.7034g/m³。

威远江组中上部泥页岩层间孔、缝十分发育，缝隙为（0.1～1.2）$\mu m \times$（30～110）μm，孔径为1.6～8μm，泥岩中的粒间、粒沿缝隙发育，且连通性较好，缝隙为（0.3～2.5）$\mu m \times$（30～120）μm。

9. 四川盆地侏罗系自流井组、千佛崖组

1）岩矿特征

岩石类型。元坝地区珍珠冲段上部岩性为深灰色粉砂质泥岩、泥岩和灰黑色页岩与灰色细-中砂岩、灰色粉砂岩不等厚互层；下部为浅灰色细砂岩、灰白色砾岩、含砾中砂岩夹深灰色粉砂质泥岩、泥岩；东岳庙段岩性为深灰、灰色泥岩、黑色页岩、粉砂质泥岩夹灰色粉砂岩或与之不等厚互层；马鞍山段岩性为灰色泥岩、绿灰色泥岩、粉砂质泥岩夹灰色粉砂岩，泥页岩连续性好，砂岩厚度一般小于2m。大安寨段岩性为深灰、灰黑色泥岩、页岩与灰色泥灰岩、介壳灰岩、粉砂岩不等厚互层，水平层理发育。千佛崖组底部千一段为滨湖亚相砂、泥岩地层，厚度为19～70m，颜色以灰色为主，局部沉积深灰、灰黑色浅湖相页岩；千二段厚度为86～132m，主要为浅湖相灰色、灰黑色页岩夹灰色细砂岩地层，水平层理发育；千三段厚度为41～102m，为滨湖相灰色砂、泥岩沉积，上部偶见杂色泥岩、紫红色泥岩。

元坝地区自流井组—千佛崖组泥页岩矿物成分以黏土矿物、石英为主，方解石次之，见少量长石、白云石及黄铁矿等碎屑矿物和自生矿物，脆性矿物含量总体适中，自流井组—千佛崖组五层段平均含量分布于48.3%～59.4%；黏土矿物平均含量分布在40.5%～51.3%，其中大安寨段、东岳庙段相对较低，平均含量分别为40.5%、40.8%，千二段、千一段、马鞍山段相对较高，平均含量分别为47.3%、51.3%和50.9%。

涪陵地区自流井组黏土矿物平均含量为51.7%～56.1%，略高于国外页岩气泥页岩黏土矿物平均含量。石英平均含量在33%左右，与国外相当。Barnett页岩石英含量为23%～72%，平均为48%，含有一定量的脆性矿物成分，有利于水力压裂时永久裂缝的形成，提高页岩气钻井勘探成功率。

2）物性特征

元坝地区自流井组—千佛崖组泥页岩微孔隙发育，按成因可将基质孔隙区分为有机质孔、晶间孔、矿物铸模孔、黏土矿物间微孔及次生溶蚀孔等类型，孔径主要分布在2～1000nm。可通过岩心观察和FMI测井解释的宏观裂缝主要为构造裂缝和层间缝；需借用扫描电镜观察的微观裂缝主要包含了微张裂缝、黏土矿物片间缝、有机质收缩缝及超压破裂缝等类型。

元坝地区千佛崖组一段、二段及自流井组大安寨段、东岳庙段暗色泥页岩孔隙度总体相对较高，分别在2.41%～6.28%、0.95%～8.42%和1.01%～6.76%，平均分别为4.08%、3.21%、3.10%，且大多样品分布在2%以上，所占比例分别为100%、73.7%、76%。

千佛崖组一段、二段及自流井组大安寨段、东岳庙段暗色泥页岩的渗透率主要分布在0.0138～9.6136mD、0.0018～223.9938mD和0.0036～48.7136mD，平均渗透率较高，分别为1.1066mD、1.7245mD、0.7508mD，但大多数样品多小于0.1mD。

涪陵地区兴隆1井、兴隆3井、兴隆101井泥页岩氦气法实测孔隙度、渗透率明显高于该层段灰岩、砂岩物性。大安寨段、马鞍山、东岳庙段段孔隙度分别为1.4%～8.17%、2.13%～4.25%、1.23%～4.63%，平均值分别为4.68%、2.77%和2.49%；渗透率分别为0.0111～96.2014mD、0.0225～16.0518mD、0.0043～2.6519mD，平均值分别为0.7371mD、0.1178mD、0.0547mD。大安寨段泥页岩孔隙度、渗透率明显高于东岳庙段、马鞍山段。

（三）含油气性

1. 下寒武统牛蹄塘组及相当层位

根据页岩气调查井、探井资料和油气老井复查结果，下寒武统牛蹄塘组页岩含气性保存条件关系密切。在四川盆地内部，牛蹄塘组（筇竹寺组）上覆多套盖层，保存条件最好，是牛蹄塘组页岩气勘探开发的最有利地区。威201-H$_3$井为四川盆地内在牛蹄塘组实施的第一口开发试验井，井深为3647.59m，水平段长度为737.59m，含气页岩厚度为40～50m，孔隙度为1.5%～2.5%，地层压力系数为1.01，压裂6段，初试产量为2.83×10^{4}m^3/d。该井产量在投产前3个月基本保持在1×10^4～2×10^{4}m^3/d，目前已下

降至 $0.4 \times 10^4 \mathrm{m}^3/\mathrm{d}$。生产证实，威远牛蹄塘组为常压气层，基质孔隙总体较少但裂缝发育，产量递减速度较龙马溪组快。预计自威远向东，随着埋深加大及上覆盖层发育变好，牛蹄塘组也有出现超压的可能。

上扬子东南斜坡区，牛蹄塘组上部发育有超过 600m 厚的变马冲组和耙榔组泥页岩盖层，保存条件相对较好，调查井、探井在 1000m 以深的页岩气显示丰富。但压裂改造中普遍出水，导致页岩气产量受到明显影响。

除四川盆地和上扬子东南斜坡区外，其他地区的牛蹄塘组因上覆盖层发育相对较差，构造改造较强。页岩气有利区的选择对构造稳定性的要求更高。从调查井资料看，在 1500m 以深，页岩的含气性明显增加。因此在勘探深度上也偏深。

2. 上奥陶统五峰组—下志留统龙马溪组

上奥陶统五峰组—下志留统龙马溪组（简称龙马溪组）已经取得勘探突破和开发成功。从地质条件看，龙马溪组含气页岩最为发育的地区为川南地区，该地区含气页岩厚度大，构造改造不强，地层压力系数普遍较高，最高达 2.0 以上。其中，富顺-永川区块的阳 201-H2 水平井获得 $43 \times 10^4 \mathrm{m}^3/\mathrm{d}$ 的页岩气产量，经一年多的生产，2013 年产量下降到 $17 \times 10^4 \mathrm{m}^3/\mathrm{d}$，油压保持在 31MPa，依然很高。阳 201-H2 井的初始产量较重庆涪陵焦石坝的大多数井的产量要高，是我国页岩气开发试验井中产量最高的几口井之一。宁 201-H1 井位于长宁背斜南翼飘水岩地区，垂深为 2495.07m，水平段长度为 1045m，含气页岩厚 $60 \sim 70$m，孔隙度为 $4\% \sim 5\%$，地层压力系数为 2.03。2012 年 4 月实施水平段分段压裂，共压裂 10 段，初试产量为 $15 \times 10^4 \mathrm{m}^3/\mathrm{d}$，在 2 个月的试气阶段则始终保持在 $13 \times 10^4 \mathrm{m}^3/\mathrm{d}$，地层压力未见明显变化。至 2013 年上半年，产量稳定在 $3.5 \times 10^4 \mathrm{m}^3/\mathrm{d}$，累计产气 $1495.5 \times 10^4 \mathrm{m}^3$，油压一致保持在 29MPa。总体上，川南地区有几万平方公里的龙马溪组含气页岩分布区，有上万平方公里的页岩气有利区，如果取得全面突破，我国页岩气产量将出现爆发式增长。

重庆涪陵地区已经取得页岩气开发突破。焦石坝地区页岩气单井初始产量在 $15 \times 10^4 \sim 35 \times 10^4 \mathrm{m}^3/\mathrm{d}$，压力系数在 $1.4 \sim 1.5$，多数井的初始产量和压力系数均低于阳 201-H2 井。焦石坝焦页 1 井—焦页 3 井区面积为 106km²，已经提交页岩气探明地质储量为 $1067 \times 10^8 \mathrm{m}^3$，每平方公里探明页岩气 $10 \times 10^8 \mathrm{m}^3$。

综上所述，超压区一般具有效气层厚度大且分布稳定，产量高且递减缓慢等特点，是页岩气富集核心区。四川盆地内部龙马溪组保存条件好，普遍存在超压，是龙马溪组页岩气有利区，其中川南地区为龙马溪组页岩气最有利地区。川东地区构造改造较强，埋深变化较大，为较有利地区。

在四川盆地外围的渝东鄂西和滇黔北地区，龙马溪组也广泛发育，页岩气显示良好。

3. 塘丁组、纳标组和罗富组

塘丁组、纳标组和罗富组仅进行了等温吸附模拟，中泥盆统页岩在 2.16MPa 压力时，最大吸附含气量为 3.19m³/t；下泥盆统塘丁组泥页岩在 1.53MPa 压力时，最大吸附含气量为 2.85m³/t，推测在保存条件较好的情况下能聚集足够的页岩气。

4. 下石炭统旧司组、打屋坝组、岩关组

黔南、黔西地区下石炭统打屋坝组—旧司组含气页岩含气量范围为 0.5～2.4m³/t。现场解吸表明，打屋坝组含气量在 1.2m³/t 以上，结合录井、测井、现场解析和等温吸附等含气量评价方法并参考区内地质条件综合研究认为，页岩气聚集发育的最有利区位于惠水王佑—长顺代化—罗甸边阳一带和威宁—水城—晴隆—兴仁—望谟一带。

5. 梁山组

下二叠统梁山组含气页岩含气量范围为 1.5～4.0m³/t。结合录井、测井、现场解析和等温吸附等含气量评价方法并参考区内地质条件综合研究认为，贵州地区下二叠统梁山组页岩气聚集发育的最有利区位于威宁—水城—晴隆—兴仁—望谟一带。

6. 龙潭组

上二叠统龙潭组含气页岩含气量范围为 1.2～20m³/t。结合录井、测井、现场解析和等温吸附等含气量评价方法并参考区内地质条件综合研究认为，贵州地区上二叠统龙潭组页岩气富集区位于贵州西北部，四川盆地有利区主要位于川南。

7. 须家河组

四川盆地上三叠统须家河组含气量平均值为 1.07m³/t，含气量较高。

8. 四川盆地朱罗系

元陆 4 井千佛崖组、自流井组东岳庙段—大安寨段平均含气量分别为 1.365m³/t、1.48m³/t。兴隆 101 井岩心总含气量实测情况为大安寨页岩层段为 0.9～2.29m³/t，平均为 1.664m³/t；马鞍山泥岩段为 0.91～2.22m³/t，平均为 1.543m³/t；东岳庙页岩段为 0.87～1.67m³/t，平均为 1.35m³/t。测试结果显示大安寨段—东岳庙段具有良好的含气性。

四川盆地中北部的石龙场、柏垭油气田中侏罗统千佛崖组、下侏罗统自流井组顶部大安寨段，测试获产井 29 口。元坝地区大安寨段 5 口井试获工业气流，在 28 口井发现 86 层 560.9m 气层，元坝地区大安寨段累计试油 6 口，获工业气井 5 口，低产气井 1 口。涪陵兴隆 1 井、兴隆 2 井、兴隆 3 井、兴隆 101 井、福石 1 井发现自流井组显示活跃，合计油气显示 130.64m/41 层，兴隆 101 井大安寨段酸压测试，日产天然气 11.011×10⁴m³，折算日产油 54m³，累计产原油 37.85m³，大安寨段页岩油气勘探取得突破性进展。

二、有利区优选及资源评价

（一）页岩气有利区优选结果

上扬子及滇黔桂区共选出有利区 33 个（表 5-2），累计面积为 344 652km²。其中四川盆地及周缘 16 个，累计面积分别为 265 066km²，占总累计面积的 76.91%，黔中隆起及周缘 2 个，累计面积为 14 380km²，占总累计面积的 4.17%；滇黔桂地区 15 个，累计面积为 65 206km²，占总累计面积的 18.92%。

表 5-2　上扬子及滇黔桂区页岩气发育有利区分布表

时代	层系	大区	个数	面积/km²
中生界	侏罗系	四川盆地及周缘	3	32 459
	三叠系	四川盆地及周缘	4	86 908
上古生界	二叠系	滇黔桂地区	5	3 769
	石炭系	滇黔桂地区	2	7 549
	泥盆系	滇黔桂地区	8	53 888
下古生界	志留系	四川盆地及周缘	5	74 328
	寒武系	黔中隆起及周缘	2	14 380
		四川盆地及周缘	4	71 371
合计			33	344 652

中上扬子东南斜坡区外，下寒武统为深海盆地沉积环境，在贵州东部至湘西北保靖-慈利断裂东南沉积了巨厚的暗色页岩，部分地区的暗色页岩有机质含量很高，作为石煤在开采。但考虑到其沉积环境稳定性较上扬子板块差，有机质含量变化大，后期构造改造强，在有利区优选过程中没有考虑。

（二）页岩气有利区资源评价

上扬子及滇黔桂区有利区页岩气地质资源为 $71.31 \times 10^{12} \, \mathrm{m}^3$，可采资源为 $11.25 \times 10^{12} \, \mathrm{m}^3$。其中四川盆地及周缘有利区页岩气地质资源为 $57.27 \times 10^{12} \, \mathrm{m}^3$，占总量的 80.30%，可采资源为 $9.16 \times 10^{12} \, \mathrm{m}^3$，占总量的 81.38%；黔中隆起及周缘地质资源为 $7.83 \times 10^{12} \, \mathrm{m}^3$，占总量的 10.98%，可采资源为 $1.04 \times 10^{12} \, \mathrm{m}^3$，占总量的 9.24%。

层系上，下古生界有利区地质资源为 $45.33 \times 10^{12} \, \mathrm{m}^3$，占总量的 63.56%，可采资源为 $6.39 \times 10^{12} \, \mathrm{m}^3$，占总量的 56.72%。其中寒武系有利区地质资源为 $20.69 \times 10^{12} \, \mathrm{m}^3$，占总量的 15.17%，可采资源为 $2.69 \times 10^{12} \, \mathrm{m}^3$，占总量的 18.94%；志留系有利区地质资源为 $24.64 \times 10^{12} \, \mathrm{m}^3$，占总量的 12.87%，可采资源为 $3.70 \times 10^{12} \, \mathrm{m}^3$，占总量的 15.74%。

上古生界有利区地质资源为 $5.99 \times 10^{12} \, \mathrm{m}^3$，占总量的 8.40%，可采资源为 $0.97 \times 10^{12} \, \mathrm{m}^3$，占总量的 8.60%。其中泥盆系有利区地质资源为 $5.24 \times 10^{12} \, \mathrm{m}^3$，占总量的 0.38%，可采资源为 $0.84 \times 10^{12} \, \mathrm{m}^3$，占总量的 0.43%；石炭系有利区地质资源为 $0.48 \times 10^{12} \, \mathrm{m}^3$，占总量的 0.67%，可采资源为 $0.08 \times 10^{12} \, \mathrm{m}^3$，占总量的 0.72%；二叠系有利区地质资源为 $0.27 \times 10^{12} \, \mathrm{m}^3$，占总量的 7.35%，可采资源为 $0.05 \times 10^{12} \, \mathrm{m}^3$，占总量的 7.45%。

中生界有利区地质资源为 $20.00 \times 10^{12} \, \mathrm{m}^3$，占总量的 28.04%，可采资源为 $3.90 \times 10^{12} \, \mathrm{m}^3$，占总量的 34.67%。三叠系有利区地质资源为 $9.18 \times 10^{12} \, \mathrm{m}^3$，占总量的 34.55%，可采资源为 $1.77 \times 10^{12} \, \mathrm{m}^3$，占总量的 32.83%；侏罗系有利区地质资源为 $10.82 \times 10^{12} \, \mathrm{m}^3$，占总量的 29.01%，可采资源为 $2.13 \times 10^{12} \, \mathrm{m}^3$，占总量的 23.89%。

（三）四川盆地页岩油

1. 四川盆地侏罗系页岩油产出情况

四川盆地陆相侏罗系地层多井多个层系在产出页岩气的同时还产出页岩油，获得了不同数量的页岩油产量。中国石油化工股份有限公司南方勘探开发分公司在元坝地区元坝9井、元页 HF-1 井和涪陵地区兴隆 101 井、福石 1 井千佛崖组测试获得了不同数量的页岩油，并在多口井见到了荧光显示。

其中，元坝 9 井 2011 年 6 月 6 日～10 月 14 日累计产油量为 147.21t（折算为 196m³），累计产气量为 $8.0023 \times 10^4 m^3$，页岩气和页岩油的产量均较大，展现出四川盆地中生界页岩气、页岩油勘探开发的前景。

2. 页岩油有利区优选及资源量计算

根据探井资料分析，四川盆地侏罗系为页岩油有利层位，有利区位于四川盆地北西及北东部侏罗系沉积中心区，页岩油与页岩气伴生产出，因此页岩油资源量的测算主要通过气油比进行。经测算，侏罗系大安寨、千佛崖页岩气地质资源量分别为 $12\,686.18 \times 10^8 m^3$ 和 $24\,685.00 \times 10^8 m^3$，平均气油比为 1290.15，页岩油密度为 0.804 25g/cm³。通过计算得到，千佛崖组页岩油地质资源量为 $7.90 \times 10^8 t$，可采资源量为 $1.58 \times 10^8 m^3$，自流井组大安寨段页岩油地质资源量为 $15.39 \times 10^8 t$，可采资源量为 $3.08 \times 10^8 t$。地质资源量合计为 $23.23 \times 10^8 t$，可采资源量合计为 $4.66 \times 10^8 t$，初步评价结果显示，四川盆地中生界具有一定的页岩油资源潜力，需要进一步加强调查和评价工作。

第三节 中下扬子及东南区页岩气资源调查评价及有利区优选

一、含气（油）页岩分布特征

（一）海相页岩

1. 下寒武统水井沱组/荷塘组/幕府山组/王音铺组和观音塘组

早寒武世时期，扬子地块东南缘处于被动大陆边缘环境，在晚震旦系碳酸盐岩台地的基础上，由于海平面的快速上升，形成的黑色页岩，在整个区域内广泛分布。该套黑色页岩普遍较厚，厚度中心主要分布于湘鄂西、皖南—浙西、苏北地区。

2. 上奥陶统—下志留统五峰组—龙马溪组/高家边组

中扬子地区主要分布在五峰组上部及志留统下部，页岩平均厚度为 50m 左右。五峰组岩性为主要碳质硅质泥页岩，硅质含量相对较高，主要为生物化学成因，含大量的笔石化石；龙马溪组底部主要为碳质硅质泥页岩，向上碳质硅质含量逐渐减小，岩石中粉砂质含量增加，直至出现粉砂质泥页岩、粉砂岩。

下扬子地区：五峰组—高家边组主要分布在苏北盆地及皖南—苏南的沿江地区。在苏北的滨海—盐城—高邮一带为一套粉砂质页岩、粉砂岩与细砂岩组成的韵律层；而在其以南地区主要为欠补偿的富含笔石的页岩。高家边组富有机质泥页岩主要分布在扬州—泰州—东台一带，厚度大于 200m。苏南—皖南地区页岩在平面分布上相对较局限，主要分布于沿线一带，厚度为 100～400m。

（二）海陆过渡相

上二叠统吴家坪期是中国南方主要的成煤时期，其中龙潭组煤系地层是煤层气和页岩气的主要勘探层位，形成环境是三角洲平原的沼泽环境。

湘中地区龙潭组泥页岩层系在整个研究区内大面积分布，最厚的部位分别在相应的三个二级构造的沉降中心附近，三个二级凹陷中心部位的厚度都在 150m 以上。

下扬子地区富有机质页岩主要分布在龙潭组的中上部，厚度一般在 50～200m，岩性主要为黑色炭质页岩、页岩、泥、页岩与粉砂岩-细砂互层，夹煤层。

赣西北地区乐平组（又称龙潭组）地层在该区分布较广，在区内主要为一套海陆交互相的含煤碎屑岩建造，但在锦江流域则是以海相为主的含煤建造。乐平组总厚度一般在 50～250m，沉积中心最厚可达 260m 以上。

（三）陆相

1. 苏北盆地

泰二段：为一套滨浅湖-半深湖相暗色泥页岩发育，纵向上有机质最为富集的富有机质泥页岩主要发育于下亚段，厚度小于 30m；而上亚段有机质丰度相对较低。

阜二段：除金湖凹陷西斜坡下亚段为砂岩外，整体为一套富含有机质的暗色泥页岩，具厚度大、分布广的特征。

阜四段：沉积期属盆地拗陷演化阶段，地壳比较平稳，海水又有较明显的侵入，盆地主体为半深水、深水环境。E_1f_4 为一套半深湖-深湖相泥页岩，沉积了大套深灰、灰黑色泥岩，夹泥灰岩、油页岩。

2. 江汉盆地

新沟咀组下段：泥页岩在潜江凹陷、江陵凹陷厚度大、分布广，一般在 50～200m，主要分布于资福寺向斜、总口向斜和潘场向斜带。

潜江组：泥页岩在潜江凹陷厚度最大，一般在 200～2000m，分布面积为 2282km^2，其中潜江凹陷蚌湖次洼厚度达 1200～2000m。

二、页岩气地质特征

（一）海相页岩有机地化特征

1. 有机质类型

1）中扬子地区

赣西北地区下寒武统王音铺组、观音堂组、上奥陶统—下志留统新开岭组干酪根显微组分分析测试以腐泥型为主，表明早古生代三套地层有机质类型皆为 I 型。

2）下扬子地区

苏北地区：下寒武统幕府山组富有机质泥页岩有机质类型以腐泥型（I 型）为主。五峰组和高家边组泥页岩干酪根类型属于 I 型和 II$_1$ 型干酪根，且五峰组有机质类型优于高家边组。

苏南—皖南—浙西地区：苏南—皖南—浙西地区寒武系荷塘组有机质类型以Ⅰ型为主，少量为Ⅱ型。下志留统高家边组有机质类型以Ⅰ型、Ⅱ型为主。

2. 有机碳含量及其变化

1）下寒武统

赣西北下寒武统王音铺组和观音堂组：赣西北下寒武统泥页岩有机质丰度相对较高，钻孔岩心有机碳含量都大于1%。高有机质丰度主要分布于王音铺组和观音堂组中下部。

苏北地区幕府山组：苏北地区下寒武统幕府山组有机碳含量较高，幕府山组页岩有机碳含量平均值为3.62%，具有良好的生烃能力。

苏南—皖南—浙西地区下寒武统荷塘组：该区下寒武统荷塘组—黄柏岭组主要岩性为炭质页岩、碳质泥岩、硅质泥岩、硅质页岩及硅质岩。通过有机碳含量上分析测得下扬子地区荷塘组/黄柏岭组页岩的 TOC 平均值为4.5%，具有很好的生烃能力。

2）上奥陶统—下志留统

赣西北地区上奥陶统—下志留统新开岭组：上奥陶统—下志留统新开岭组黑色笔石页岩有机质丰度较高，区内有机碳含量平均为2.01%。

苏北地区上奥陶统五峰组—下志留统高家边组：苏北地区五峰组—高家边组的有机碳含量整体较低，但其连续厚度较大。五峰组有机碳含量平均值为0.62%，属于差烃源岩。高家边组泥页岩有机质丰度低于五峰组，有机碳含量其平均值为0.19%，仅在该组下段含笔石页岩段，有机碳含量相对较高。

3. 有机质成熟度

中下扬子区各海相页岩层系有机质成熟度高，R_o平均值均超过2.5%，均已达到过成熟生干气阶段。

1）下寒武统

赣西北下寒武统王音铺组和观音堂组：赣西北地区下寒武统王音铺组和观音堂组富有机质页岩的热演化程度（R_o）普遍较高。王音铺组 R_o 范围为1.72%～4.81%，平均为3.70%，观音堂组 R_o 范围为1.14%～4.45%，平均为3.05%。

苏北地区幕府山组：苏北地区幕府山组等效镜质体反射率为0.67%～5.47%，平均值为2.83%，处于过成熟状态。

苏南-皖南-浙西地区下寒武统荷塘组：苏南—皖南—浙西地区下寒武统荷塘组—黄柏岭组泥页岩 R_o 值为0.8%～5.9%，平均值为3.62%，处于过热演化阶段。R_o高值区位于皖南、浙西地区，以宁国—休宁—石台为中心，R_o 值大于4%。

2）上奥陶统—下志留统

赣西北地区上奥陶统—下志留统新开岭组。新开岭组页岩7个，R_o 范围为2.00%～3.24%，平均为2.84%。总体来说，研究区各层位均已达到过成熟干气阶段。

苏北地区上奥陶统五峰组—下志留统高家边组。苏北地区五峰组—高家边组泥页岩

R_o 在 0.79%～6.67%，平均值为 2.48%；高家边组泥页岩 R_o 在 0.36%～4.55%，平均值为 1.90%。总体而言，苏北地区五峰组—高家边组泥页岩热演化程度处于高成熟—过成熟生气阶段，局部发育热演化低值区。

（二）海陆过渡相页岩有机地化特征

1. 有机质类型

湘中—湘东南—湘东北地区下石炭统大塘阶测水段泥页岩有机质类型为Ⅱ型（混合型）干酪根为主，部分有机质丰度较高的地区可能为Ⅰ型，二叠系煤系地层主要为Ⅲ型干酪根；萍乐地区二叠系小江边组泥页岩有机质类型以Ⅰ型为主，二叠系乐平组和三叠系安源组以Ⅲ型为主；下扬子地区下二叠统孤峰组泥页岩主要为Ⅱ₁型干酪根，龙潭组为Ⅱ-Ⅲ型有机质，大隆组以为Ⅱ₂型干酪根为主。

2. 有机碳含量及其变化

下石炭统测水段泥页岩有机碳含量为 0.56%～5.16%，平均为 1.36%。煤层有机碳含量大于 80%，含气量平均为 18m³/t，属超级瓦斯煤层。

二叠系上统大隆组有机碳含量范围为 0.69%～4.00%，平均值为 2.22%。小江边组有机碳含量在 0.5%～2.54%，平均值为 1.21%。有机碳含量总体分布西部较高，东部偏低。苏北地区龙潭组有机碳含量在 0.13%～12%，平均值为 1.55%。

3. 有机质成熟度

通过对比不同地区海陆过渡相页岩有机质成熟度，湘中—湘东南—湘东北地区页岩平均有机质成熟度在 1.53%～1.89%，处于高成熟热演化阶段，萍乐地区平均有机质成熟度总体处于成熟-过成熟阶段，下扬子地区海陆过渡相页岩平均处于成熟-高成熟热演化阶段。

（三）陆相页岩有机地化特征

1. 三叠系安源组

萍乐地区三叠系富有机质页岩主要为安源组页岩，以Ⅲ型为主。萍乐地区三叠系安源组有机碳含量在 0.8%～5.17%，平均值为 1.61%，总体反映出西部有机碳含量较高，东部偏低。安源组有机质成熟度在 0.96%～2.29%，平均值为 1.66%，平面分布大体呈现为西高东低趋势。

2. 江汉盆地新沟嘴组、潜江组

江汉盆地古近系新沟嘴组生油母质较好，以偏腐泥型为主，Ⅰ型、Ⅱ₁型、Ⅱ₂型和Ⅲ型分别占 56%、25.5%、16.2% 和 2.3%。

新沟咀组下段泥页岩有机质丰度较高，有机碳含量为 0.5%～1.49%，最高为 3.31%，主要生烃中心位于资虎寺、总口、潘场、白庙等向斜带。潜江组泥页岩主要分布于潜江凹陷，总的来看，TOC 的平均值为 1.49%，平面上具有往蚌湖-王场-周矶生烃向斜逐渐变大的趋势。

江汉平原区古近系热演化成熟度 R_o 一般在 0.6%～1.0%，潜江—广华地区、小板

板参1井区，其R_o达1.5%以上。

3. 苏北盆地

阜二段Ⅰ-Ⅱ₁干酪根占62.5%～86.7%，阜四段Ⅰ-Ⅱ₁干酪根占43.4%～63.7%，泰二段Ⅰ-Ⅱ₁干酪根占6.7%～31.5%。阜四段、泰二段三套泥页岩均为很好的有机质类型，阜二段明显好于其他两个层段。

阜二段、阜四段、泰二段有机碳含量基本集中在0.5%～1.5%，局部地区达到2.0%以上。

泰二段富有机质泥页岩热演化程度均小于1.2%，处于成熟演化阶段。阜二段除高邮凹陷深凹带R_o大于1.0%外，其他地区均小于1.0%，处于成熟阶段。

阜四段泥页岩有机质成熟度更低，除高邮凹陷深凹带、金湖三河次凹和龙港次凹泥页岩成熟度相对较高，大于0.7%外，其他地区泥页岩成熟度多介于0.5%～0.7%，处于低熟阶段。

（四）页岩储层特征

1. 岩石类型

1）下寒武统

下寒武统主要岩石类型有黑色泥岩、炭质泥岩、页岩、炭质页岩、硅质岩、硅质泥岩、硅质页岩、钙质泥岩、粉砂质泥岩等多种岩石类型。下扬子地区荷塘组一般可分为上、中、下三段：下段为薄层硅质岩、硅质页岩及炭质页岩；中段为炭质页岩、碳质泥岩夹硅质页岩；上段为炭质页岩、钙质页岩及灰岩。

2）五峰组—高家边组

高家边组岩性较为单一、风化比较严重，岩性主要为灰色-灰黑色粉砂质页岩、笔石页岩、粉砂岩等。

3）海陆过渡相页岩

主要岩性为黑色炭质页岩、页岩、泥页岩与粉砂岩-细砂互层，夹煤层。

4）陆相页岩

泰州组：通过岩心观察，发现泰州组岩石类型主要为灰质泥岩以及粉砂岩类，其中粉砂岩类岩石主要包括粉砂岩、灰质粉砂岩及泥质粉砂岩等。

古近系阜二段：岩石类型种类多样，但是其主要岩石类型是泥岩、灰质泥岩、油页岩等。

古近系阜四段：岩石类型主要有两种，泥岩和灰质泥岩，另外还有含粉砂、含介屑、含灰泥岩等。

2. 矿物组成

1）下寒武统

下扬子地区的皖南—浙西地区的特点是黏土矿物含量普遍较高，分布在10%～

58%，碳酸盐岩低，石英、长石及黄铁矿含量分布范围较广，其含量基本在40%以上。下扬子地区的苏北幕府山组的特点是黏土矿物与碳酸盐岩矿物含量普遍较高，石英、长石及黄铁矿含量一般分布在25%~50%。

赣西北地区的下寒武统的王音铺组及观音堂组页岩黏土矿物含量相对较低，而石英、长石及黄铁矿含量相对较高，一般分布在55%~82%。

下扬子地区荷塘组页岩伊利石含量基本都大于50%，分布在51%~98.33%，I/S值为16.63%~27.5%；赣西北地区下古生界王音铺组与观音堂组两套泥页岩层系的黏土矿物主要成分也是伊利石和伊/蒙混层，不含蒙脱石。

2）上奥陶统—下志留统

中扬子地区全岩矿物与下扬子地区相比，其黏土矿物分布在20%~30%，脆性矿物（石英+长石+黄铁矿）分布在60%~80%。下扬子地区黏土矿物含量分布相对较宽，一般在20%~40%，脆性矿物含量相对较低。

3）海陆过渡相页岩

龙潭组脆性矿物约占总体的44%，脆性矿物与黏土矿物之比为0.53~4.1，平均为1.5。脆性矿物含量整体上略高于黏土矿物。

4）陆相页岩

泰州组泰二段以黏土矿物和碳酸盐岩为主，其次为石英和长石，脆性矿物含量在45%~59%，黏土矿物含量在35%~53%。

阜二段以碳酸盐岩和黏土矿物为主，其次为石英和沸石，脆性矿物含量在49%~54%，变化幅度不大。

阜四段的矿物组成以黏土矿物为主，其次为石英，碳酸盐岩和长石，脆性矿物含量在45%~52%。

3. 物性特征

1）下寒武统

总体上，下寒武统页岩孔隙度与渗透率均较低。下扬子地区为0.36%~3.1%；赣西北地区下寒武统王音铺组孔隙度范围为1.4%~4.9%，平均为2.66%。

2）五峰组—龙马溪组/高家边组

五峰组—龙马溪组/高家边组物性总体上差别不大，下扬子五峰组孔隙度平均值为0.91%，渗透率平均值为$3.18 \times 10^{-4} \mu m^2$。高家边组泥页岩孔隙度平均值为1.44%；渗透率平均值为$2 \times 10^{-5} \mu m^2$；赣西北地区上奥陶统—下志留统新开岭组孔隙度2.3%，渗透率为$5.1 \times 10^{-6} \mu m^2$。

3）海陆过渡相页岩

下扬子地区龙潭组泥页岩实测孔隙度平均为3.44%，渗透率平均为$2.0 \times 10^{-4} \mu m^2$。渗透率与孔隙度基本成正比。湘中—湘东南地区孔隙度在0.8%~13.26%。赣西北地区乐平组孔隙度在0.203%~2.4%，平均为1.4%；渗透率平均为$7.8 \times 10^{-6} \mu m^2$。

4）陆相页岩

苏北盆地探区陆相泥页岩物性相对较好。其中 K_2t_2 实测孔隙度 0.3%，渗透率小于 $1×10^{-6}\mu m^2$。E_1f_2 实测孔隙度平均为 5.4%，渗透率平均为 $2.1×10^{-4}\mu m^2$。E_1f_4 实测孔隙度平均为 6.6%，渗透率平均为 $4.5×10^{-3}\mu m^2$。总体反映区内三套泥页岩虽然致密，但仍有微孔隙发育。

4. 储集空间类型

储集空间概括起来主要有两大类，一是微孔隙（纳米级），二是微裂缝，其中孔隙包括原生粒间孔、有机质生烃形成的微孔隙、粒内溶孔、粒间溶孔和胶结物内溶孔，裂缝主要包括成岩裂缝、构造裂缝和构造-成岩裂缝。

（五）页岩含气（油）特征

1. 海相页岩

中扬子地区有 5 口钻遇下志留统和 1 口钻遇下寒武统的钻井中见良好气显示。下扬子皖南—宣城地区早期钻井在早寒武系气测异常较为明显；工区北部地区煤田钻井曾在二叠系龙潭组获得轻质油。

中扬子地区对古生界页岩气探井河页 1 井龙马溪组 16 件样品进行现场解吸。皖南—宣城地区含气量测试结果显示，全井段大部分样品含气量在 $1.0m^3/t$ 左右，个别样品存在较高含气量。

2. 海陆过渡相页岩

湘页 1 井目的层系是上二叠统大隆组—龙潭组，钻井中见到五处明显的气测异常显示，10 个岩心样品进行现场解吸，总含气量分布范围为 $0.1644～1.4138m^3/t$，平均为 $0.4785m^3/t$。

3. 陆相页岩

下扬子苏北地区对钻遇古近系的 76 口老井进行了复查，其中泰二段 3 口，阜二段 44 口，阜四段 29 口。老井资料复查发现苏北地区中新生界泥页岩层系油气显示丰富，油气显示以页岩油显示为主，部分井段见气测异常。

江汉盆地新沟嘴组已经有多口井获得工业有气流，并以致密油名义提交了 130 多万吨的探明页岩油地质储量。

中下扬子地区的中新生界陆相含油气页岩的地质资料丰富，主要目的层的含油气性特征较为清楚；中国石化在湘中地区实施的湘页 1 井位上古生界含气性分析提供了较为系统的资料；下古生界海相含气页岩段的含气性资料较少，需要进一步加强评价。

三、页岩气有利区优选及资源评价

（一）有利区优选

中下扬子及东南区共选出有利区 46 个（表 5-3），累计面积为 248 626km²。其中，中扬子地区 12 个，累计面积为 89 419km²，占总累计面积的 35.97%；湘中—湘东南—湘东北地区 7 个，累计面积为 33 234km²，占总累计面积的 13.37%；下扬子地区 15 个，累计面积为 111 296km²，占总累计面积的 44.76%；东南地区 12 个，累计面积为 14 677km²，占总累计面积的 5.90%。

表 5-3 中下扬子与东南区页岩气发育有利区分布表

地区	层系	个数	面积/km²
中扬子地区	三叠系	1	713
	侏罗系	1	479
	志留系	3	23 387
	寒武系	4	37 800
	震旦系	3	27 040
湘中—湘东南—湘东北	二叠系	2	9951
	石炭系	1	6225
	泥盆系	4	17 058
下扬子地区	二叠系	7	28 512
	志留系	2	7468
	寒武系	6	75 316
东南地区	古近系	1	263
	三叠系	1	1384
	二叠系	4	8801
	志留系	2	1440
	寒武系	4	2789
合计		46	248 626

层系上，震旦系发育页岩气有利区 3 个，累计面积为 27 040km²，占总累计面积的 10.88%；寒武系发育页岩气有利区 14 个，累计面积为 115 905km²，占总累计面积的 46.62%；志留系发育页岩气有利区 7 个，累计面积为 32 295km²，占总累计面积的 12.99%；泥盆系发育页岩气有利区 4 个，累计面积为 17 058km²，占总累计面积的 6.86%；石炭系发育页岩气有利区 1 个，累计面积为 6225km²，占总累计面积的 2.50%；二叠系发育页岩气有利区 13 个，累计面积为 47 263km²，占总累计面积的 19.01%；三叠系发育页岩气有利区 2 个，累计面积为 2097km²，占总累计面积的 0.84%；侏罗系发育页岩气有利区 1 个，累计面积为 479km²，占总累计面积的 0.19%；古近系发育页岩气有利区 1 个，累计面积为 262km²，占总累计面积的 0.11%。

（二）资源评价

中下扬子及东南区气有利区页岩地质资源为 20.64×10¹² m³，有利区页岩气可采资源为 3.84×10¹² m³。其中，中扬子地区有利区页岩气地质资源为 10.12×10¹² m³，占该区总量的 49.03%，可采资源为 $1.88\times10^{12}\,m^3$，占该区总量的 48.96%；湘中—湘东南—湘东北区地质资源为 $2.73\times10^{12}\,m^3$，占该区总量的 13.23%，可采资源为 $0.42\times10^{12}\,m^3$，占该区总量的 10.94%；下扬子地区地质资源为 $6.26\times10^{12}\,m^3$，占该区总量的 30.33%，可采资源为 $1.42\times10^{12}\,m^3$，占该区总量的 36.98%；东南区地质资源为 $1.53\times10^{12}\,m^3$，占该区总量的 7.41%，可采资源为 $0.12\times10^{12}\,m^3$，占该区总量的 3.12%。

在层位上，震旦系地质资源为 $2.68\times10^{12}\,m^3$，占该区总量的 12.98%，可采资源为 $0.40\times10^{12}\,m^3$，占该区总量的 10.46%。

下古生界有利区地质资源为 $12.21\times10^{12}\,m^3$，占该区总量的 59.16%，可采资源为 $2.24\times10^{12}\,m^3$，占该区总量的 58.34%。其中寒武系地质资源为 $10.10\times10^{12}\,m^3$，占该区总量的 48.93%，可采资源为 $1.82\times10^{12}\,m^3$，占该区总量的 47.40%；志留系地质资源为 $2.11\times10^{12}\,m^3$，占该区总量的 10.23%，可采资源为 $0.42\times10^{12}\,m^3$，占该区总量的 10.94%。

上古生界有利区地质资源为 $5.47\times10^{12}\,m^3$，占该区总量的 26.50%，可采资源为 $1.14\times10^{12}\,m^3$，占该区总量的 29.69%。其中泥盆系地质资源为 $1.05\times10^{12}\,m^3$，占该区总量的 5.09%，可采资源为 $0.22\times10^{12}\,m^3$，占该区总量的 5.73%；石炭系地质资源为 $0.80\times10^{12}\,m^3$，占该区总量的 3.88%，可采资源为 $0.16\times10^{12}\,m^3$，占该区总量的 4.17%；二叠系地质资源为 $3.62\times10^{12}\,m^3$，占该区总量的 17.54%，可采资源为 $0.76\times10^{12}\,m^3$，占该区总量的 19.79%。

中生界地质资源为 $0.24\times10^{12}\,m^3$，占该区总量的 1.19%，可采资源为 $0.054\times10^{12}\,m^3$，占该区总量的 1.41%。其中三叠系地质资源为 $0.22\times10^{12}\,m^3$，占该区总量的 1.08%，可采资源为 $0.05\times10^{12}\,m^3$，占该区总量的 1.28%；侏罗系地质资源为 $0.0213\times10^{12}\,m^3$，占该区总量的 0.11%，可采资源为 $0.0051\times10^{12}\,m^3$，占该区总量的 0.13%。

新生界古近系地质资源为 $0.0244\times10^{12}\,m^3$，占该区总量的 1.21%，可采资源为 $0.0056\times10^{12}\,m^3$，占该区总量的 0.15%。

四、页岩油有利区优选及资源评价

（一）有利区优选

中下扬子及东南区共选出页岩油有利区 12 个，累计面积为 13 031km²（表5-4）。其中洞庭盆地 1 个，主要分布在沅江凹陷，累计面积为 966km²，占总累计面积的 7.41%；江汉盆地 6 个，累计面积为 3955km²，占总累计面积的 30.35%，主要分布在潜江凹陷、江陵凹陷、陈沱口凹陷、小板凹陷和沔阳凹陷，面积分别为 1535km²、1677km²、217km²、244km² 和 282km²；苏北地区 4 个，累计面积为 8110km²，占总累计面积的 62.24%，主要分布在高邮凹陷、金湖凹陷、海安凹陷和盐城凹陷，面积分别为 2800km²、2880km²、750km²、1680km²。

（二）页岩油资源评价

中下扬子及东南区页岩油有利区地质资源为 $23.58\times10^8\,t$，可采资源为 $2.07\times10^8\,t$。

其中，江汉盆地有利区地质资源为 $17.76\times10^8 t$，占该区总量的 75.34%，可采资源为 $1.56\times10^8 t$；洞庭盆地有利区地质资源为 $0.21\times10^8 t$，占该区总量的 0.91%，可采资源为 $0.019\times10^8 t$；苏北地区有利区地质资源为 $5.60\times10^8 t$，占该区总量的 23.75%，可采资源为 $0.49\times10^8 t$。

表 5-4　中下扬子及东南区页岩油发育有利区分布表

盆地	凹陷	层系	面积/km²	个数
洞庭盆地	沅江凹陷	古近系	966	2
江汉盆地	潜江凹陷		1535	2
	江陵凹陷		1677	1
	陈沱口凹陷		217	1
	小板凹陷		244	1
	沔阳凹陷		282	1
苏北地区	高邮凹陷		2800	1
	金湖凹陷		2880	1
	海安凹陷		750	1
	盐城凹陷		1680	1
合计			13 031	12

第四节　华北及东北区页岩气有利区优选及资源评价

一、含油气页岩地质特征

（一）松辽盆地及外围

1. 含油气页岩分布

1）下白垩统沙河子组、营城组

松辽盆地发育有下白垩统沙河子组、营城子组 3 个含油气页岩层段，主要分布在松辽盆地的徐家围子断陷、梨树断陷、齐家古龙断陷等断陷群内，厚度一般为 50～500m。其中沙河子组暗色泥岩层系具有断陷的"泥包砂"岩性组合，泥岩层多发育厚度不等的煤层，煤层厚度一般为 5～50m，最厚达 150m。

2）上白垩统青山口组、嫩江组泥页岩层系

青一段、嫩一段、嫩二段含油气页岩主要分布在松辽盆地中央拗陷区及周围，面积较大。青一段富有机质泥页岩层系厚度为 20～45m，平均厚度为 32m。嫩一段富有机质泥页岩层系厚度为 13～24m，平均厚度为 18m；嫩二段富有机质泥页岩层系厚度为 18～45m，平均厚度为 35m。

3）下白垩统城子河组和穆棱组泥页岩层系

城子河组和穆棱组主要分布在黑龙江东部的鸡西盆地、勃利盆地、虎林盆地等。

2. 页岩有机地化特征

1) 有机质类型

青一段含油气页岩有机质类型主要为Ⅰ型，部分为Ⅱ$_1$型。嫩江组嫩一段和嫩二段均普遍发育Ⅰ型、Ⅱ型、Ⅲ型干酪根。

营城组干酪根类型为Ⅱ$_1$型＋Ⅱ$_2$型＋Ⅲ型，以Ⅱ$_2$型和Ⅲ型干酪根为主，沙河子组干酪根类型以Ⅱ$_2$型和Ⅲ型为主。

2) 有机碳含量及其变化

青一段泥页岩在朝阳沟地区有机碳含量最高，TOC平均为3.76%，其次为长垣和王府，TOC平均为3.15%，黑鱼泡凹陷最低，TOC平均为2.05%。长岭地区有53.85%样品的TOC在1.0%～2.0%，11.5%的样品TOC大于2.0%。

嫩一段133个泥页岩样品中98.5%的样品实测TOC大于1.0%，其中大于70%的样品TOC大于2.0%，21%的样品TOC大于4.0%，为极好泥页岩；总体看来，嫩一段泥页岩有机质丰度最高。

嫩二段富有机质泥页岩的TOC在拗陷中心部位乾安—大安一带泥页岩TOC含量较高，大于2.0%，其他地区泥页岩TOC多在1.0%～2.0%。

梨树断陷营城组一段Ⅱ泥组泥页岩TOC实测分布范围为0.06%～5.03%，平均值为1.062；营城组一段Ⅰ泥组泥页岩TOC实测分布范围为0.26%～12.01%，平均值为1.96%；沙二段泥页岩TOC实测分布范围为0.11%～8.2%，平均值为1.45%。

海拉尔盆地乌尔逊、贝尔凹陷南屯组南二段样品TOC>2%达到67.23%，南一段TOC>2%的样品也接近50%。贝尔南一段样品TOC>2%的样品达到40.85%，南二段样品也达到38.29%，丰度较高。

3) 有机质成熟度

青一段泥页岩的R_o在0.4%～1.3%，处于未熟到成熟演化阶段，R_o=0.7%时对应的深度大约在1500m，R_o=1.0%对应的深度为2000m。因此，当埋深大于2250m时，处于湿气阶段（R_o>1.3%），以生气为主。

嫩一段和嫩二段热演化程度小于1.3%，尚未进入湿气阶段，嫩一段泥页岩热演化程度主体在0.7%～0.8%，嫩二段热演化程度普遍小于0.7%。

营一段有效泥页岩分布范围内R_o主要分布在0.5%～2.0%，已进入高成熟-过成熟演化阶段，以生气为主；而梨树断陷斜坡部位、苏家屯次洼大部和双龙次洼泥页岩R_o多在0.5%～1.3%，以生油为主。

3. 页岩储层特征

1) 岩矿特征

青一段钙质含量多为1%～16.2%，长英质成分（脆性矿物）多为37%～68.3%，黏土矿物多为15.5%～7.5%。其中，粉砂质泥岩类的矿物组成如下：钙质含量一般为15%～25%，长英质成分一般为55%～70%，黏土矿物一般小于20%；泥岩类的矿物组成如下：钙质含量一般小于 10%，长英质成分一般为 50%～60%，黏土矿物一般在 15%～50%。嫩一段及青一段泥页岩脆性矿物含量均较高，都在 35% 以上，岩石可压裂改造性较好。

营一段黏土矿物含量多分布在 39.6%～65.8%，脆性矿物含量多分布在 32.1%～50.5%，平均值为 43.3%。沙二段泥页岩脆性矿物含量为 19.2%～60%，平均值为 38.6%。

2）岩石类型

青一段、嫩一段和嫩二段层段储层的岩石类型主要为灰-灰白色粉砂岩、细砂岩、中粒砂岩，灰-灰黑色粉砂质泥页岩、泥质粉砂岩，黑色泥页岩等。

沙河子组泥页岩岩石类型主要为暗色泥页岩、含炭质泥页岩、细砂岩、砂砾岩、粉砂岩、粉砂质泥页岩、泥质粉砂岩。

营一段主要岩石类型有纹层状页岩、层状硅质泥页岩、层状灰质泥页岩、层状泥页岩、块状泥页岩和碳质泥岩。

勃利盆地穆棱组泥页岩岩石类型主要为暗色泥页岩、炭质泥页岩、细砂岩、砂砾岩、粉砂岩、粉砂质泥页岩、泥质粉砂岩，夹煤线。

虎林盆地虎一段泥页岩岩石类型主要为暗色泥页岩、炭质泥页岩、细砂岩、砂砾岩、粉砂岩、粉砂质泥页岩、泥质粉砂岩，夹煤线。

3）物性特征

青一段泥页岩孔隙度为 2.84%～5.25%，平均值为 4.43%，渗透率为 0.000 136～0.805 24mD，平均值为 0.0918mD。嫩一段泥页岩孔隙度为 3.65%，泥页岩渗透率为 0.015 73mD。嫩二段泥页岩孔隙度为 3.67%～5.15%，平均值为 4.36%；泥页岩渗透率为 0.000 54～0.006 515mD，平均值为 0.003 07mD，属特低孔特低渗储层。

嫩二段孔隙度分布在 8.08%～10.91%，平均值为 9.52%，渗透率较低，平均值为 0.000 768mD；嫩一段孔隙度主要分布在 0.1%～0.5%，平均值为 0.38%，渗透率为 0.002 37～0.004 27mD。

营一段泥页岩孔隙度分布在 0.89%～5.8%，平均值为 3.52%，渗透率最高为 1.54mD，最低为 0.0141mD。

嫩一段、嫩二段泥页层间缝、微裂隙、粒间孔、粒内微孔、有机质残屑内孔等均较发育。

4. 含油气特征

青一段已有 7 口井获工业油气流，16 口井获低产油气流。例如，英 12 井在青一段日产油 3.83t/d、气 441m³/d；英 18 井在青一段日产油 1.70t/d、气 21m³/d；哈 16 井在青一段日产油 3.931t/d、气 606m³/d；古 105 井在青一段日产油 1.49t/d。

嫩二段已经有 10 口井获得了不同产量的工业油气流。其中，大庆油田"杏"字号井主要为生物成因的页岩油气。

梨树断陷苏 2 井含气-油迹显示 99.71m/32 层，其中营城组一段 3156～3161.17m 井段气测全烃 100%、甲烷 89.397%；3259～3265m 井段气测全烃 25.514%、甲烷 18.327%；3069～3074m 井段全烃 10.065%，甲烷 5.036%。除苏 2 井外，梨树断陷多口探井的泥页岩中均发现气测异常和气显活跃，显示了泥页岩油气的良好潜力。

中央构造带的 SN163 井在沙河子组的暗色泥岩段钻遇高气测异常，全烃值高达 26%，测井解释为差气层，测试获少量工业气流；SN205 井发育厚层碳质泥岩，气测全烃值最高 1%。

苏 2 井岩心现场解吸结果，石河子组、营城组含气量范围为 $0.77～4.64m^3/t$，平均为 $2.5m^3/t$。

（二）渤海湾盆地及外围

1. 含气（油）页岩分布特征

1）上古生界

本溪组在盆地内主要分布在辽河拗陷一带。太原组、山西组暗色有机质泥岩在济阳拗陷、黄骅拗陷、冀中拗陷和临清拗陷均广泛分布，各局部构造平均厚度为 20～100m。

2）中生界

中生界泥页岩研究程度相对较低，研究区内不同地区研究程度差异较大，资料较少。从中生界沉积相及岩性来看，白垩系主要以河湖相为主，泥页岩为暗色泥岩，而侏罗系主要以沼泽相的煤系地层为主。

3）古近系

新生界泥页岩为湖相暗色泥岩，孔店组、沙河街组和东营组均有泥页岩发育，但时空展布存在差异。始新世发生三次较大规模的湖平面上升，形成了最大湖泛期的孔二段、沙四段上部和沙三段、沙一段为主力的生烃层位。其中沙三段沉积时水域面积最大、泥页岩厚度大、分布范围广，是渤海湾盆地最好的生油层系；沙四段泥页岩主要分布在济阳拗陷、下辽河拗陷和临清东濮凹陷；孔二段分布较局限，主要在黄骅拗陷南部和临清拗陷。

2. 有机地化特征

1）有机质类型

中、新元古界各组段源岩有机质类型为 $I-II_1$ 型。石炭系—二叠系煤中富含有机质，有机质类型以 II_2-III 型为主，而侏罗系和石炭系源岩有机质类型落在 II_2 和 III 区域内。

沙河街组的有机质类型以 $I-II_1$ 型为主，部分断陷以 II_2-III 型为主。

2）有机碳含量及其变化

洪水庄组页岩有机碳平均为 1.41%，最高值为 6.22%。本溪组的暗色泥岩的有机碳含量为 0.1%～4.2%，各地区平均值一般不高于 1.5%，太原组暗色泥岩有机碳含量在 0.1%～5.3%，主要分布在 2.0%～2.5%，山西组暗色泥岩有机碳含量在 0.1%～4.2%，主要分布在 1.5%～2.0%。中下侏罗统碳质泥岩有机碳含量在 0.2%～42.3%，下白垩统九佛堂组有机碳含量平均为 3.0%。

孔二段泥岩有机碳含量平均为 3.10%，最高可到 9.15%；沙四上亚段泥页岩有机碳含量主体为 1.5%~6%，最高为 10.24%；沙三下亚段泥页岩有机碳含量主体为 2%~5%，最高为 16.7%；沙三中亚段泥页岩有机碳含量主体为 1.5%~3%，最高为 7.5%；沙一段泥页岩主体为 2%~7%，最高为 19.6%。

3) 有机质成熟度

石炭系—二叠系 R_o 一般在 0.6%~2.5%；中生界泥质泥页岩处于成熟-高成熟阶段；古近系沙一段、沙三中亚段、沙三下亚段、沙四上亚段和孔店组页岩的成熟度因埋深影响，变化范围较宽，一般埋深大于 4500m 时达到生气阶段。

3. 储层特征

1) 岩矿特征

石炭系—二叠系目的层矿物成分主要为石英、斜长石、菱铁矿、黄铁矿、白云石、黏土。其中石英含量高，达到 45% 以上。

济阳拗陷沾化凹陷四套泥页岩全岩矿物主要以碳酸盐为主，其次为黏土矿物，普遍含有石英和黄铁矿，碳酸盐含量均以方解石为主，其中沙四上亚段泥页岩碳酸盐含量最高、其次为沙三下亚段，沙三下亚段和沙四上亚段泥页岩方解石含量平均值在 50% 以上，沙三中亚段和沙一段泥页岩中方解石含量略低，但平均值均在 30% 以上。沙四上亚段、沙三下亚段、沙三中亚段大部分样品中均含有一定量的白云石。四套泥页岩黏土矿物含量和石英含量均低于 50%，沙三下亚段和沙四上亚段泥页岩均值均低于 20%，低于沙一段和沙三中亚段。与沾化凹陷相比，东营凹陷泥页岩矿物含量变化范围大，总体碳酸盐含量较低、陆源碎屑含量高、黏土矿物含量高，值得注意的是东营凹陷沙三中亚段黏土矿物含量相对较高，均值可达 40%。东营凹陷的沙三中亚段全岩矿物中以黏土矿物为主，均值可达 40% 以上，其他各层系黏土矿物含量均值均在 30% 以下，具有较高的脆性矿物含量。

2) 岩石类型

上古生界泥页岩岩性主要为深灰-灰黑色泥岩和碳质泥岩。古近系目的层岩石成分包括泥质、方解石、黄铁矿、炭质、砂质、白云石、磷质等，并可见薄壳介形虫片、脊椎动物等生物碎片。总体上，沙四段泥页岩岩性主要为泥岩、泥灰岩和灰岩，少部分为白云岩；沙三段主要岩性为泥岩、粉砂质泥岩、泥灰岩、灰泥岩，少量灰岩等；沙一段主要岩性为白云岩，其次为（含）灰质泥岩。

3) 储集空间

上古生界主要空间类型为有机孔隙、无机孔隙和微裂缝。古近系目的层储集空间可分为微孔和裂缝，且以微孔为主，其次为裂缝。

4) 物性特征

沙三段孔隙度分布在 3%~8%，平均值为 7.7%，渗透率分布在 0.000 888 9~

0.0442mD。东濮凹陷沙三段有机质泥页岩比表面主要为 3.23～31.77m²/g，平均达 16.32m²/g。

4. 含油气特征

古近系、上古生界含油气页岩段的气测显示均表现为高全烃、高甲烷异常，整体为箱形，局部为锯齿状，气测值与气层相近或略高，气测显示全烃含量多在 10% 以上，最高可达 100%，且在钻井过程中发生井涌和井漏现象。

现场解吸结果，辽河凹陷曙古 165 井含气量值为 1.4m³/t；雷 84 井含气量为 1.1～8.6m³/t；烃类气体中，甲烷含量占有绝大部分，为 83.5%～92.5%，另外还含有一定的 C₂、C₃ 等湿气，气体的密度较大，综合解释认为油伴生气。

（三）鄂尔多斯盆地及外围

1. 含气页岩分布特征

（1）下古生界含页岩气层段。主要发育于中奥陶统平凉组，属于海相富有机质含气页岩层。下平凉组（乌拉力克组）含气页岩层段厚度超过 20～50m。含气页岩层段主要分布于盆地西缘和西南缘的台地前缘碎屑岩斜坡相带和深水盆地相带内。

（2）上古生界含页岩气层段。鄂尔多斯盆地上古生界岩性复杂，底部以灰岩、泥岩、煤层及砂岩为主，上部以砂岩、泥岩及煤层为主，岩性互层频繁，泥岩单层厚度小，但层数多，累积厚度大。按规范要求，将本溪组泥页岩划分为 2 个泥页岩层段、太原组泥页岩划分为 2 个泥页岩层段、山西组泥页岩划分为 4 个泥页岩层段。上古生界TOC>1.0%，有效泥页岩厚度最小为 3.5m，最大为 78.3m，平均为 45.7m；其中本溪组有效泥岩最小为 3.5m，最大为 45.5m，平均为 11.8m；太原组有效泥页岩最小为 3.5m，最大为 48.4m，平均为 15.7m，山西组有效泥页岩最小为 4.4m，最大为 47.6m，平均为 20.2m。

在平面分布上，本溪组Ⅰ号泥页岩层段泥岩厚度平均为 8.6m，略大于Ⅱ号泥页岩层段（平均为 8.1m）；位于盆地斜坡带的中部及东部区域泥页岩厚度较大，一般大于 10m。太原组Ⅲ号泥页岩平均厚度为 10.4m，略小于Ⅳ号泥页岩厚度（平均为 11.2m）；泥岩厚度较大区域位于盆地西北的天环拗陷、盆地中部及盆地南部局部区域，厚度都在 10m 以上。山西组Ⅵ号泥页岩平均厚度为 23.7m，略小于Ⅶ号泥页岩厚度（平均为 26m）；泥岩厚度较大区域位于盆地中部及东部的局部地区，Ⅶ号泥页岩在天环拗陷西侧也有分布，厚度都在 10m 以上。

（3）中生界含页岩油气层段。主要发育于延长组长 9 段、长 7 段和长 4+5 段；长 9段含页岩油气层段主要分布在马家滩—盐池—吴旗—志丹—富县一带，呈北西—南东向条带状展布，有效厚度范围为 5～30m。三个厚度中心分别位于下寺湾、吴旗和姬塬，其中下寺湾区块的厚度在 20～30m，为最厚的地区。盆地长 7 段含页岩油气层段的平面分布存在两个沉积厚度中心，一个是下寺湾—富县一带，厚度在 40～70m，面积较大；

另一个为黄池—姬塬一线，厚度在 40～50m。长 4+5 段含页岩油气层段的沉积厚度中心在正宁的正 2 井—富县的中富 28 井之间，厚度大于 25m，向南至灵台，向北向东至富县，向西至西峰，其厚度逐渐减薄。

2. 页岩有机地化特征

1) 有机质类型

下古生界平凉组页岩气层段有机质类型绝大多数属于 I 型（占 73%），另外是 II$_1$ 型。上古生界含页岩气层段中，本溪组泥岩有机质主要为 II$_2$ 型及 III 型；太原组泥岩有机质主要为 I 型、II$_1$ 型及少量 II$_2$ 型、III 型；山西组泥岩有机质主要为 III 型，含少量 I 型、II$_1$ 型及 II$_2$ 型。中生界延长组含页岩油气层段中，长 4+5 段主要为 II-III 型，其中以 II 型为主；长 7 段页岩 I-III 型均存在，但以 II$_1$ 型为主；长 9 段主要为 II-III 型，以 II 型为主。

2) 有机碳含量及其变化

下平凉组有机碳含量的平面分布总体表现为北高南低的特征，北部布 1 井和天深 1 井之间的有机碳含量一般为 0.6%～1.4%，盆地西缘往南有机碳含量逐渐降低至 0.2% 以下。

上古生界泥岩实测 TOC 一般为 1%～3%，平均为 3.5%；其中山西组 TOC 平均为 3.0%，太原组平均为 4.1%，本溪组平均为 2.7%。测井计算上古生界泥岩 TOC 平均含量为 2.1%，其中山西组泥岩 TOC 最小为 0.53%，最大为 6.65%，平均为 1.96%；太原组泥岩 TOC 最小为 0.54%，最大为 14.7%，平均为 2.32%；本溪组泥岩 TOC 最小为 0.5%，最大为 9.9%，平均为 1.85%。

中生界延长组长 4+5 段 TOC 含量为 0.51%～16.73%，主要分布在 1%～1.5% 和 2.5%～3%，平均值为 2.12%；长 7 段 TOC 含量为 0.51%～22.6%，主要分布在 1%～2% 和 >7%，分别占 25% 和 10%，平均值为 3.29%；长 9 段有机碳含量为 0.391%～4.2%，主要分布在 0.5%～1%，占 43%，平均值为 1.36%。

3) 有机质成熟度

下古平凉组含气页岩 R_o 分析测试结果及平面的分布特征表明：整个盆地下古平凉组含气页岩发育区有机质成熟度总体上达到成熟-过成熟阶段；棋探 1 井至惠探 1 井、马家滩一带 R_o 达 1.9%～2.1%，在盆地西缘南段平凉地区有机质 R_o 为 1.5%～1.7%。

上古生界含页岩气层段中，本溪组含页岩气层段有机质成熟度平均为 1.52%，平面上，构造主体部位自西向东、自南向北成熟度逐渐减小，最大值位于靖边以南的区域，高达 2.0% 以上；太原组含页岩气层段有机质成熟度平均为 1.5%，总体趋势和本溪组一致，沿庆阳、华池、吴起和靖边一带有机质成熟度较高，最高达到 2.0% 以上，向四周逐渐变小；山西组含页岩气层段有机质成熟度平均为 1.46%，除庆阳、华池、吴起和靖边一带外，天环拗陷北部成熟度也较高，向东南西北四个方向逐渐减小。

中生界延长组含页岩油气层段 R_o 在 0.5%～1.3%，总体上属于一套未成熟-成熟演化阶段。长 9 段含页岩油气层段分布区内 R_o 主要分布于 0.6%～1.2%，黄 25 井—盐 16 井—耿 68 井一线达到 1% 以上。长 7 段含页岩油气层段分布区内 R_o 在 0.7%～1.2%，总体上与现今埋深不完全对应。吴旗—白豹—庆阳一线，R_o 在 0.8%～0.9%，为热演化相对低值区。长 4＋5 段含页岩油气层段分布区内 R_o 在 0.6%～0.95%，总体上从富县区块到盆地南缘逐渐减小。

3. 页岩储层特征

1）岩矿特征

下古生界平凉组含页岩气层段的脆性矿物组合（石英＋长石＋碳酸盐＋黄铁矿）共占 72%，以石英为主（占 57%）。黏土矿物以伊利石和绿泥石为主。

上古生界泥岩以黏土矿物为主，平均含量为 52.3%，石英长石次之，平均含量为 41.2%，碳酸盐岩及其他矿物占 6.5%，含有机质粉砂质泥岩、粉砂岩的石英含量高，黏土矿物明显减少。

中生界延长组含页岩油气层段的矿物成分以石英、长石（斜长石和钾长石）、碳酸盐（方解石和白云石）、黄铁矿及黏土矿物为主。石英平均含量为 27%（21%～27%），长石平均含量为 16%（14%～49%），碳酸盐平均含量为 5%（1%～6%），黄铁矿平均含量为 5%（0%～5%），黏土矿物总量平均为 47%（24%～55%）。黏土矿物为蒙皂石、伊利石、绿泥石和伊/蒙混层，以伊利石和绿泥石为主。其中，蒙皂石平均含量为 1%（1%～6%），伊利石平均含量为 25%（7%～27%），绿泥石平均含量为 13%（9%～27%），伊/蒙混层平均含量为 6%（0～7%）。纵向上长 4＋5 段的脆性矿物含量大于 70%，岩性组合为石英＋长石＋伊利石＋绿泥石；长 7 段、长 9 段脆性矿物含量大于 35%，岩性组合以石英＋长石＋伊利石＋绿泥石为主。

2）岩石类型

下古生界平凉组含页岩气层段主要发育黑色笔石页岩、深灰色笔石页岩、深灰色页岩、深灰色灰质页岩等多种类型。平凉组页岩脆性矿物含量高，有机质含量低，有机质往往以条带状平行纹层、斑点状分散不均或微裂缝充填等方式赋存于页岩中。

上古生界属于海陆过渡相沉积，岩石类型种类较多。含页岩气层段的岩石类型主要有富含有机质的暗色页岩、泥岩、粉砂质页岩、泥岩，含有机质粉砂岩，含有机质条带细砂岩，含有机质碳酸盐岩、煤层等。

中生界延长组含页岩油气层段中，长 4＋5 段层段以灰色、深灰色纹层状泥页岩、泥质粉砂岩为主；长 7 段页岩以灰黑色、黑色纹层状泥（页）岩、粉砂质泥岩为主；长 9 段页岩以深灰色、黑色粉砂质泥（页）岩为主。

3）物性特征

（1）下古生界平凉组含页岩气层段。其微观孔隙类型主要见有粒间微孔、粒内微孔、晶间微孔、片理缝和微裂缝等。以晶间微孔为主，占 64%，其次为粒间微孔，占 27%，其他孔隙类型比例较小，总共占不足 10%。各类孔隙孔径大小主要分布在 0～

$6\mu m$，以小于$4\mu m$为主，粒间微孔孔径最大，平均孔径接近$30\mu m$，其他类型孔隙平均孔径均在$1\mu m$以下。孔隙度主要分布范围为$1\%\sim3\%$，其中黑色碳质泥岩和灰黑色泥岩孔隙度一般大于2.5%，平均值为3.5%，其他岩性内孔隙度一般小于1.5%，平均值小于2%。

（2）上古生界含页岩气层段孔隙度。分析测试结果中，泥岩孔隙度小于4%的样品占70%，孔隙度为$1\%\sim4\%$的占50%以上；三个层段中，太原组泥岩孔隙度略高，平均值为4.7%，山西组泥岩平均孔隙度为4%，与本溪组相似（3.9%）；野外剖面样品孔隙度比岩心孔隙度高。测井解释结果统计，孔隙度值平均为1.9%，最小为0.5%，最大为12.1%；其中本溪组泥岩孔隙度值平均为1.6%，最小为0.5%，最大为9.9%；太原组泥岩孔隙度值平均为2.1%，最小为0.5%，最大为8.5%；山西组泥岩孔隙度值平均为1.8%，最小为0.5%，最大为12.1%。泥质粉砂岩、粉砂岩的孔隙度有明显提高，多数大于4%，部分达到10%。

（3）上古生界含页岩气层段渗透率。泥岩渗透率极低，常规化验分析结果显示，渗透率主要集中于$0.02\sim0.2$mD范围内，样品测试渗透率最小值为0.0005mD，最大值为0.12mD，平均值为0.037mD；脉冲渗透率化验分析结果在$0.0002\sim0.000\,54$mD，表明目的层段泥岩渗透性较差。所测得样品孔隙度和渗透率之间没有明显的相关性。

（4）上古生界含页岩气层段比表面积。样品分析结果显示，上古生界泥岩的比表面积平均为$7.78\text{m}^2/\text{g}$，表明上古生界泥岩均具有较强的吸附能力。

（5）上古生界含页岩气层段微孔隙。鄂尔多斯盆地上古生界泥岩微孔隙发育，主要有以下几种：①溶蚀孔，一般孔隙直径为$1\sim10\mu m$；②有机质内孔隙，直径一般为$1\sim30\mu m$左右；③黏土矿物微孔隙，径相对较小，多为$0.5\sim1\mu m$，个别可达$5\sim10\mu m$；④微裂缝，裂缝一般缝宽为$10\sim100\mu m$，多被硅质或钙质胶结。中生界延长组含气页岩层段孔隙类型以粒间微孔为主，其次是黏土矿物晶间孔。长7段以粒间微孔（约占30%）、粒内微孔（约占17%）、黏土矿物晶间溶孔（约占15%）为主。长9段以粒内微孔（约占50%）、粒间微孔（约占21%）为主。孔隙度范围在$0.1\%\sim13.14\%$，平均值为4.69%；基质渗透率范围在$3\times10^{-6}\sim1.49\times10^{-3}\mu m^2$，平均值为$1.57\times10^{-4}\mu m^2$。

4. 页岩含气（油）特征

上古生界含气页岩层段的气测录井资料常有异常高值现象，如陕265井的$3397\sim3402$m井段（本溪组）和召21井的$3123\sim3128$m（山西组）井段明显气测显示高异常值，有油气显示。

目前在麻黄山、下寺湾、富县、洛川、彬长和渭北区块长7段、长8段暗色泥（页）岩段在录井中发现页岩气显示，证明了陆相低成熟泥（页）岩的页岩气的存在。泾河4井位于中国石化探区彬县—长武区块东南缘，该井$1447.5\sim1463$m钻至长7段油页岩，气测全烃相对异常，达到$15\%\sim20\%$，试气累获天然气1040m^3。中富53井位于中国石化探区富县区块东北角，该井$740\sim763$m钻至长7段油页岩，气测全烃异常达到$60\%\sim$

70%，压裂后累计抽汲排液为130.66m³，获焰高10cm可燃气体。柳评177井为延长石油下寺湾地区完钻的一口中生界石油兼探页岩气井，井深为1953m，长7段油页岩气测显示好压裂获日产气量2000m³。下寺湾的新57井也获得日天然气产量2000m³以上。另外，延长石油柳评123井、柳评176井、柳评177井、柳评179井、柳评180井、新57井、新59井等在长7段、长9段分别钻遇页岩厚度20～60m，且均见到较好的气测显示。

（四）南华北盆地

1. 含气（油）页岩分布特征

根据综合分析，能够作为页岩气层系的有太原组暗色泥页岩、山西组暗色泥页岩、下石盒子组暗色泥页岩、上石盒子组暗色泥页岩四套，可划分为八个含气页岩层段，分别是太原段、山西段、下一段、下二段、下三段、上一段、上二段、上三段。

太原段：在太康隆起、鹿邑凹陷和谭庄-沈丘凹陷区域内以周参7井为厚度中心向两边剥蚀区减薄；在淮北地区，夏邑和永城地区厚度较大，濉溪和宿州附近厚度较小；在谭庄-沈丘凹陷和襄城凹陷分别以周参16井和襄5井为厚度中心向剥蚀区减薄；在板桥盆地、汝南-东岳凹陷和淮南地区仅有零星分布。

山西段：暗色泥页岩段主要分布在襄城凹陷、鹿邑凹陷、太康隆起、倪丘集凹陷和谭庄-沈丘凹陷，其他凹陷分布较少。主要的厚度中心分布在太康隆起—鹿邑凹陷—洛阳盆地和襄城凹陷，并以此向剥蚀区减薄，其他地区厚度大多在30m左右，厚度中心主要集中在研究区北部。

下一段：暗色泥页岩以鹿邑凹陷的周参13井最厚，太康隆起、谭庄-沈丘凹陷、鹿邑凹陷和倪丘集凹陷及淮北的夏邑、永城和濉溪地区的厚度都在20～30m，襄城凹陷、板桥凹陷和淮南也有零星分布，厚度在10m左右。研究区内的厚度中心主要位于鹿邑凹陷，其次为太康隆起、谭庄-沈丘凹陷、倪丘集凹陷及淮北的部分地区。

下二段：含气页岩厚度中心主要分布在太康隆起、鹿邑凹陷、谭庄-沈丘凹陷东部、倪丘集凹陷和襄城凹陷，研究区内的厚度中心位于鹿邑凹陷，其次为太康隆起、谭庄-沈丘凹陷、倪丘集凹陷及淮北的部分地区。

下三段：含气页岩的厚度中心主要位于鹿邑凹陷，其次为太康隆起、谭庄-沈丘凹陷、倪丘集凹陷及淮北的部分地区。

上一段：暗色泥页岩主要分布在太康隆起、鹿邑凹陷、谭庄-沈丘凹陷、倪丘集凹陷、襄城凹陷、洛阳盆地和板桥盆地，以鹿邑凹陷为厚度中心，其次为太康隆起、倪丘集凹陷、谭庄-沈丘凹陷的东部和淮北部分地区。此外，在洛阳盆地、板桥盆地和谭庄-沈丘凹陷的西部也有少量分布。

上二段：主要分布在鹿邑凹陷、太康隆起、襄城凹陷、谭庄-沈丘凹陷、倪丘集凹陷及淮北的夏邑、永城和宿州附近，以鹿邑凹陷最厚。

2. 页岩有机地化特征

1) 有机质类型

上古生界煤系泥页岩有机质显微组分与煤相比明显不同，多数样品富含壳质组＋腐泥组（一般大于40％），一般为Ⅱ-Ⅲ型干酪根，以Ⅲ型为主，部分Ⅱ$_2$型。

2) 有机碳含量及其变化

有机碳含量平均为0.52％～3.21％，纵向上，由上向下有机质丰度升高；平面上，周口坳陷、洛阳—伊川地区相对较高，向东北、西南方向有所降低，向东南方向有所升高。有效泥页岩（TOC＞1.5％）主要分布于二叠系太原组、山西组和下石盒子组，有机质丰度中等-高，有机碳含量平均为1.75％～3.93％。

平面上，太原组暗色泥页岩厚度为22～63m，一般为30～40m。其中，中牟—太康—鹿邑地区厚度最大，达50m以上，中等-好泥页岩厚度为2～51m，一般为10～30m，炭质泥岩有机碳含量在9.0％～12.0％，暗色泥岩有机碳含量在0.02％～5.70％，平均在0.88％～3.76％，有效泥页岩有机碳含量平均为2.05％～4.59％，鹿邑、洛阳、伊川地区相对较高，呈环带状向四周降低。中等-好的泥页岩占暗色泥岩的49％，差—非泥页岩占暗色泥岩的51％。

山西组暗色泥页岩厚度为41.5～74.5m，一般为30～40m，太康—鹿邑—倪丘集地区厚度最大，达60m以上；暗色泥岩有机碳含量0.04％～5.79％，平均为0.76％～3.33％；中等-好泥页岩厚度为1.5～74.5m，一般为15～30m，鹿邑、太康地区厚度相对较大，有机碳含量平均为1.76％～5.09％，鹿邑、倪丘集、洛阳、伊川地区相对较高，呈环带状向四周降低。

下石盒子组煤系暗色泥岩厚度为74.5～233.5m，一般为130～200m；太康东部—倪丘集地区厚度最大，一般为150～200m，有机碳含量为0.01％～5.7％，平均为0.22％～2.27％；中等-好的泥页岩厚度为10～120m，一般为30～100m，样品占暗色泥岩的21％，差-非泥页岩占暗色泥岩的79％。

上石盒子组在太康东部、倪丘集—古城、襄城、谭庄—沈丘、汝南、淮南等地遭受不同程度的剥蚀，暗色泥页岩厚度为29～257m，平均厚度大于150m；其中，太康东部—倪丘集地区厚度最大，平均厚度大于170m。中等-好泥页岩厚度为0～65m，主要介于10～60m，鹿邑、太康地区暗色泥岩厚度相对较大，襄城、谭庄、倪丘集凹陷厚度相对较小，中等以上泥页岩主要分布于鹿邑凹陷，太康地区东部几乎无有效泥页岩。

3) 有机质成熟度

平面上，南华北地区上古生界煤系泥页岩镜质体反射率展布总体上呈"北高南低、西高东低"之势，现今北部山西组异常演化区煤R_o一般大于3.50％，可达5.0％以上，处于过成熟阶段，南部R_o为0.7％～1.2％，处于成熟阶段，东部R_o最低，一般为0.50％～1.0％，处于未成熟-成熟阶段，孢粉颜色呈浅棕色-黑色，热变指数在3.3～5.0，煤系泥页岩有机质总体处于低成熟-过成熟阶段。

3. 页岩储层特征

1）岩矿特征

太原段泥岩石英的平均含量为33.84％，黏土矿物平均含量为54.83％。山西段泥岩石英的平均含量为40.62％，黏土矿物平均含量为56.13％。下一段泥岩石英的平均含量为41.66％，黏土矿物平均含量为52.35％。下二段泥岩石英的平均含量为38.52％，黏土矿物平均含量为56.31％。下三段泥岩石英的平均含量为35.3％，黏土矿物平均含量为60.47％。上一段泥岩石英的平均含量为45.5％，黏土矿物平均含量为52.01％。上二段泥岩石英的平均含量为42.8％，黏土矿物平均含量为52.86％。上三段泥岩石英的平均含量为45.78％，黏土矿物平均含量为49.71％。

2）岩石类型

二叠系泥页岩的岩石类型主要有：泥岩、砂质泥页岩、炭质泥岩、含粉砂质炭质泥岩、炭质泥质粉砂岩、泥质粉砂。

3）物性特征

孔隙度概率值分别是：$P_5=9.3$，$P_{25}=7.5$，$P_{50}=5.7$，$P_{75}=4.2$，$P_{95}=3.9$。

页岩气藏的储集空间包括宏观的微孔隙、微裂缝和微观上的纳米级孔隙。纳米孔隙主要包括有机质生烃过程形成的孔隙、有机质生烃超压形成的微裂缝、矿物颗间孔、溶蚀孔等，其中有机质生烃过程形成的纳米孔隙在页岩气的储集中起主要作用。

基质孔隙分为残余原生孔隙、有机质生烃形成的微孔隙、黏土矿物伊利石化形成的微裂（孔）隙和不稳定矿物（如长石、方解石）溶蚀形成的溶蚀孔等。泥页岩内部普遍发育有伊利石化体积缩小的微裂（孔）隙、次生溶蚀微孔隙及微裂缝，为页岩气的储集空间奠定了一定的物质基础。其中次生溶蚀微孔隙最大可达$60\mu m$，且多呈蜂窝状或与相邻孔隙组合形成孔隙群，大大提高了储气能力。

4. 页岩含油气特征

周口盆地倪丘集凹陷大王庄构造钻探南12井，于古近系底部试获少量源自石炭系—二叠系的低产油流。

（五）南襄盆地

南襄盆地核桃园组为主要含油气页岩层系，该层系纵向上页岩单井累计厚度大，泌270井最高达620m，泌159井最高达601m；且单层净厚度大，分布范围广，其中泌阳凹陷页岩气主要分布在核三段Ⅴ砂组到核三段Ⅷ砂组，可进一步划分出6个含油气页岩层段。南阳凹陷泥页岩主要发育段为核三段及核二段，可进一步划分出4个含油气页岩层段。含油气页岩层段主要分布在泌阳凹陷和南阳凹陷的沉积中心及周边。

1. 页岩有机地化特征

1）有机质类型

泌阳凹陷核三段为泌阳凹陷的主力泥页岩，主要为褐色、褐灰色、黑色页岩和灰色泥岩。核二段为泌阳凹陷的次要泥页岩，由于其埋藏深度较浅，只有在中部深凹带等区域才进入生油窗。泥页岩的干酪根类型以 II_1 型为主，II_2 型次之，少量为 III 型和 I 型。

南阳凹陷南阳凹陷干酪根类型以混合型为主，大部分样品有机质属于 II_1 型和 II_2 型，个别样品为 I 型和 III 型。

2）有机碳含量及其变化

整个泌阳凹陷核三上页岩 TOC 分析值中核三段 I、核三段 III、核三段 IV 砂组有机碳含量最高，深凹区有机碳含量在 1%～10%，以核三段 III～IV 砂组丰度较高，从 IV 砂组以下，随深度不断增加而降低，核三段 IV～VIII 砂组泥岩有机碳含量主要分布在 0.5%～2.0%，其中 VI、VII 及 VIII 砂组的有机碳含量处于中等，但考虑核三下段成熟度相对较高，经热演化恢复后有机质丰度是较好-好的。

南阳凹陷核桃园组有机碳含量分布范围在 0.10%～3.62%，平均值为 0.62%，TOC 最高的层段是 $H_3 I$ 和 $H_2 III$。

3）有机质成熟度

泌阳凹陷深凹区核三段底部有机质热演化程度 R_o 为 0.8%～1.7%，核三上段底部为 R_o 为 0.6%～1.1%，热演化处于成熟-高成熟阶段。

南阳凹陷泥页岩演化程度小于 1.0%，东部地区核三段 II 砂组成熟度最高达到了 1.4%，达到了高熟阶段。

2. 页岩储层特征

1）岩矿特征

泌阳凹陷深凹区泌 365 井 2734.3m 页岩，石英、碳酸岩、长石等脆性矿物含量为 69.4%；泌 354 井 2563～2570m 页岩，石英和碳酸岩含量为 69.9%，泌页 HF1 井 2415～2451m 页岩段脆性矿物总量达 66%。

南阳凹陷 1 号页岩层平均脆性矿物含量相对较高为 63.88%，2 号页岩层脆性矿物含量为 52.93%，3 号和 4 号页岩层相对脆性矿物含量低于 1 号、2 号页岩层，平均约为 50%。

2）岩石类型

岩石类型主要有泥质粉砂岩、粉砂质页岩、隐晶灰质页岩、重结晶灰质页岩及白云质页岩。

3）物性特征

泌页 HF1 井氩离子抛光扫描电镜分析，页岩孔隙一般在 30～1700nm，平均为 500nm，属于小型孔隙。

安深 1 井 2488～2498m 井段平均孔隙度为 4.83%，平均渗透率为 0.000 36mD，表明该井页岩储层物性较好。

3. 页岩含气（油）特征

泌阳凹陷安深 1 井、泌页 HF1 井共两口页岩油气探井获得工业油流；老井复查表明泌阳凹陷深凹区泌 100 井、泌 159 井、泌 196 井、泌 204 井、泌 270 井、泌 289 井、泌

354井、泌355井、泌365井等多口井从核二段、核三上、核三下泥页岩均见到显示，全烃值范围为0.094%～10.833%，显示段泥页岩厚度范围为10～140m。

南阳凹陷红12井、红14井、红15井在泥页岩钻井过程中槽面有油花、气泡显示，红12井在2329.4～2340.0m井段（岩性为深灰色泥岩，全烃0.035↑4.40%，组分齐全，槽面见大量油花、气）测试日产油2.58t。

（六）沁水盆地及外围

1. 含气页岩分布特征

1）沁水盆地

按规范规定，将沁水盆地下石盒子组泥岩自上而下分为下石盒子组一段泥岩（简称下一段泥岩，地层符号为P_1x^1）、下石盒子组二段泥岩（简称下二段泥岩，地层符号为P_1x^2）；将山西组泥岩自上而下分为山西组一段泥岩（简称山一段泥岩，地层符号为P_2s^1）、山西组二段泥岩（简称山二段泥岩，地层符号为P_2s^2）；将太原组泥岩自上而下分为太原组一段泥岩（简称太一段泥岩，地层符号为C_3t^1）、太原组二段泥岩（简称太二段泥岩，地层符号为C_3t^2）、太原组三段泥岩（简称太三段泥岩，地层符号为C_3t^3）：

太一段泥岩厚度最大可达35.7m，自北向南从阳泉地区至端氏地区均有分布。其中在寿阳地区厚度最大，在23m左右，岩性以页岩为主，纵向连续性良好，仅含有少量薄层砂岩夹层。

山二段泥岩发育一套厚度在8～31m厚的泥页岩层段，在盆地中西部附近厚度最大，最大厚度可达31m。盆地北部寿阳—阳泉地区岩性以泥页岩为主，中上部夹有砂岩薄层，平均厚度为17m，向南延展至盆地南部长治地区。

山一段泥岩同样发育一套泥页岩层段，全盆地共出现两个厚度高值区，分别为沁县—沁源一带及沁源—长子一带，以其为中心向盆地的边缘逐渐减少，最大厚度位于盆地中部的沁源-长子地区，泥页岩厚度的最大值为35.5m，平均厚度约27m。

下二段泥岩在盆地东南部长子地区发育较好，最大厚度出现在长子区域附近，最大厚度可达23m。柿庄北地区SX-306井也显示该层段较为发育，向西南方向逐渐变薄。

太一段泥岩北部寿阳—松塔一带，泥岩厚度在15～35.7m，平均为25.35m，从寿阳往和顺方向泥岩厚度逐渐减少；长治区域一带泥岩厚度在19～25m，平均值为22m。埋深方面，盆地埋深在300～1851.58m，平均值为1000m左右，埋深最大值在沁源—襄垣一带，最大埋深值为1851.58m，由此为中心向盆地边缘逐渐减少。

山一段泥岩有效泥岩厚度范围为6～33.5m，平均值是19.5m。盆地存在两个厚度高值区域，分别是沁县区域和沁源—长子区域，以两个高值区域为中心向盆地的边缘逐渐减少。沁水盆地山一段埋深范围为205.74～1815m，平均值为1100m左右。其中，埋深的最大值在沁源—襄垣一带，以此为中心埋深值向盆地的边缘逐渐减少。

山二段泥岩有效泥岩厚度范围是6.1～31m，平均值为18.5m。最大厚度值出现在沁源区域附近（老1井），最大厚度值为31m。盆地整体厚度由西向东逐渐减少。沁水盆地山二段埋深范围为362.94～1834.75m，平均值为1098m。盆地最大埋深位于沁源—襄垣一带（WY-001井），最大埋深值可达1834.75m，以此为中心向盆地边缘逐渐减少。

下二段泥岩有效厚度为6～23m，最大厚度值出现在长子—高平区域一带，最大值为23m。有效泥岩厚度从西北向东南方向逐渐增大。埋深方面，下二段泥岩有效埋深为221～1777.18m，最大埋深值为1777.18m，位于沁源—长子区域一带（WY-001井），以此为中心，向盆地的边缘逐渐减少。

2）大同-宁武盆地

大同盆地太原组底部太一段泥岩厚度在盆地中部地区相对连续但稳定性不高，太一段泥岩有效最大厚度出现在鸦儿崖西南部E17钻孔32m，最小厚度出现在鸦儿崖附近Bai8钻孔6m。整体来看，元堡子镇和马道头所处范围内泥岩发育较厚。太一段泥岩埋深在0～700m，平均值为307m，在盆地东北部较大，在400m以上，泥岩埋深由东北向西南方向逐渐变浅。

在宁武盆地太一段泥岩的有效总厚度在3.7～18.14m，6号钻井附近、2517号钻井附近和276号钻井附近，最高值为6号钻井，有效泥岩厚度可达18.14m。宁武盆地太一段泥岩的埋深在112.32～1118.92m，最大埋深位于静乐县附近，以此为中心向两周逐渐减少。且宁武盆地宁武县凤凰镇以北区域，埋深值较小，向北从700m逐渐减小到100m。

2. 有机地化特征

1）有机质类型

太原组泥岩有机质类型以腐殖型为主，少数地区具有腐泥腐殖型。

2）沁水盆地有机质含量及其变化

下石盒子组下二段泥岩TOC在0.036%～50.73%，全部样品平均值为2.37%。TOC>1.5%的样品数量占全部样品数的33.9%。

山西组山一段泥岩TOC在0.045%～36.94%，全部样品平均值为3.63%。TOC>1.5%的样品数量占全部样品数的51.5%。

山西组山二段泥岩TOC在0.02%～31.05%，全部样品平均值为3.49%。TOC>1.5%的样品数量占全部样品数的67.2%。

太原组太一段泥岩TOC在0.04%～52.84%，全部样品平均值为3.76%。TOC>1.5%的样品数量占全部样品数的64.9%。

沁水盆地东北部寿阳—阳泉一带为太一段泥岩TOC高值区，最大值可达2.9%，由此向西TOC逐渐减小。盆地中部由榆社地区向南逐渐增大，在沁县出现第二个TOC高值区，最大可达4.0%。盆地南部TOC最高3.1%，以沁源—端氏—长子三角地带为最好。

山二段泥岩TOC略高于太原组，在平面上北部优于南部，整体上由北向南逐渐减小。北部TOC最大值可达4.2%，寿阳—松塔一带以北整体TOC在2.5%以上。盆地南部端氏地区TOC也较高，整体可达2.5%以上。

山一段泥岩 TOC 变化趋势基本类同于山二段泥岩，数值略低。盆地北部最大可达 4.8%，向南逐渐降低。在盆地中西部沁源地区数值较大，整体在 1.5% 以上，盆地南部的端氏—晋城一带也为数值高区，整体在 2.5% 以上。

下二段泥岩 TOC 含量南部整体优于北部，南部最高可达 1.4%，TOC>1.5% 地区主要分布在盆地南部端氏镇以南和盆地北部松塔县以北。中部 TOC 较低，多在 0.5%~1.0%。

3）大同宁武盆地及焦作矿区

大同盆地 TOC 最大值为 26.67%，最小值为 0.78%，平均值为 6.57%。大同盆地太一段泥岩共进行 8 项测试，TOC 在 0.78%~3.75%，全部样品平均值为 2.26%。TOC>1.5% 的样品数量占全部样品数的 75%。

宁武盆地太一段泥岩 TOC 在 0.079%~12.935%，全部样品平均值为 2.2%。TOC>1.5% 的样品数量占全部样品数的 45.2%。

另外，焦作矿区山西组 TOC 最大值来自朱村矿山西组泥岩（14.5%），最小值来自 JZ-04-01 井山西组泥岩（0.10%），所有样品 TOC 均值为 2.49%。

4）有机质成熟度

整体来看，研究区有机质成熟度较高，平均在 2%~3%，最大达到 3.0% 以上，属于成熟-过成熟阶段。

3. 页岩气储层特征

1）岩矿特征

沁水盆地、大同宁武盆地含气页岩层段的脆性矿物含量最高可达 89%，多集中在 35%~55%。其中太原组太一段泥岩脆性矿物含量在 20%~89%，平均值为 39.44%。山西组山二段泥岩脆性矿物含量在 19.3%~52%，平均值 33.35%。山西组山一段泥岩脆性矿物含量在 33.3%~49%，平均值为 40.74%。下石盒子组下二段泥岩脆性矿物含量在 4.7%~87%，平均值为 45.68%。

2）岩石类型

研究区石炭系—二叠系泥页岩均不同程度含砂质组分，大部分为粉砂质泥页岩。另外，由于研究区是典型含煤盆地，碳质泥岩、炭质页岩分布较为普遍。

3）物性特征

研究区泥页岩中微裂缝较发育，通过扫描电镜已经识别出的微裂缝类型有：构造缝、层间缝、粒间孔、溶蚀孔。

沁水盆地含气页岩层段的孔隙度值为 0.35%~13.45%，平均值为 4.15%，其中，下石盒子组孔隙度值为 0.65%~13.45%，平均值 3.21%；山西组孔隙度值为 0.73%~13.26%，平均值可达 4.08%；太原组孔隙度值为 0.35%~9.69%，平均值为 4.7%，通过对比可知，沁水盆地纵向上，从下石盒子组—太原组，孔隙度逐渐增加。

渗透率方面，沁水盆地整体渗透率小于 0.1mD，在所测试的 34 个样品中，仅有 7

个样品渗透值大于 0.1mD，渗透率值为 0.000 21～2.161 201mD，平均值为 0.0194mD；其中，下石盒子组渗透率值为 0.000 26～2.145 650mD，平均值为 0.015mD，山西组渗透率值为 0.000 28～2.161 201mD，平均值为 0.036mD，太原组渗透值为 0.000 21～0.889 143mD，平均值为 0.0072mD，通过层段渗透率对比，山西组泥页岩的渗透率最高，太原组泥页岩的最低，下石盒子组介于两者之间。

4. 页岩含气（油）特征

1）钻井气测异常

中联公司柿庄北 SX-306 井共解释 48 层 115.40m，其中煤层 14 层 21.50m、三类裂缝层 25 层 63.20m、干层 7 层 24.90m、水层 2 层 5.80m。在下石盒子组、山西组和太原组各选一段进行叙述。

下石盒子组，测遇井段为 946.00～1041.00m，测厚 95.00m。该段地层岩性为砂岩、泥质砂岩、煤、炭质泥岩和泥岩。该井段气测异常 12 层 5.91m，测井综合解释 14 层 23.3m，其中三类裂缝层 8 层 17.4m，煤层 4 层 2.6m，干层 2 层 3.3m。

山西组下部山二段 28 号层：1074.10～1075.30m，为三类裂缝层。岩性为泥岩。气测录井在 1073.75～1074.0m，获全烃：3.5364↑8.2095%，C1：3.1168↑6.6220%。

太原组上部太一段 30 号层：1097.40～1100.90m 泥岩，井径扩径，气测录井在 1098.75～1099.75m，获全烃：1.6344↑9.0735%，C1：1.0698↑7.1434%。

2）现场解吸

沁水盆地 93 件样品含气量解析测试结果，含气量最大值为 12.11m^3/t，最小值为 0.44m^3/t，平均值为 1.77m^3/t。

二、页岩气有利区优选

在对华北及东北区不同盆地泥页岩的地质特征、地球化学特征、储层特征等进行综合分析基础上，依据有利区优选标准进行优选，共选出有利区 95 个（表 5-5），累计面积为 164 294.1km^2。其中鄂尔多斯盆地及外围地区共有 44 个，累计面积为 63 536.9km^2；松辽盆地及外围地区共有 12 个，累计面积为 32 316.57km^2；沁水盆地及外围地区有 11 个，累计面积为 10 157.08km^2；南华北盆地和南襄盆地共有 12 个，累计面积为 47 843.66km^2；渤海湾盆地及外围有 16 个，累计面积为 10 439.881km^2。

表 5-5　华北及东北区页岩气发育有利区分布表

层系		大区	个数	面积/km^2
新生界	古近系	渤海湾盆地及外围地区	4	1 243
中生界	白垩系	松辽盆地及外围地区	12	32 316.57
	三叠系	鄂尔多斯盆地及外围地区	2	31 432.65
		渤海湾盆地及外围地区	2	647.59

续表

层系		大区	个数	面积/km²
上古生界	二叠系	渤海湾盆地及外围地区	6	6 194
		沁水盆地及外围地区	7	7 424.8
		鄂尔多斯盆地及外围地区	10	12 522
		渤海湾盆地及外围地区	1	380
		南华北盆地及南襄盆地	10	33 352.29
	石炭系	沁水盆地及外围地区	4	2 732.28
		鄂尔多斯盆地及外围地区	32	19 582.25
		渤海湾盆地及外围地区	1	450
		南华北盆地及南襄盆地	2	14 491.37
下古生界	奥陶系	渤海湾盆地及外围地区	1	640.291
元古界	蓟县系	渤海湾盆地及外围地区	1	885
合计			95	164 294.1

层系上从元古界到新生界均有有利区的分布，其中石炭系发育的页岩气有利区最多，共计 39 个，累计面积为 37 255.9km²；其次为二叠系 34 个，累计面积为 59 873.09km²；白垩系有利区 12 个，累计面积为 32 316.57km²；蓟县系、奥陶系、三叠系和古近系有利区分别是 1~5 个不等，累计面积分别为 885km²、640.291km²、32 080.24km²、1243km²。

三、页岩气资源评价

华北及东北区页岩气有利区地质资源为 $13.76 \times 10^{12} \mathrm{m}^3$，可采资源为 $3.53 \times 10^{12} \mathrm{m}^3$。其中，鄂尔多斯盆地及外围地区有利区地质资源为 $2.42 \times 10^{12} \mathrm{m}^3$，占该区总量的 17.59%，可采资源为 $0.574 \times 10^{12} \mathrm{m}^3$，占该区总量的 16.26%；松辽盆地及外围地区有利区地质资源为 $5.68 \times 10^{12} \mathrm{m}^3$，占该区总量的 41.27%，可采资源为 $1.59 \times 10^{12} \mathrm{m}^3$，占该区总量的 45.02%；渤海湾盆地及外围地区有利区地质资源为 $1.98 \times 10^{12} \mathrm{m}^3$，占该区总量的 14.42%，可采资源为 $0.512 \times 10^{12} \mathrm{m}^3$，占该区总量的 14.49%；南华北盆地及南襄盆地有利区地质资源为 $2.29 \times 10^{12} \mathrm{m}^3$，占该区总量的 16.66%，可采资源为 $0.579 \times 10^{12} \mathrm{m}^3$，占该区总量的 16.39%；沁水盆地及外围地区有利区地质资源为 $1.38 \times 10^{12} \mathrm{m}^3$，占该区总量的 10.06%，可采资源为 $0.277 \times 10^{12} \mathrm{m}^3$，占该区总量的 7.84%（表 5-6）。

表 5-6 华北及东北区页岩气资源评价结果表 （单位：$10^{12} \mathrm{m}^3$）

评价单元	资源潜力	概率分布				
		P_5	P_{25}	P_{50}	P_{75}	P_{95}
鄂尔多斯盆地及外围地区	地质资源	3.94	3.04	2.42	1.74	1.34
	可采资源	0.938	0.724	0.574	0.414	0.320
松辽盆地及其外围地区	地质资源	7.34	6.31	5.68	5.07	4.30
	可采资源	2.054	1.766	1.590	1.419	1.203

续表

评价单元	资源潜力	概率分布				
		P_5	P_{25}	P_{50}	P_{75}	P_{95}
渤海湾盆地及外围地区	地质资源	2.93	2.37	1.98	1.67	1.32
	可采资源	0.754	0.610	0.512	0.431	0.341
南襄盆地及南华北地区	地质资源	3.23	2.58	2.29	2.15	2.03
	可采资源	0.816	0.651	0.579	0.543	0.512
沁水盆地及其外围地区	地质资源	1.60	1.50	1.38	1.28	1.19
	可采资源	0.320	0.300	0.277	0.257	0.237
合计	地质资源	19.04	15.80	13.76	11.91	10.17
	可采资源	4.88	4.05	3.53	3.06	2.61

(一)资源潜力层系分布

华北及东北区页岩气资源主要分布在元古生界的蓟县系、下古生界的奥陶系、上古生界泥盆系、石炭系、二叠系，中生界的三叠系、白垩系和新生界的古近系。其中，元古界地质资源量为 $0.13 \times 10^{12} \mathrm{m}^3$，占总量的 0.95%，可采资源为 $0.033 \times 10^{12} \mathrm{m}^3$，占总量的 0.92%；下古生界地质资源为 $0.14 \times 10^{12} \mathrm{m}^3$，占总量的 1.04%，可采资源为 $0.029 \times 10^{12} \mathrm{m}^3$，占总量的 0.81%；上古生界地质资源为 $6.96 \times 10^{12} \mathrm{m}^3$，占总量的 50.55%，可采资源为 $1.645 \times 10^{12} \mathrm{m}^3$，占总量的 46.57%；中生界地质资源为 $5.81 \times 10^{12} \mathrm{m}^3$，占总量的 42.22%，可采资源为 $1.624 \times 10^{12} \mathrm{m}^3$，占总量的 45.98%；新生界地质资源为 $0.72 \times 10^{12} \mathrm{m}^3$，占总量的 5.24%，可采资源为 $0.202 \times 10^{12} \mathrm{m}^3$，占总量的 5.72%（表5-7）。

表 5-7 华北及东北区页岩气资源层系分布表 （单位：$10^{12} \mathrm{m}^3$）

层系		资源潜力	概率分布				
			P_5	P_{25}	P_{50}	P_{75}	P_{95}
新生界	古近系	地质资源	0.94	0.82	0.72	0.64	0.54
		可采资源	0.264	0.230	0.202	0.180	0.150
中生界	白垩系	地质资源	7.34	6.31	5.68	5.07	4.30
		可采资源	2.054	1.766	1.590	1.419	1.203
	三叠系	地质资源	0.24	0.17	0.13	0.08	0.07
		可采资源	0.061	0.044	0.034	0.020	0.018
上古生界	二叠系	地质资源	7.89	6.37	5.47	4.86	4.34
		可采资源	1.900	1.525	1.305	1.157	1.032
	石炭系	地质资源	2.26	1.83	1.49	1.06	0.79
		可采资源	0.520	0.420	0.340	0.243	0.180
下古生界	奥陶系	地质资源	0.20	0.15	0.14	0.08	0.04
		可采资源	0.040	0.030	0.029	0.017	0.008
元古界	蓟县系	地质资源	0.17	0.15	0.13	0.12	0.10
		可采资源	0.042	0.036	0.033	0.029	0.024
合计		地质资源	19.04	15.80	13.76	11.91	10.17
		可采资源	4.88	4.05	3.53	3.06	2.61

（二）资源潜力埋深分布

华北及东北区埋深在 500～1500m 的页岩气有利区地质资源为 $4.78\times10^{12}\,m^3$，占该区有利区总量的 34.72%，可采资源为 $1.168\times10^{12}\,m^3$，占该区可采资源的 33.06%；埋深在 1500～3000m 的页岩气地质资源为 $6.81\times10^{12}\,m^3$，占该区总资源的 49.53%，可采资源为 $1.800\times10^{12}\,m^3$，占该区可采资源的 50.98%；埋深在 3000～4500m 的页岩气地质资源为 $2.17\times10^{12}\,m^3$，占该区总量的 15.75%，可采资源为 $0.564\times10^{12}\,m^3$，占该区可采资源的 15.96%（表 5-8）。

表 5-8　华北及东北区页岩气资源深度分布　　　　（单位：$10^{12}\,m^3$）

埋深/m	资源潜力	概率分布				
		P_5	P_{25}	P_{50}	P_{75}	P_{95}
<1500	地质资源	6.06	5.25	4.78	4.33	3.92
	可采资源	1.486	1.284	1.168	1.062	0.964
1500～3000	地质资源	9.48	7.85	6.81	5.88	4.98
	可采资源	2.490	2.068	1.800	1.552	1.318
3000～4500	地质资源	3.50	2.70	2.17	1.70	1.27
	可采资源	0.905	0.699	0.564	0.450	0.332
合计	地质资源	19.04	15.80	13.76	11.91	10.17
	可采资源	4.88	4.05	3.53	3.06	2.61

四、页岩油有利区优选

在对华北及东北区不同盆地泥页岩的地质特征、地球化学特征、储层特征等进行综合分析的基础上，依据有利区优选标准对华北及东北区页岩油有利区进行优选，共选出有利区 29 个，累计面积为 130 604.02km²（表 5-9）。其中渤海湾盆地及外围地区 13 个，累计面积为 17 480.817km²，占总累计面积的 13.38%；南华北盆地及南襄盆地有 3 个，累计面积为 308km²，占总累计面积的 0.24%；松辽盆地及外围地区有 10 个，累计面积为 90 001.15km²，占总累计面积的 68.91%；鄂尔多斯盆地及外围地区 3 个，累计面积为 22 814.05km²，占总累计面积的 17.47%。

表 5-9　华北及东北区页岩油发育有利区分布表

层系		大区	个数	面积/km²
新生界	古近系	松辽盆地及外围地区	1	202.26
		渤海湾盆地及外围地区	13	17 480.82
		南华北盆地及南襄盆地	3	308.00
		松辽盆地及外围地区	3	28 553.90
中生界	白垩纪	松辽盆地及外围地区	6	61 244.99
	三叠系	鄂尔多斯盆地及外围地区	3	22 814.05
合计			29	130 604.02

层系上有利区主要分布在中生界、新生界，其中古近系 20 个，累计面积为

46 544.98km²，占总累计面积的 35.64%；白垩系 6 个，累计面积为 61 244.99km²，占总累计面积的 46.89%，三叠系 3 个，累计面积为 22 814.05km²，占总累计面积的 17.47%。

五、页岩油资源评价

华北及东北区页岩油有利区地质资源为 274.68×10⁸t，可采资源为 24.17×10⁸t。其中，鄂尔多斯盆地及外围地区有利区地质资源为 26.46×10⁸t，占该区总量的 9.63%，可采资源为 2.33×10⁸t；松辽盆地及外围地区有利区地质资源为 131.93×10⁸t，占该区总量的 48.03%，可采资源为 11.61×10⁸t；渤海湾盆地及外围地区有利区地质资源为 113.69×10⁸t，占该区总量的 41.39%，可采资源为 10.00×10⁸t；南华北地区及南襄盆地有利区地质资源为 2.61×10⁸t，占该区总量的 0.95%，可采资源为 0.23×10⁸t（表 5-10）。

表 5-10　华北及东北区页岩油资源评价结果表　　　　（单位：10⁸t）

评价单元	资源潜力	概率分布				
		P_5	P_{25}	P_{50}	P_{75}	P_{95}
鄂尔多斯盆地及外围地区	地质资源	25.89	42.31	26.46	20.32	18.90
	可采资源	2.28	3.72	2.33	1.79	1.66
松辽盆地及其外围地区	地质资源	250.09	180.61	131.93	91.89	48.65
	可采资源	22.01	15.89	11.61	8.09	4.28
渤海湾盆地及外围地区	地质资源	288.60	177.60	113.69	79.00	55.11
	可采资源	25.40	15.63	10.00	6.95	4.85
南华北地区及南襄盆地	地质资源	2.82	2.69	2.61	2.52	2.41
	可采资源	0.25	0.24	0.23	0.22	0.21
合计	地质资源	567.39	403.22	274.68	193.73	125.07
	可采资源	49.93	35.48	24.17	17.05	11.01

（一）资源潜力层系分布

华北及东北区页岩油有利区资源主要分布在中生界的三叠系、白垩系和新生界的古近系。其中，三叠系有利区页岩油地质资源为 26.46×10⁸t，占总量的 9.63%，可采资源为 2.33×10⁸t；白垩系地质资源为 131.57×10⁸t，占总量的 47.90%，可采资源为 11.58×10⁸t；古近系地质资源为 116.65×10⁸t，占总量的 42.47%，可采资源为 10.27×10⁸t（表 5-11）。

表 5-11　页岩油资源层系分布表　　　　（单位：10⁸t）

层系		资源潜力	概率分布				
			P_5	P_{25}	P_{50}	P_{75}	P_{95}
新生界	古近系	地质资源	292.11	180.79	116.65	81.77	57.61
		可采资源	25.71	15.91	10.27	7.20	5.07

续表

层系		资源潜力	概率分布				
			P_5	P_{25}	P_{50}	P_{75}	P_{95}
中生界	白垩系	地质资源	249.39	180.12	131.57	91.64	48.56
		可采资源	21.95	15.85	11.58	8.06	4.27
	侏罗系	地质资源	25.89	42.31	26.46	20.32	18.90
		可采资源	2.28	3.72	2.33	1.79	1.66
合计		地质资源	567.39	403.22	274.68	193.73	125.07
		可采资源	49.93	35.48	24.17	17.05	11.01

(二) 资源潜力埋深分布

华北及东北区埋深在 500~1500m 的页岩油有利区地质资源为 $132.44 \times 10^8 t$,占该区有利区总量的 48.21%,可采资源为 $11.65 \times 10^8 t$;埋深在 1500~3000m 的页岩油地质资源为 $67.58 \times 10^8 t$,占该区总资源的 24.60%,可采资源为 $5.95 \times 10^8 t$;埋深在 3000~4500m 的页岩油地质资源为 74.67t,占该区总量的 27.18%,可采资源为 $1.20 \times 10^8 t$ (表 5-12)。

表 5-12　华北及东北区页岩油资源深度分布 （单位：$10^8 t$）

埋深/m	资源潜力	概率分布				
		P_5	P_{25}	P_{50}	P_{75}	P_{95}
<1500	地质资源	239.19	183.97	132.44	91.70	52.70
	可采资源	21.05	16.19	11.65	8.07	4.64
1500~3000	地质资源	134.03	100.45	67.58	49.59	35.83
	可采资源	11.79	8.84	5.95	4.36	3.15
3000~4500	地质资源	194.17	118.80	74.67	52.44	36.54
	可采资源	17.09	10.45	6.57	4.61	3.22
合计	地质资源	567.39	403.22	274.68	193.73	125.07
	可采资源	49.93	35.48	24.17	17.05	11.01

第五节　西北区页岩气、页岩油资源调查评价与选区

一、含油气页岩层段划分与分布

西北区富有机质泥页岩广泛存在,古生界—新生界均有不同程度的发育,上古生界石炭系、二叠系及中生界三叠系、侏罗系分布稳定,连续性好,遍布塔里木、准噶尔、柴达木、吐哈等大中型及几个小型盆地,其他层系分布相对局限 (表 5-13)。

表 5-13　西北区各盆地富有机质泥页岩发育层系

层系	塔里木	准噶尔	柴达木	吐哈	三塘湖	酒泉	六盘山	潮水—雅布赖	银根—额济纳	花海—金塔	焉耆	伊犁
新近系			■									
古近系												
白垩系						■	■			■		
侏罗系	■	■	■	■	■				■		■	
三叠系	■											■
二叠系	■	■		■	■							■
石炭系	■	■	■				■					
泥盆系												
志留系	■											
奥陶系	■											
寒武系	■											

（一）下古生界页岩气层段划分与分布

西北地区下古生界泥页气层段主要分布在塔里木盆地的中下寒武统玉尔吐斯组、中上奥陶萨尔干组及中下奥陶统黑土凹组。

1. 中下寒武统

中下寒武统泥页岩主要发育在塔里木盆地西部的玉尔吐斯组和盆地东部的西山布拉克组。从肖尔布拉克剖面与星火 1 井—塔东 1 井联井剖面对比中可见，下寒武统主要发育一套泥页岩组合。

西山布拉克组泥页岩分布范围较大，泥页岩累积厚度最大超过 150m。玉尔吐斯组仅分布在塔里木盆地西南缘，泥页岩累积厚度为 50～100m。

2. 奥陶系

奥陶系泥页岩主要发育在塔里木盆地塔东中下奥陶统黑土凹组及盆地西部地区柯坪隆起—阿瓦提断陷的中上奥萨尔干组。中下奥陶统黑土凹组泥页岩主要分布于满加尔拗陷东部，最大厚度为 150m；中上奥陶统萨尔干页岩厚度一般小于 100m，为高丰度泥页岩。

（二）上古生界页岩气层段划分与分布

1. 石炭系

晚古生界泥页岩层段主要分布在塔里木盆地下石炭统和什拉甫组与卡拉沙依组和柴达木盆地上石炭统克鲁克组。塔里木盆地西部地区石炭系和什拉甫组在达木斯乡一带剖面暗色泥岩出露厚度可达 287m，最大层厚 52m，棋盘剖面可达 290m。

柴达木盆地上石炭统克鲁克组上部和中下部分别发育一套厚层深灰色炭质页岩，夹薄层砂岩或灰岩，泥地比高，TOC 多在 1.5% 以上，为含气泥页岩层段，厚度约 150m。在区域上，克鲁克组含气泥页岩尕丘凹陷、欧南凹陷、德令哈断陷厚度较大，多在 30～

90m，欧南凹陷可达 100m 以上。

2. 二叠系

1) 准噶尔盆地

下二叠统风城组下段含油气页岩主要发育在盆地西北部，岩石类型多样，泥岩类包括纯泥岩、云质泥岩和粉砂质泥岩等，泥质白云岩、白云岩等碳酸盐岩大量出现，砂质含量高，部分地区砂泥互层频繁，含油气页岩层段厚度多大于 100m。

中二叠统芦草沟组含油气页岩层段单井岩性复杂，受沉积环境影响较大，岩性组合上表现为大套泥岩夹薄层砂岩、碳酸盐岩。含油气页岩层段厚度普遍较大，一般大于 100m。页岩油（气）有利区域主要形成于扇三角洲前缘-滨浅湖-半深湖相，在同一凹陷内岩性相对稳定。

2) 吐哈盆地

吐哈盆地二叠系桃东沟群含气（油）泥页岩层段厚度中心位于台北凹陷胜北次洼，最大为 120m；丘东次洼山前带地区也有小面积区域厚度达到 120m；小草湖次洼、托克逊凹陷和哈密坳陷含气（油）泥页岩层段不发育。

3) 三塘湖盆地

石炭系哈尔加乌组可划分出两个含油气页岩层段。哈尔加乌组下段富有机质泥页岩层段厚度不大，为 30～100m；哈尔加乌组上段富有机质泥页岩厚度比上段稍大，为 30～120m。含油气页岩层段横向分布不稳定，厚度中心分布较小，厚度高值区均主要位于马朗凹陷马中构造带和牛圈湖构造带及条湖凹陷西南部。

二叠系芦草沟组二段中部含油气页岩层段主要发育于条湖凹陷和马朗凹陷，泥页岩厚度大，主要为 30～160m，横向分布稳定，是该区页岩油研究的主要地区与层段；厚度中心主要位于马朗凹陷马中构造带和牛圈湖构造带及条湖凹陷西南部。

4) 银根-额济纳旗盆地

银根-额济纳旗盆地下二叠统阿木山组含油气页岩最大厚度在塔木素附近，达 300m。泥页岩厚度以塔木素为中心向周围减薄，整体呈现东部较高的特点。

5) 伊宁凹陷

伊宁凹陷中二叠统铁木里克组泥页岩厚度在 12～78m，凹陷东北部厚度最大可达 80m，凹陷中西部厚度可达 60m，凹陷的南部和西北部厚度在 50m 以下。

（三）中生界页岩气层段划分与分布

1. 三叠系

1) 准噶尔盆地

准噶尔盆地西北缘百口泉地区、玛湖及夏子街地区滨浅湖相发育多段含油气页岩，累计厚度超过 100m，向东至五彩湾地区逐渐变薄。含油气页岩层段整体上泥质含量较高，超过 80%，砂岩、粉砂岩夹层较薄，仅在盆地西北缘三角洲相及东部的滨湖相有一定发育。

2）塔里木盆地

塔里木盆地中生界泥页岩层段主要发育在上三叠统的黄山街组，泥页岩厚度较大，横向连续性较好。有效泥页岩主要分布于库车拗陷和塔北—塔中地区，最大厚度位于库车拗陷拜城凹陷—阳霞凹陷一带及北部拗陷满加尔凹陷西部，最大厚度超过 70m，向拗陷周边泥页岩的厚度逐渐减薄。

2. 侏罗系

1）准噶尔盆地

准噶尔盆地有利泥页岩组合主要集中在八道湾组二段。岩性组合以厚层暗色泥页岩夹薄层砂岩为主，累计有效厚度达到 200m，向东至滴西地区，泥页岩逐渐减薄。有效泥页岩组合主要发育在盆地西北缘沙湾、玛湖地区以及盆地南缘。在五彩湾、滴水泉、乌伦古东部厚度为 30～100m，盆地东部大井地区主要以曲流河、三角洲沉积为主，岩性以砂岩及砂质含量较高的砂泥互层为主。

2）塔里木盆地

塔里木盆地下侏罗统有效泥页岩组合单层厚度多为 10～80m，单层最大厚度可达 76.7m，累计厚度多为 30～200m。中侏罗统有效泥页岩发育的单层厚度多为 10～80m，最大可达 499.51m，累计厚度多为 30～100m，有效泥页岩主要分布于库车拗陷、塔西南地区及塔东地区。库车拗陷和塔西南地区下侏罗统泥页岩相对较厚，厚度中心位于库车拗陷阳霞凹陷和喀什-叶城凹陷，最大厚度分别达 300m 和 150m，自凹陷中心向四周逐渐减薄，直至尖灭。中侏罗统有效泥页岩主要分布于库车拗陷、塔西南及塔东地区，最大累计厚度位于库车拗陷阳霞凹陷，超过 300m，其次为喀什-叶城凹陷，厚度超过 150m，塔东地区相对较薄，最厚仅 50 余米。

3）吐哈盆地

吐哈盆地西山窑组在小草湖凹陷顶部和中部发育两套稳定泥页岩层段，其岩性组合主要为泥页岩夹炭质泥岩或薄煤层，底部泥页岩层段发育不稳定。八道湾组埋深较大，钻井较少，发育两套富有机质泥页岩层段，分别位于其顶部和中部。

吐哈盆地侏罗系有利泥页岩层段，除八道湾组在托克逊凹陷和哈密拗陷有分布外，其余各组主要分布在台北凹陷。页岩层段累计厚度为 30～120m；台北凹陷小草湖次洼泥页岩层段厚度达到最大，约 120m；胜北次洼北部和丘东次洼北部泥页岩层段厚度达 100m；托克逊凹陷和哈密拗陷泥页岩层段厚度较台北凹陷偏薄。

西山窑组泥页岩主要分布在台北凹陷。在胜北次洼和小草湖次洼泥页岩层段厚度达到最大，小草湖次洼泥页岩层段累计厚度最大达到 80m；胜北次洼为 60m，丘东次洼泥页岩层段累计厚度相对较小，约 40m；托克逊凹陷和哈密拗陷泥页岩层段厚度偏薄。

4）柴达木盆地

柴达木盆地下侏罗统湖西山组有利泥页岩层段主要分布在柴北缘西段，可大致划分出两个含气泥页岩段。上部含气层段在冷湖构造带多口钻井有揭示，冷科 1 井最厚可达 190m 左右，深 85 井、深 86 井在 60～70m，预测在一里坪拗陷和昆特伊凹陷内，该含气泥页岩段厚度主要分布在 30～90m。

柴达木盆地中侏罗统大煤沟组五段含气泥页岩段主要分布在苏干湖拗陷、鱼卡断陷、红山断陷、欧南凹陷和德令哈断陷，厚度主要为 30～70m，苏干湖拗陷中侏罗统页岩气有效层段厚度较大，可达 100m 以上，分布面积较小。

5) 中小盆地

民和盆地中侏罗统窑街组中下部的富有机质泥页岩段主要为黑色泥岩，连续性好。窑街组有效泥页岩层段在永登凹陷的东部较好，向西有减薄的趋势，周家台附近富有机质泥页岩厚度最大可达 140m，从凹陷中心向四周减薄，巴州凹陷厚度较小，在 40m 左右。

潮水盆地中侏罗统青土井群含气泥页岩层段以厚层深灰色泥岩、厚层深灰色油页岩为主，夹薄层深灰色粉砂质泥岩。该区富有机质泥页岩层段组合主要为深灰色泥岩夹黑色页岩夹浅灰色粉砂质泥岩，含气泥页岩层在窑 5 井厚 60m，窑南 5 井厚 60m，油探 1 井厚 80m。潮水盆地中侏罗统青土井群含气泥页岩层段在红柳园拗陷和金昌拗陷较厚，最大厚度为 90m，阿右西拗陷最大厚度为 60m。在红柳园拗陷和金昌拗陷内分别存在两个厚度分布高值区。

雅布赖盆地中侏罗统新河组的下部含气泥页岩层段主要为深灰色泥岩，雅探 4 井泥页岩累计厚度近 400m。雅布赖盆地侏罗系有利泥页岩存在两个沉积中心，分别为雅探 4 井和萨尔台拗陷中心，最大厚度达 350m，向四周依次减薄。

焉耆盆地中侏罗统西山窑组富有机质泥页岩在马井附近最厚，近 50m，向四周减薄；三工河组富有机质页岩主要分布在该组底部，在焉参 1 井和马 2 井附近沉积较厚，最厚超过 40m；西山窑组富有机质页岩仅在焉参 1 井和博南 1 井附近有少许沉积，厚度约为 20m。八道湾组含气泥页岩最大厚度在马 2 井附近，达 50m。三工河组含气泥页岩最大厚度在七里铺、种马场连和包头湖附近，达 45m，沿厚度中心向四周减薄。西山窑组泥岩最大厚度在七里铺、种马场连和包头湖附近，达 30m，沿厚度中心向四周减薄。

3. 白垩系

白垩系有利泥页岩层段在六盘山盆地下白垩统马东山组顶部和乃家河组顶部分布。六盘山盆地泥页岩层段马东山组和乃家河组顶部泥岩在海原凹陷的肖家湾附近厚度最大，肖家湾向北泥岩厚度逐渐减薄，厚度呈现出北低南高的特点。

(四) 新生界页岩气层段划分与分布

新生界有利泥页岩层段仅分布在柴达木盆地新近系上新统下干柴沟组和中新统上干柴沟组。下干柴沟组自下而上共划分出了 3 段泥页岩组合层段，而上干柴沟组则只在下部划分出 1 段泥页岩组合层段。

下干柴沟组有效泥页岩层段 1 主要分布在狮子沟和油砂山地区，最厚可达 70m。下干柴沟组有效泥页岩层段 2 主要分布在狮子沟地区、油泉子地区和油砂山地区，最厚可达 110m，主要集中在油砂山地区；下干柴沟组有效泥页岩层段 3 主要分布在油泉子地区和油砂山地区，最厚可达 90m。上干柴沟组有效泥页岩层段 4 主要分布在狮子沟—油砂山地区，厚度最大可达 150m。

二、泥页岩有机地球化学特征

(一) 有机碳含量及其变化

1. 古生界

塔里木盆地下寒武统玉尔吐斯组泥页岩主要以炭质泥页岩为主，TOC 在 1.0%～22.39%，平均值为 7.63%；中上奥陶统萨尔干组泥页岩有机碳含量在 0.70%～4.65%，平均值为 1.98%；中下奥陶统黑土凹组有机碳含量在 0.35%～7.62%，平均值为 2.84%，TOC 大于 2% 的样品占 65.6%。

柴达木盆地上石炭统克鲁克组在柴北缘 TOC 都在 1.5% 以上；塔里木盆地下石炭统卡拉沙依组有机碳含量在 0.51%～5.77%，平均值达 2.77%。

准噶尔盆地下二叠统风城组有机碳含量大于 1.0% 样品的超过样品总数的 55%，泥页岩有机质丰度较高，多为 1.0%～5.0%。中二叠统芦草沟组及相当层位有机碳含量大于 1.0% 样品的超过样品总数的 60%，大于 1.5% 的样品占 56% 以上，总体有机碳含量较高。

吐哈盆地二叠系桃东沟群和伊宁凹陷铁木里克组，有机碳含量大于 1% 的样品均超过 40%。

三塘湖盆地石炭系哈尔加乌组上、下含油气页岩层段 TOC 含量整体较高，大于 6% 的样品也超过 50%。二叠系芦草沟组含油气页岩层段总有机碳含量在 0.5%～18.2%，大多数的试验样品 TOC 在 1%～8%。

2. 中生界

准噶尔盆地上三叠统白碱滩组和伊宁凹陷中三叠统—上三叠统小泉沟群，近 70% 的样品 TOC 大于 1%，超过 40% 的样品 TOC 大于 2%。塔里木盆地上三叠统黄山街组，有机质含量总体偏低。

准噶尔盆地、柴达木盆地和焉耆盆地八道湾组泥页岩有机质丰度平均值均超过 2.0%。塔里木盆地和吐哈盆地下侏罗系暗色泥页岩有机质丰度平均值为 1.35% 左右。中侏罗统泥页岩主要发育在塔里木盆地克孜勒努尔组和恰克马克组、柴达木盆地大煤沟组、吐哈盆地西山窑组、民和盆地窑街组、潮水盆地青土井群、雅布赖盆地新河组和焉耆盆地西山窑组。民和盆地中侏罗统泥页岩有机质丰度平均值大于 2.0%，为 3.67%，其他盆地中侏罗统泥页岩有机质平均值均小于 2.0%。

西北区白垩系泥页岩主要发育在六盘山盆地下白垩统马东山组和乃家河组。六盘山盆地马东山组与乃家河组泥页岩 TOC 为 0.20%~3.55%,平均值为 1.46%;S_1+S_2 分布范围为 0.20~29.35mg/g,平均值为 7.58mg/g。

3. 新生界

西北区新生界泥页岩主要分布在柴达木盆地上、下干柴沟组,有机碳含量相对较低,TOC 总体小于 2%。其中古近系渐新统下干柴沟组泥页岩有机质含量相对较高,超过 50% 的样品 TOC 大于 0.5%,新近系中新统上干柴沟组泥页岩样品近半数 TOC<0.4%。平面上高丰度泥页岩主要分布在柴西地区。

(二)有机质类型

1. 古生界

塔里木盆地东部的下寒武统泥页岩生烃母质以浮游藻类为主,为 I 型干酪根,位于塔里木盆地西部的奥陶系泥灰岩干酪根主要为 II-III 型。

塔里木盆地石炭系泥质岩有机母质类型多为 II-III 型;柴达木盆地石炭系各层位泥页岩有机质类型总体为 III 型和 II₂ 型,上石炭统克鲁克组泥页岩主要以 III 型为主。三塘湖盆地石炭系有机质主要为 II₁ 型、III₂ 型。

三塘湖盆地二叠系芦草沟组二段泥岩干酪根类型以 II₁ 型和 I 型干酪根为主,II₁ 型干酪根约占样品总数的 60%,I 型干酪根约占样品总数的 30%。

2. 中生界

塔里木盆地和准噶尔盆地三叠系泥页岩有机质类型多为 II-III 型,伊宁凹陷三叠系泥页岩的有机质类型则主要为 II₂ 型。塔里木盆地侏罗系泥页岩干酪根类型以 II₁ 型和 III 型为主;柴达木盆地与吐哈盆地侏罗系泥页岩有机质类型均以 II 型为主;准噶尔盆地侏罗系泥页岩干酪根类型主要集中在 II₂ 型和 III 型。潮水盆地和焉耆盆地侏罗系泥页岩有机质类型均以 III 型为主;雅布赖盆地侏罗系泥页岩有机质类型较多,I 型、II₂ 型和 III 型干酪根均有发育;民和盆地侏罗系泥页岩有机质类型总体以 II 型为主,部分油页岩类型较好为 I 型;六盘山盆地白垩系泥页岩有机质类型总体以 II₁ 型为主。

3. 新生界

柴达木盆地古近系下干柴沟组泥页岩有机质类型主要以 II 型为主,新近系上干柴沟组泥页岩有机质类型以 II₂ 型及 III 型为主。

(三)热演化程度

1. 古生界

西北区下寒武统与中下奥陶统泥页岩,除盆地周缘地区外,R_o 均在 1.3% 以上,处于高-过成熟阶段。塔里木盆地下石炭统卡拉沙依组的 R_o 为 0.8%~3.0%;柴达木盆地上石炭统克鲁克组暗色泥页岩露头样品的 R_o 主要为 0.74%~2.98%,平均值为 1.53%。三塘湖盆地哈尔加乌组上段的 R_o 为 0.8%~1.1%,哈尔加乌组下段的 R_o 为 0.9%~1.2%。

三塘湖盆地条湖-马朗凹陷二叠系芦草沟组泥质岩的 R_o 实测数据在 $0.6\%\sim0.9\%$，部分样品超过 0.9%，最高值小于 2.0%，总体处于低熟-成熟早期阶段，其中马朗凹陷中部和条湖凹陷的西南部有机质成熟度较高，可达 1.0%。吐哈盆地二叠系桃东沟群泥页岩的 R_o 在台北凹陷胜北次洼在 $1.2\%\sim2.0\%$；银-额盆地阿木山组泥岩的 R_o 为 $2.48\%\sim3.77\%$，平均值为 3.27%；伊宁凹陷铁木里克组的 R_o 主要在 $0.6\%\sim1.5\%$，呈现出北部成熟度高，南部成熟度低的趋势。

2. 中生界

塔里木盆地三叠系泥页岩的 R_o 主要在 $0.5\%\sim2.1\%$，高成熟区主要在库车拗陷，R_o 最高超过 2%；准噶尔盆地三叠系泥页岩层段埋深区间较大（1000～5000m），盆地主体部位主要处于成熟-高成熟-过成熟阶段，阜康凹陷南部的 R_o 已超过 3%，以生气为主；伊宁凹陷三叠系暗色泥岩的 R_o 主要在 $0.4\%\sim1.2\%$，处于未熟-成熟阶段，西北部为相对高值区。

准噶尔盆地下侏罗统八道湾组热演化程度北向南逐渐变大，北部乌伦古地区处于低熟-成熟阶段，南缘腹部主要处于高成熟-过成熟生气阶段；柴达木盆地湖西山组的 R_o 主要在 $0.8\%\sim3.0\%$；塔里木盆地下侏罗统的 R_o 主要在 $0.5\%\sim2.5\%$，处于成熟-高过成熟阶段；焉耆盆地下侏罗统泥页岩的 R_o 分布在 $0.57\%\sim1.86\%$，总体处于成熟-高成熟生烃演化阶段。西北区中侏罗统泥页岩仅在柴达木埋深较大（大于4000m），R_o 总体大于 0.8%，最高值可达 4%，处于成熟-过成熟演化阶段。吐哈盆地和塔里木盆地中侏罗统泥页岩埋深小于4000m，R_o 总体小于 1.0%，主要处于成熟阶段。塔里木盆地部分区域处于高成熟阶段，R_o 达到 2.0%。民和盆地窑街组的 R_o 在 $0.7\%\sim2.0\%$，处于成熟-过成熟阶段。潮水盆地青土井群、雅布赖盆地新河组和焉耆盆地西山窑组泥页岩层段最大埋深均为2800m，R_o 总体小于 1.0%，主要处于低熟阶段。

六盘山盆地白垩系的 R_o 分布在 $0.51\%\sim0.59\%$，处于低熟生烃演化阶段；乃家河组镜质体的 R_o 分布在 $0.41\%\sim0.53\%$，处于未熟阶段。

3. 新生界

柴达木盆地新生界下干柴沟组在柴西地区成熟度相对较高，狮子沟、油砂山、油泉子、南翼山地区的 $R_o>1.0\%$；上干柴沟组仅有狮子沟、油砂山、油泉子、南翼山地区的 $R_o>0.7\%$。

三、泥页岩储集特征

（一）岩石类型

1. 古生界

寒武系—奥陶系泥页岩岩石类型主要以硅质泥岩为主。塔里木盆地中下寒武统玉尔吐斯组岩性主要为一套灰绿色、灰黑色含磷硅质岩、黑色页岩、炭质页岩。中下奥陶统黑土凹组下部为页岩夹灰岩，中部为黑色炭质页岩，上部为黑色硅质岩，属欠补偿盆地相沉积。中上奥陶统萨尔干组以黑色页岩夹薄层灰岩及灰岩透镜体为主，属陆棚边缘盆地相沉积，分布稳定。

准噶尔盆地上古生界中二叠统芦草沟组岩性以黑-灰色泥岩、粉砂质泥岩和云质泥岩为主，杂灰岩、凝灰岩偶有出现。可溶有机质主要是在泥岩的微裂缝中富集，部分在粉砂质泥岩中呈星点状分布，碳酸盐含量的增加有利于有机质顺层富集。三塘湖盆地马朗凹陷芦草沟组岩性主要为泥岩、白云质泥岩、灰质泥岩和凝灰质泥岩等。柴达木盆地上石炭统克鲁克组，岩性主要为暗色粉砂岩、炭质页岩、煤层及煤线，属潮坪潟湖相沉积。塔里木盆地下石炭统卡拉沙依组中段有机质比较富集，泥岩以深灰色、灰黑色为主，并夹有煤层，属潟湖相或湖泊相沉积。

2. 中生界

准噶尔盆地中生界下侏罗统、上三叠统岩性组成比较单一，主要为成分较纯的黑-灰色泥岩、粉砂质泥岩、泥质粉砂岩与砂岩，偶有薄煤层出现。塔里木盆地三叠系-侏罗系主体上为滨浅湖相、河沼相，含气层系的岩性总体上以灰黑色泥岩、黑色碳质泥岩、粉砂质泥岩及粉砂岩等夹层的岩性组合为主。柴达木盆地下侏罗统湖西山组和中下侏罗统大煤沟组，岩性主要为富有机质暗色泥页岩，夹有煤层，分布在盆地北缘，属河湖相含煤建造。吐哈盆地中下侏罗统为含煤碎屑岩建造，主要岩性为灰黑色泥岩、粉砂质泥岩、泥质粉砂岩，夹薄层细砂岩、炭质泥岩及煤岩。

3. 新生界

新生界主要发育泥岩、灰质泥岩、砂质泥岩、含盐泥岩等，同时也发育一些灰质粉砂岩、泥质粉砂岩夹层。

（二）矿物组分特征

1. 下古生界

塔里木盆地下寒武统玉尔吐斯组泥页岩矿物组成以石英为主，其次为碳酸盐矿物，黏土矿物含量小于30%，含少量黏土、钾长石及斜长石。奥陶系页岩岩矿成分主要以石英为主，含量为83%～62%，黏土矿物含量小于25%，含少量斜长石。黏土矿物以伊利石为主。

2. 上古生界

塔里木盆地石炭系—二叠系泥页岩石英＋长石含量分布在12%～82.5%，平均为45.8%；黏土矿物分布在12%～57%，平均为38.2%；碳酸盐矿物（主要为菱铁矿）含量多在50%以下。脆性矿物总体含量在65%左右。石炭系—二叠系泥页岩黏土矿物含量高于寒武系和奥陶系，主要为高岭石和伊/蒙混层，其次为伊利石和绿泥石。

柴达木盆地石炭系克鲁克组泥页岩矿物组成中石英＋长石含量为18.7%～65.5%，平均为43.5%，黏土矿物含量主要在31.3%～81.3%，平均为53.3%；碳酸盐矿物多小于

10%；脆性矿物总体含量在 50%左右。黏土矿物以高岭石和伊/蒙混层为主，其中高岭石含量在 8%～63%，平均为 31.5%；伊/蒙混层分布在 13%～63%，平均为 33.5%。

柴达木盆地上石炭统克鲁克组黏土矿物高岭石含量小于 30%，黏土矿物组成以伊/蒙混层为主，平均含量超过 60%。

3. 中生界

西北区三叠系泥页岩以塔里木盆地及准噶尔盆地为代表，大部分样品黏土矿物含量超过 60%，脆性矿物以石英为主，缺少碳酸盐类矿物。塔里木盆地黏土矿物以伊/蒙混层为主，含量超过 50%。准噶尔盆地黏土矿物以高岭石和绿泥石为主，伊利石和伊/蒙混层含量小于 40%，反映准噶尔盆地三叠系黏土矿物演化程度相对较低。

西北区中下侏罗统泥页岩矿物组成较三叠系泥页岩种类多，黄铁矿、菱铁矿、方沸石等矿物含量明显增加，反映中、下侏罗统沉积沉积环境还原性较强。下侏罗统黏土矿物含量在 40%～60%，多数样品脆性矿物含量超过 40%。中侏罗统泥页岩矿物组形成与下侏罗统相似，其中塔里木盆地中侏罗统脆性矿物含量较下侏罗统明显增加。

下侏罗统泥页岩黏土矿物主要以伊利石和伊/蒙混层为主，伊利石＋伊/蒙混层含量超过 50%，其中塔里木盆地高岭石含量高于其他各盆地，高岭石含量超过 46%，伊利石＋伊/蒙混层含量小于 35%。中侏罗统泥页岩黏土矿物组成各盆地差异较大。雅布赖盆地、潮水盆地及塔里木盆地黏土矿物以伊利石和伊/蒙混层为主，塔里木盆地伊利石及伊/蒙混层含量超过 70%，较下侏罗统含量明显增加。民和盆地和柴达木盆地高岭石含量较高，大部分样品高岭石含量超过 40%。

4. 新生界

新生界泥页岩层段分布在柴达木盆地下干柴沟组，泥页岩 X 射线衍射全岩矿物统计分析发现脆性矿物含量较高，在 50%以上，黏土矿物含量不到 40%，黄铁矿等其他矿物含量在 10%以下。黏土矿物中伊利石含量最高，在 55%～70%；绿泥石含量在 10%～30%；高岭石含量最少，小于 5%。

（三）储集空间及物性特征

1. 孔隙类型

（1）原生孔隙

原生粒间孔隙多见于组成泥页岩的较大的粉砂质碎屑颗粒之间、碎屑颗粒堆积体内，以及黏土矿物骨架和碎屑颗粒之间。原生晶间孔主要是由于黏土矿物的堆积或定向排列、在黏土矿物的板状、片状晶体及其集合体之间形成的孔隙。部分样品原生粒内孔为生物结构孔。

（2）次生孔隙

次生孔隙以次生晶间孔、溶蚀孔、有机质孔等为主，西北区泥页岩样品由于有机质热演化程度相对较低，多为零星发育，呈椭圆形、圆形或不规则形状。生烃作用强烈时，众多孔隙集中发育，呈蜂窝状，孔隙之间也可相互连通。

2. 物性特征

露头样品中，寒武系孔隙度分布范围最广，从5%～19%均有分布。奥陶系孔隙度最小，小于6%的样品占68%。石炭系54%的样品孔隙度集中在6%～7%。

西北地区中生界泥岩样品孔隙度均在10%以内，三叠系泥页岩层段超过90%的样品孔隙度小于3%，其中36%的孔隙度集中在0.5%～1%。侏罗系各个盆地孔隙度分布具有相似性，以塔里木和柴达木盆地为例，泥页岩孔隙度主要集中在0.5%～5%。塔里木盆地侏罗系孔隙在0.5%～5%的样品占总样品数的86%，孔隙度在0.5%～1%的样品占总样品数的25%。柴达木盆地孔隙度在0.5%～4.5%分布比较平均。

柴达木盆地新生界渐新统下干柴沟组孔隙度主要分布在3.5%以内，其中小于2%的孔隙度占总样品数的66%。

脉冲孔隙度测试结果，泥页岩埋深较浅时孔隙度较大，主要集中在5%～10%。埋深超过2000m后孔隙度迅速减小至5%以内。中小盆地由于样品埋深较浅，孔隙度主要集中在6%～8%。柴达木盆地、塔里木盆地、准噶尔盆地孔隙度主要集中在3%～5%。吐哈盆地脉冲孔隙度主要集中在1%～2%。

3. 孔径分布

西北地区各个盆地不同层位的泥页岩孔径分布数值略有差异，主要为2～10nm，以中孔为主，寒武系及奥陶系样品受风化影响部分孔隙直径分布在10～1000nm。

四、含气性特征

柴达木盆地上石炭统克鲁克组发现全烃异常，全烃最大值为0.066%。准噶尔、三塘湖盆地二叠系芦草沟组已经获得页岩油工业油流。中生界泥页岩层段气测异常主要集中在侏罗系，三叠系仅在准噶尔盆地上三叠统白碱滩组发现气测异常，甲烷含量超过10%。西北区侏罗系泥页岩气层段在多个盆地发现气测异常，在塔里木盆地气测全烃达31.18%，在柴达木盆气测全烃可达18.11%，在准噶尔盆地和吐哈盆地侏罗系泥页岩层段气测甲烷含量多口井超过10%。另外在民和盆地、潮水盆地等中小型盆地侏罗系泥页岩层段也发现了气测异常。新生界泥页岩层段在柴达木盆地西部发现了气测异常，古近系下干柴沟组气测全烃最大值为34.1%，新近系上干柴沟组气测全烃高达54.1%。

五、页岩气有利区优选

项目组在对西北区不同盆地泥页岩的地质特征、地球化学特征、储层特征等进行综合分析的基础上，依据有利区优选标准对西北区页岩气有利区进行优选，共选出有利区55个（表5-14），累计面积为48 256.45km²。其中塔里木盆地和柴达木盆地各有12个有利区，累计面积分别为19 585.09km²和8790.27km²；西部中小盆地总共有11个有利区，累计面积为6776.91km²；酒泉盆地有10个有利区，累计面积为460.28km²；吐哈盆地有7个有利区，累计面积为 4760.66km²；准噶尔盆地有 3 个有利区，累计面积为 7883.24km²。

表 5-14　西北区页岩气发育有利区分布表

层系		盆地	个数	面积/km²
新生界	古近系	柴达木盆地	3	2 719.27
中生界	白垩系	酒泉盆地	10	460.28
		中小型盆地	2	1 309.91
	侏罗系	塔里木盆地	7	12 221.00
		准噶尔盆地	1	4 598.96
		柴达木盆地	6	3 491.00
		吐哈盆地	6	4 482.00
		中小型盆地	7	4 808.00
	三叠系	准噶尔盆地	2	3 284.28
		伊宁盆地	2	659.00
上古生界	二叠系	吐哈盆地	1	278.66
	石炭系	塔里木盆地	1	934.56
		柴达木盆地	3	2 580.00
下古生界	奥陶系	塔里木盆地	2	3 790.14
	寒武系	塔里木盆地	2	2 639.39
合计			55	48 256.45

层系上从古生界到新生界均有有利区的分布，其中侏罗系发育的页岩气有利区最多，共计 27 个，累计面积为 29 600.96km²；其次为白垩系 12 个，累计面积为 1770.19km²；寒武系、奥陶系、石炭系、二叠系、三叠系和古近系分别是 1～5 个，累计面积分别为 2639.39km²、3790.14km²、3514.56km²、278.66km²、3943.28km²、2719.27km²。

（一）寒武系

寒武系页岩气有利区主要分布在塔里木盆地，共 2 个区域，主要位于尉犁地区与塔东地区，发育地质时代均为早中寒武世。其中尉犁地区面积约为 1057.71km²，有效厚度介于 50～200m；塔东地区面积为 1581.68km²，有效厚度介于 50～100m。

（二）奥陶系

奥陶系页岩气有利区主要分布在塔里木盆地，共 2 个区域，主要位于尉犁地区与塔东地区，发育地质时代均为早中奥陶世。其中尉犁地区面积约为 1709.04km²，有效厚度介于 30～100m；塔东地区面积为 2081.1km²，有效厚度介于 30～100m。

（三）石炭系

石炭系页岩气有利区主要分布在塔里木盆地和柴达木盆地，共 4 个区域，柴达木盆地发育 3 个，塔里木盆地发育 1 个。其中，柴达木盆地石炭系页岩气有利区主要位于尕丘凹陷、红山断陷—欧南凹陷和德令哈断陷，发育地质时代均为晚石炭世，有利区面积分别约为 490km²，500km² 和 1590km²。塔里木盆地石炭系页岩气有利区主要位于巴麦地区，发育地质时代均为晚石炭世，面积约为 934.56km²，累计有效厚度介于 100~200m。

（四）二叠系

二叠系页岩气有利区主要分布在吐哈盆地，共 1 个有利区域，位于胜北次洼南部，发育地质时代为中二叠世。有利区面积约为 278.66km²，厚度较大，最大达 100m，埋深在 4250~4500m，TOC 在 1.5%~2%，有机质类型以Ⅲ型为主。

（五）三叠系

三叠系页岩气有利区主要分布在准噶尔盆地和伊宁盆地，准噶尔盆地和伊宁盆地各发育 2 个，其中，准噶尔盆地三叠系页岩气主要发育在上三叠统白碱滩组，有利区主要位于达巴松和玛湖一带。其中，达巴松有利区面积约为 1599.11km²，累计有效厚度为 147~256m，埋深处于 3640~4500m，TOC 在 1.5%~2.4%，有机质类型为Ⅲ型。R_o 在 0.5%~0.75%。玛湖有利区面积为 1685.17km²，有效泥页岩累计厚度为 150~265m，埋深处于 2470~3820m，TOC 在 1.5%~1.9%，有机质类型为Ⅲ型，R_o 在 0.54%~0.72%。伊宁凹陷页岩气主要富集于中上三叠统小泉沟群，发育两个有利区，总面积为 659km²，有效泥页岩累计厚度为 40~70m。

（六）侏罗系

侏罗系是西北区页岩气最为发育的层位，页岩气有利区分布广泛，主要分布在塔里木盆地、准噶尔盆地、柴达木盆地、吐哈盆地和中小盆地，共 27 个区域。其中塔里木盆地发育 7 个有利区，中小盆地共发育 7 个，吐哈盆地和柴达木盆地各发育 6 个，准噶尔盆地发育 1 个（表 5-15）。

表 5-15 西北区侏罗系页岩气有利区地质单元参数统计表

盆地	有利区	面积/km²	埋深/m	厚度/m	TOC/%	有机质类型	R_o/%
塔里木盆地	拜城-阳霞凹陷	1743	2000~4500	50~200	1.5~2.5	Ⅲ型	1~1.25
	草湖-满东中统	1790	3000~4500	30~50	2.0~2.5	Ⅲ型	0.5~0.75
	草湖-满东下统	5972	3000~4000	30~50	1.5~2.5	Ⅲ型	0.5~1.0
	喀什-叶城凹陷	1279	2000~3000	30~100	1.0~2.0	Ⅲ型	0.5~1.25
	克深和依南-野云	1437	3000~4500	50~200	1.0~3.0	Ⅲ型	0.75~1.5
柴达木盆地	鱼卡断陷	467	400~4500	30~100	3.48	Ⅱ₂-Ⅲ型	0.5~1.0
	红山-欧南凹陷	880	400~4500	30~50	4.05	Ⅱ₂-Ⅲ型	0.5~1.3
	德令哈断陷	1032	400~4500	30~50	2.61	Ⅱ₂-Ⅲ型	0.5~1.25
	苏干湖拗陷	312	1000~3000	50~200	1.88	Ⅱ₂-Ⅲ型	0.5~0.8
	冷湖构造带上段	460	1000~4500	50~200	3.29	Ⅱ₂-Ⅲ型	0.75~1.3
	冷湖构造带下段	340	1000~4500	50~100	3.29	Ⅱ₂-Ⅲ型	0.5~1.0

续表

盆地	有利区	面积/km²	埋深/m	厚度/m	TOC/%	有机质类型	R_o/%
吐哈盆地	胜北次洼	293.62	2000~3750	40~80	1.5~2	II_1-III型	0.6~0.9
	丘东次洼	294.48	2000~3750	40~80	1.5~2	II_1-III型	0.6~0.9
	小草湖次洼	1261.38	2000~3750	40~80	1.5~2	II_1-III型	0.6~0.9
	哈密凹陷	330.53	2000~3750	40~80	1.5~2	II_1-III型	0.6~0.9
	胜北次洼北部	855.47	2250~4500	60~120	1.5~2.5	II_2-III型	0.8~1.2
	丘东次洼山前带及小草湖次洼	1447.21	2250~4500	60~120	1.5~2.5	II_2-III型	0.8~1.2
准噶尔盆地	达巴松地区	4598.96	2600~4000	30~210	1.5~2.7	III型	0.6~1.0
民和盆地	中祁连隆起东带	1101.06	4000~4500	50~140	3.7~12	III型	0.7~1.4
潮水盆地	阿拉善地块南部	1122	500~2800	40~90	1.5~4.2	II_2-III型	0.3~0.8
雅布赖盆地	阿拉善地块北部活化带	528	1000~2800	100~300	0.5~2.5	II_2-III型	0.5~1.3
焉耆盆地	天津卫隆起和营盘凸起之间	509	1200~2800	20~30	0.2~5.9	II_2-III型	0.63~0.81
		887	2000~4000	30~50	0.3~6.0	II_1-II_2型	0.57~1.86
		661	1200~2800	30~45	0.1~5.8	II_2-III型	0.60~0.92

塔里木盆地侏罗系页岩气主要发育在中下侏罗统，其中中侏罗统发育 4 个有利区，下侏罗统发育 3 个有利区。中侏罗统页岩气有利区主要分布在库车拗陷拜城凹陷—阳霞凹陷北部、塔东草湖—满东地区和塔西南喀什-叶城凹陷。库车拗陷有利区面积约为1743km²，累计有效厚度为 50~200m，埋深为 2000~4500m，TOC 为 1.5%~2.5%，有机质类型以III型为主，R_o 多为 1.0%~1.25%。塔东地区有利区面积约为 1790km²，累计有效厚度为 30~50m，埋深为 3000~4500m，TOC 为 2.0%~2.5%，R_o 为 0.5%~0.75%。塔西南拗陷有利区面积约为 1279km²，累计有效厚度为 30~100m，埋深主要为 2000~3000m，TOC 为 1.0%~2.0%，有机质类型以III型为主，R_o 为 0.5%~1.25%。下侏罗统页岩气有利区主要分布在库车拗陷的克深地区和依南—野云地区及塔东草湖凹陷—满东地区。库车拗陷有利区面积约为 1437km²，累计有效厚度为 50~200m，埋深主要为 3000~4500m，TOC 为 1.0%~3.0%，有机质类型以III型为主，R_o 多为 0.75%~1.5%。塔东地区有利区面积约为 5972km²，累计有效厚度为 30~50m，埋深为 3000~4000m，TOC 为 1.5%~2.5%，有机质类型以 III 型为主，R_o 多为 0.5%~1.0%。

柴达木盆地侏罗系页岩气主要发育在中侏罗统大煤沟组五段和下侏罗统湖西山组，其中中侏罗统发育 4 个有利区，下侏罗统发育 2 个有利区。中侏罗统页岩气有利区主要分布在鱼卡断陷、红山-欧南凹陷、德令哈断陷和苏干湖拗陷，有利区面积分别约为467km²、880km²、1032km² 和 312km²，累计有效泥页岩厚度分别为 30~100m、30~

50m、30～50m 和 50～200m；下侏罗统页岩气有利区主要分布在冷湖构造带，分为上下两个有利层段，有利区面积分别约 460km² 和 340km²，累计有效泥页岩厚度分别为 50～200m 和 50～100m。

吐哈盆地侏罗系页岩气主要发育在中侏罗统西山窑组和下侏罗统八道湾组，其中西山窑组发育 4 个有利区，八道湾组发育 2 个有利区。西山窑组页岩气有利区主要分布在胜北次洼、丘东次洼、小草湖次洼和哈密凹陷，有利区面积分别约为 293.62km²、294.48km²、1261.38km² 和 330.53km²。西山窑组有利区有效泥页岩累计厚度为 40～80m，埋深为 2000～3750m，TOC 在 1.5%～2%，有机质类型为 II_1-III 型，R_o 介于 0.6%～0.9%。八道湾组有利区主要分布在胜北次洼北部和丘东次洼山前带及小草湖次洼，有利区面积分别约为 855.47km² 和 1447.21km²。八道湾组有利区有效泥页岩累计厚度为 60～120m，埋深为 2250～4500m，TOC 为 1.5%～2.5%，有机质类型为 II_2-III 型，R_o 为 0.8%～1.2%。

准噶尔盆地侏罗系页岩气主要富集层位是下侏罗统八道湾组，有利区位于达巴松一带，面积为 4598.96km²，有效泥页岩累计厚度为 30～210m，埋深为 2600～4000m，TOC 为 1.5%～2.7%，有机质类型为 III 型，R_o 为 0.6%～1.0%。

民和盆地页岩气主要发育于中侏罗统窑街组，有利区面积为 1101km²，有效泥页岩累计厚度为 50～140m。

潮水盆地页岩气主要富集于中侏罗统青土井群青二段，发育 2 个有利区，总面积为 1122km²，有效泥页岩累计厚度 40～90m。

雅布赖盆地页岩气主要富集于中侏罗统新河组下段，有利区总面积为 528km²，有效泥页岩累计厚度为 100～300m。

焉耆盆地侏罗系页岩气主要发育在中侏罗统西山窑组、下侏罗统八道湾组和三工河组。其中西山窑组发育 1 个有利区，八道湾组发育 1 个有利区，三工河组发育 2 个有利区。西山窑组页岩气有利区面积约为 509km²，有效泥页岩累计厚度为 20～30m；八道湾组有利区面积约为 887km²，有效泥页岩累计厚度为 30～50m；三工河组两个有利区总面积约为 661km²，有效泥页岩累计厚度为 30～45m。

（七）白垩系

白垩系页岩气有利区主要分布在酒泉盆地和六盘山盆地，共 12 个区域。其中酒泉盆地发育了 10 个有利区，六盘山盆地发育了 2 个有利区。

酒泉盆地页岩气主要发育在下白垩统，共 10 个有利区，其中，赤金堡组和下沟组各发育 5 个有利区。赤金堡组页岩气有利区主要分布在青西凹陷（2 个）和石大凹陷（3 个），有利区面积分别为 100.28km² 和 224.60km²。下沟组页岩气有利区主要分布在青西凹陷（2 个）、石大凹陷（2 个）和营尔凹陷（1 个），有利区面积分别为 74.81km²、40.86km² 和 19.73km²。

六盘山盆地页岩气主要发育于下白垩统马东山组和乃家河组，有利区面积分别为655.03km² 和 654.88km²，有效泥页岩累计厚度介于 20～60m。

（八）古近系

古近系页岩气主要发育在柴达木盆地下干柴沟组，共 3 个有利区域。其中，下干柴沟组层段 1 页岩气有利区主要分布在狮子沟南部和油砂山两翼，有效泥页岩累计厚度为 30～70m，埋深为 3700～4000m，TOC 为 1.5％～2.0％，R_o 为 0.7％～1.0％；下干柴沟组层段 2 页岩气有利区主要分布在狮子沟南部、油泉子北部和油砂山地区，有效泥页岩累计厚度为 30～110m，埋深为 3100～3600m，TOC 为 1.5％～2.0％，R_o 为 0.7％～0.9％；下干柴沟组层段 3 页岩气有利区主要分布在油泉子西北部和油砂山地区，有效泥页岩累计厚度为 30～90m，埋深为 2400～3000m，TOC 为 1.5％～2.0％，R_o 为 0.7％～0.8％。

六、页岩气有利区资源评价

西北区页岩气有利区地质资源为 $17.30 \times 10^{12} \, \text{m}^3$，可采资源为 $3.21 \times 10^{12} \, \text{m}^3$。其中塔里木盆地有利区地质资源为 $8.35 \times 10^{12} \, \text{m}^3$，占该区总量的 48.28％，可采资源为 $1.29 \times 10^{12} \, \text{m}^3$，占该区总量的 40.26％；准噶尔盆地有利区地质资源为 $1.47 \times 10^{12} \, \text{m}^3$，占该区总量的 8.47％，可采资源为 $0.29 \times 10^{12} \, \text{m}^3$，占该区总量的 9.31％；柴达木盆地有利区地质资源为 $4.01 \times 10^{12} \, \text{m}^3$，占该区总量的 23.18％，可采资源为 $0.80 \times 10^{12} \, \text{m}^3$，占该区总量的 24.98％；中小型盆地（六盘水盆地、潮水盆地、花海-金塔盆地、焉耆盆地、伊犁盆地）有利区地质资源为 $2.49 \times 10^{12} \, \text{m}^3$，占该区总量的 14.37％，可采资源为 $0.61 \times 10^{12} \, \text{m}^3$，占该区总量的 19.03％；吐哈盆地有利区地质资源为 $0.70 \times 10^{12} \, \text{m}^3$，占该区总量的 4.03％，可采资源为 $0.14 \times 10^{12} \, \text{m}^3$，占该区总量的 4.34％；酒泉盆地有利区地质资源为 $0.28 \times 10^{12} \, \text{m}^3$，占该区总量的 1.64％，可采资源为 $0.068 \times 10^{12} \, \text{m}^3$，占该区总量的 2.12％（表5-16）。

表 5-16　西北区页岩气有利区资源评价结果表　（单位：$10^{12} \, \text{m}^3$）

评价盆地	资源潜力	概率分布				
		P_5	P_{25}	P_{50}	P_{75}	P_{95}
塔里木盆地	地质资源	10.70	8.84	8.35	7.49	6.37
	可采资源	1.78	1.44	1.29	1.12	0.90
准噶尔盆地	地质资源	2.78	1.96	1.47	1.02	0.40
	可采资源	0.56	0.39	0.29	0.20	0.08
柴达木盆地	地质资源	6.12	4.84	4.01	3.27	2.40
	可采资源	1.22	0.97	0.80	0.65	0.48
中小型盆地	地质资源	3.44	2.86	2.49	2.15	1.68
	可采资源	0.84	0.70	0.61	0.53	0.41

续表

评价盆地	资源潜力	概率分布				
		P_5	P_{25}	P_{50}	P_{75}	P_{95}
吐哈盆地	地质资源	0.96	0.81	0.70	0.59	0.43
	可采资源	0.19	0.16	0.14	0.12	0.09
酒泉盆地	地质资源	0.37	0.32	0.28	0.25	0.21
	可采资源	0.088	0.076	0.068	0.061	0.051
合计	地质资源	24.37	19.63	17.30	14.77	11.49
	可采资源	4.68	3.74	3.21	2.68	2.01

（一）资源潜力层系分布

西北区页岩气有利区资源主要分布在下古生界的寒武系、奥陶系、志留系，上古生界泥盆系、石炭系、二叠系，中生界的三叠系、侏罗系、白垩系和新生界的古近系。按概率 P_{50} 计算，下古生界地质资源为 $3.34 \times 10^{12} \, \mathrm{m}^3$，占总量的 19.30%，可采资源为 $0.50 \times 10^{12} \, \mathrm{m}^3$，占总量的 15.59%；上古生界地质资源为 $2.64 \times 10^{12} \, \mathrm{m}^3$，占总量的 15.26%，可采资源为 $0.32 \times 10^{12} \, \mathrm{m}^3$，占总量的 9.97%；中生界地质资源为 $10.34 \times 10^{12} \, \mathrm{m}^3$，占总量的 59.76%，可采资源为 $2.19 \times 10^{12} \, \mathrm{m}^3$，占总量的 68.31%；新生界地质资源为 $0.98 \times 10^{12} \, \mathrm{m}^3$，占总量的 5.68%，可采资源为 $0.20 \times 10^{12} \, \mathrm{m}^3$，占总量的 6.13%（表5-17）。

表5-17 西北区页岩气资源层系分布表 （单位：$10^{12} \, \mathrm{m}^3$）

层系		资源潜力	概率分布				
			P_5	P_{25}	P_{50}	P_{75}	P_{95}
新生界	古近系	地质资源	1.13	1.04	0.98	0.92	0.84
		可采资源	0.23	0.21	0.20	0.18	0.17
中生界	白垩系	地质资源	0.81	0.67	0.59	0.51	0.41
		可采资源	0.20	0.17	0.15	0.13	0.10
	侏罗系	地质资源	12.37	10.14	8.73	7.43	5.77
		可采资源	2.70	2.17	1.83	1.49	1.13
	三叠系	地质资源	1.88	1.35	1.02	0.72	0.29
		可采资源	0.38	0.28	0.21	0.15	0.06
上古生界	二叠系	地质资源	0.086	0.073	0.064	0.055	0.043
		可采资源	0.0115	0.0095	0.0100	0.0400	0.0085
	石炭系	地质资源	3.85	2.66	2.58	2.14	1.61
		可采资源	0.52	0.39	0.31	0.24	0.16
下古生界	奥陶系	地质资源	1.98	1.73	1.56	1.39	1.17
		可采资源	0.30	0.26	0.23	0.21	0.18
	寒武系	地质资源	2.26	1.97	1.78	1.60	1.36
		可采资源	0.34	0.27	0.27	0.24	0.20
合计		地质资源	24.37	19.63	17.30	14.77	11.49
		可采资源	4.68	3.74	3.21	2.68	2.01

层系页岩气资源分布，寒武系有利区地质资源为 $1.78 \times 10^{12} m^3$，占该区总量的 10.30%，可采资源为 $0.27 \times 10^{12} m^3$，占该区总量的 8.32%；奥陶系地质资源为 $1.56 \times 10^{12} m^3$，占该区总量的 8.99%，可采资源为 $0.23 \times 10^{12} m^3$，占该区总量的 7.27%；石炭系地质资源为 $2.58 \times 10^{12} m^3$，占该区总量的 14.91%，可采资源为 $0.31 \times 10^{12} m^3$，占该区总量的 9.65%；二叠系地质资源为 $0.064 \times 10^{12} m^3$，占该区总量的 0.31%，可采资源为 $0.010 \times 10^{12} m^3$，占该区总量的 0.37%；三叠系地质资源为 $1.02 \times 10^{12} m^3$，占该区总量的 5.92%，可采资源为 $0.21 \times 10^{12} m^3$，占该区总量的 6.57%；侏罗系地质资源为 $8.73 \times 10^{12} m^3$，占该区总量的 50.47%，可采资源为 $1.83 \times 10^{12} m^3$，占该区总量的 57.06%；白垩系地质资源为 $0.59 \times 10^{12} m^3$，占该区总量的 3.38%，可采资源为 $0.15 \times 10^{12} m^3$，占该区总量的 4.56%；古近系地质资源为 $0.98 \times 10^{12} m^3$，占该区总量的 5.68%，可采资源为 $0.20 \times 10^{12} m^3$，占该区总量的 6.12%。

（二）资源潜力埋深分布

埋深在 $500 \sim 1500m$ 的页岩气有利区地质资源为 $2.12 \times 10^{12} m^3$，占该区有利区总量的 12.24%，可采资源为 $0.38 \times 10^{12} m^3$，占该区可采资源的 11.88%；埋深在 $1500 \sim 3000m$ 的页岩气地质资源为 $5.91 \times 10^{12} m^3$，占该区总资源的 34.16%，可采资源为 $1.21 \times 10^{12} m^3$，占该区可采资源的 37.83%；埋深在 $3000 \sim 4500m$ 的页岩气地质资源为 $9.27 \times 10^{12} m^3$，占该区总量的 53.60%，可采资源为 $1.61 \times 10^{12} m^3$，占该区可采资源的 50.29%（表 5-18）。

表 5-18　西北区页岩气资源深度分布　　　　（单位：$10^{12} m^3$）

埋深/m	资源潜力	概率分布				
		P_5	P_{25}	P_{50}	P_{75}	P_{95}
<1500	地质资源	3.44	2.54	2.12	1.75	1.04
	可采资源	0.55	0.44	0.38	0.32	0.25
1500~3000	地质资源	8.68	6.94	5.91	4.85	3.51
	可采资源	1.77	1.42	1.21	1.01	0.76
3000~4500	地质资源	12.25	10.15	9.27	8.17	6.94
	可采资源	2.36	1.88	1.61	1.35	1.00
合计	地质资源	24.37	19.63	17.30	14.77	11.49
	可采资源	4.68	3.74	3.21	2.68	2.01

七、页岩油富集地质条件

（一）主要含页岩油层段

1. 西北区石炭系

含油气页岩层段主要发育于三塘湖盆地马朗凹陷哈尔加乌组，上段和下段各一套，富有机质泥页岩层段岩性组合主要为过渡相的暗色炭质泥岩夹凝灰岩和凝灰质泥岩。哈尔加乌组下段含油页岩层段厚度在 $30 \sim 100m$；上段含油页岩层段厚度在 $30 \sim 120m$；两套富有机质泥页岩层段具有横向分布不稳定，厚度高值区均位于马朗凹陷马中构造带和牛圈湖构造带及条湖凹陷西南部。

2. 西北区二叠系

含油气页岩层段主要发育于三塘湖盆地二叠系芦草沟组二段，准噶尔盆地中二叠统平地泉组（芦草沟组）、下二叠统风城组。

三塘湖盆地二叠系芦草沟组二段岩性复杂，岩性组合主要有深湖相-半深湖相的暗色泥岩夹白云质泥岩、泥质白云岩组合；深湖相-半深湖相的暗色泥岩夹凝灰质泥岩组合；半深湖相-浅湖相的凝灰质泥岩与灰质泥岩、云质泥岩互层组合。三塘湖盆地芦草沟组二段富有机质泥页岩层段在条湖-马朗凹陷，厚度大，主要在 30～160m，横向分布稳定；厚度中心主要位于马朗凹陷马中构造带和牛圈湖构造带及条湖凹陷西南部，由中心区向西南和东北方向逐渐减薄。准噶尔盆地下二叠统风城组下段识别出两套富有机质泥页岩层段，厚度较大，横向连续性较好。准噶尔盆地中二叠统平地泉组岩性较复杂，单个有利岩性组合厚度较小，累积有效厚度普遍较大（厚度大于100m）；岩性组合上，表现为大套泥岩夹薄层砂岩，组合内单层泥岩厚度集中在 6m 以内。泥页岩层在空间上的展布变化较大，连续性较差，但在同一凹陷内分布相对稳定。

准噶尔盆地中二叠统平地泉组（芦草沟组）富有机质泥页岩层段厚度在盆地北部最厚不超过300m，平均厚度为200m左右，在吉木萨尔凹陷泥页岩岩性组合厚度多小于200m，平均厚度为140m。

3. 西北区侏罗系

含油气富有机质泥页岩层段主要发育于吐哈盆地中侏罗统七克台组、塔里木盆地塔西南地区中侏罗统杨叶组及柴达木盆地中侏罗统大煤沟组七段。

吐哈盆地中侏罗统七克台组富有机质泥页岩层段主要发育于台北凹陷，在小草湖、丘东、胜北次洼可分别识别出 1～3 套富有机质泥页岩层段。小草湖次洼七克台组西北—东南方向发育三套富有机质泥页岩层段，分别是中上部两套和底部一套，分布稳定、连续性好。丘东次洼北部山前带七克台组发育两套富有机质泥页岩层段，向盆地边缘的西北方向逐渐减薄至尖灭。胜北次洼七克台组东西向剖面中，除底部发育完整的一套富有机质泥页岩层段外，顶部富有机质泥页岩层段仅在西部地区发育。侏罗系七克台组在胜北、丘东、小草湖三个次洼分别发育各自的沉积中心，富有机质泥页岩层段累计厚度均为 100～120m，哈密凹陷及托克逊凹陷厚度较薄。

塔里木盆地富有机质泥页岩层段主要发育在塔西南地区的中侏罗统杨叶组，富有机质泥页岩层段岩性组合为灰色泥岩夹暗色炭质泥岩和粉砂质泥岩。塔里木盆地塔西南地区的中侏罗统杨叶组富有机质泥页岩累计厚度为 30～100m，且向西南方向增厚。

柴达木盆地大煤沟组 J_2d^7 含油气页岩层段横向展布稳定，分布在鱼卡断陷、红山断陷—欧南凹陷和德令哈断陷，厚度主要在 30～90m。

4. 白垩系

酒泉盆地营尔凹陷中沟组黑梁地区单层厚度大于 10m 的泥页岩最大厚度为 1200m，红南和青南次凹为 300m，石大次凹为 100m，营尔凹陷黑梁地区单层厚度大于 30m 的泥页岩最大累计厚度为 800m，红南和青南次凹为 100m，石大次凹为 50m。

花海-金塔盆地花海凹陷下沟组富有机质泥页岩层段厚度最大值分布在花探 7 井附近，为 120m；其次在花探 9 井和花探 10 井附近，厚 100m；中沟组富有机质泥页岩层段厚度最大值分布在花探 10 井附近，为 400m，向四周依次减薄。

(二) 泥页岩有机地球化学特征

1. 石炭系

西北区石炭系有机质类型主要为 II_1 型、II_2 型。哈尔加乌组下段泥页岩 TOC 含量分布于 2%～10%。平面上，马朗凹陷石炭系哈尔加乌组上段泥页岩 TOC 较下段高，在马朗凹陷东北部发育高值中心，有机碳含量最高可达 7%；条湖凹陷下段有机碳含量高于上段。

哈尔加乌组上段泥页岩实测的 R_o 为 0.8%～1.1%，哈尔加乌组下段实测的 R_o 为 0.9%～1.2%，均处于成熟阶段，已达到生烃门限。

2. 二叠系

西北区二叠系含油气页岩层段有机质类型以三塘湖盆地中二叠统芦草沟组二段为最好，以 II_1 型和 I 型为主，II_1 型干酪根约占样品总数的 60%；准噶尔盆地中二叠统平地泉组（芦草沟组）、下二叠统风城组泥页岩有机质类型多样，以 III 型、II_1 型和 II_2 型为主，部分为 I 型。

三塘湖盆地二叠系芦草沟组泥页岩有机质丰度在西北区二叠系中最高，超过 90% 的样品总有机碳含量大于 4%，为优质烃源岩。准噶尔盆地中二叠统平地泉组有机碳含量较高，大于 1% 样品的超过样品总数的 60%；在不同地区略有差异，吉木萨尔地区有机碳含量较高，如 JY74 泥页岩样品有机碳含量多数大于 5%。准噶尔盆地钻遇下二叠统风城组的有机碳含量大于 1% 的超过样品总数的 55%。

三塘湖盆地二叠系芦草沟组泥质岩的 R_o 实测数据分布在 0.6%～0.9%，部分样品超过 0.9%，最高值小于 2.0%，总体处于低熟-成熟早期阶段，其中马朗凹陷中部和条湖凹陷的西南部有机质成熟度较高，可达 1.0%；准噶尔盆地中二叠统的 R_o 在玛湖凹陷—中央隆起带—东部主要处于低成熟阶段，拗陷内部总体处于高成熟-过成熟阶段，但埋藏深度太大；下二叠统风城组的 R_o 主要处于成熟-过成熟阶段，分布范围更小，玛湖凹陷靠近盆地边缘部位和东南部局部处于成熟阶段，以生油为主，中心部位处于高成熟-过成熟阶段，以生气为主。

3. 侏罗系

西北区侏罗系泥页岩样品中，柴达木盆地大煤沟组七段干酪根类型最差，大部分为 III 型。吐哈盆地中侏罗统七克台组泥页岩干酪根类型 I-III 型均有分布，且 I 型相对其他层位较多，类型较好，倾油性特征明显。塔西南地区中侏罗统杨叶组干酪根类型以 II_2-III 型为主，II_1-I 型含量较少。

西北区侏罗系泥页岩样品丰度以柴达木盆地大煤沟组七段为最好，有超过 40% 的泥页岩样品 TOC 含量大于 2%；吐哈盆地侏罗系七克台组有机质丰度低，TOC 大多小于 1%，生烃潜量较低，但部分样品较高。塔西南地区中侏罗统泥页岩有机质丰度较高，多介于 1.0%～2.0%，生烃潜量较低。

4. 白垩系

西北区白垩系有机质类型以酒泉盆地营尔凹陷中沟组为最好，干酪根类型为 I-II_1 型。花海凹陷下沟组有机质类型以 II_1 型和 II_2 型为主，中沟组泥页岩有机质类型以 I 型和 II_1 型为主。

西北区花海凹陷下沟组泥页岩总有机碳含量多大于 1%；酒泉盆地营尔凹陷白垩系中沟组泥页岩有机碳含量较高，超过 50% 的样品 TOC 含量大于 2%；而花海凹陷中沟组 TOC 含量多分布于 0.5%～1.5%。

营尔凹陷中沟组从东北向西南方向演化程度逐渐增加，以祁连乡为界，以北地区均处于未熟阶段，以南地区处于成熟阶段。花海凹陷下沟组和中沟组泥页岩的主体成熟度在 0.7%～1.0%，处于生油窗内，具有较好的页岩油潜力。

（三）泥页岩储集特征

西北地区有利页岩油发育层段在石炭系、二叠系、侏罗系、白垩系均有分布。石炭系页岩油主要发育于三塘湖盆地的哈尔加乌组，二叠系页岩油发育于准噶尔盆地下二叠统风城组和中二叠统芦草沟组，以及三塘湖盆地的芦草沟组；侏罗系页岩油发育在塔里木盆地中侏罗统的杨叶组、吐哈盆地的七克台组，以及柴达木盆地大煤沟组七段；白垩系页岩油发育在花海凹陷下白垩统的中沟组和下沟组，以及酒泉盆地的中沟组。

1. 岩石组成

三塘湖盆地石炭系主要以炭质泥岩夹凝灰质泥岩和凝灰岩为有效岩性；三塘湖盆地二叠系芦草沟组岩性复杂，沉积物粒度较细，多为泥级、粉砂级颗粒，主要为暗色泥岩、白云质泥岩、灰质泥岩和凝灰质泥岩等；准噶尔盆地二叠系泥页岩基本均以暗色泥岩、云质泥岩、灰质泥岩等岩性或岩性组合为主，碳酸盐岩含量较高；而吐哈盆地中侏罗统七克台组、塔里木盆地塔西南地区中侏罗统杨叶组主要发育泥岩、炭质泥岩、煤层和灰黑色粉砂质泥岩等有效岩性组合；柴达木盆地大煤沟组七段主要以黑色页岩、油页岩为主，夹薄层粉砂岩；酒泉盆地、花海凹陷主要发育湖相暗色泥岩与粉砂质泥岩互层为主要的岩石组合类型。

2. 矿物特征

1）二叠系

西北区二叠系岩石矿物成分主要有石英、钾长石、斜长石、方解石、白云石、黏土矿物、黄铁矿和方沸石等。其中三塘湖盆地芦草沟组二段泥页岩样品黏土矿物含量，分布在 2.0%～50.0%，平均为 23.1%，脆性矿物含量较高，平均为 72.96%；而准噶尔盆地二叠系平地泉组和风城组泥页岩脆性矿物含量平均可达 63.75%，黏土总量平均约 27.65%，白云石含量高是风城组页岩油层系的典型特征。

西北区二叠系泥页岩样品黏土矿物成分主要有高岭石、绿泥石、伊利石和伊/蒙混层。其中三塘湖盆地芦草沟组泥页岩黏土矿物中，伊/蒙混层含量较高，多为 71%～88%，平均为 80.7%；高岭石含量为 0～9%，平均为 4.7%；绿泥石含量为 0～12%，平均为 5.3%；伊利石含量为 0～18%，平均为 9.3%。准噶尔盆地平地泉组（芦草沟组）泥页岩黏土矿物中主要以伊/蒙混层含量较高，多为 71%～88%，平均为 80.75%；高岭石含量为 4%～5%，平均为 4.5%；绿泥石含量为 4%～16%，平均为 9.75%；伊利石含量为 3%～12%，平均为 5%。准噶尔盆地风城组泥页岩黏土矿物中，伊利石及伊/蒙混层含量较高，伊/蒙混层多为 51%～88%，平均为 63.3%，伊利石含量为 3%～30%，平均为 20.7%；高岭石含量为 1%～5%，平均为 1.5%，不同层位不同地区的泥页岩样品相对含量相差较大。

2）侏罗系

西北区侏罗系矿物成分与二叠系相似，有石英、钾长石、斜长石、方解石、白云石、黏土矿物、黄铁矿和方沸石等。其中吐哈盆地七克台组泥页岩脆性矿物含量较为稳定，为 50%～67%，黏土矿物含量为 30%～50%。塔里木盆地中侏罗统杨叶组泥页岩总体以石英和黏土矿物为主，石英、长石和方解石等脆性矿物含量为 35%～68%，平均约为 52.5%，黏土矿物含量为 32%～65%，多数大于 40%，平均约为 42.5%；其他矿物含量低，多小于 10%。

黏土矿物成分主要有高岭石、绿泥石、伊利石和伊/蒙混层。其中侏罗系七克台组泥页岩样品黏土矿物成分中伊/蒙混层含量高，多为 47%～7%，平均为 57.2%；高岭石、伊利石、绿泥石含量相当：高岭石含量为 5%～20%，平均为 14.3%；绿泥石含量介于 5%～15%，平均为 10.2%；伊利石含量为 12%～28%，平均为 18.3%。塔里木盆地塔西南地区杨叶组泥页岩黏土矿物中，伊利石与伊/蒙混层含量较高，多为 47%～80%，平均为 59.91%；高岭石含量为 12%～38%，平均为 25.18%；绿泥石含量为 8%～20%，平均为 14.91%。

3）白垩系

酒泉盆地营尔凹陷下白垩统泥页岩黏土矿物含量为 25%～40%，均值为 29.2%，石英含量为 25%～40%，均值为 30%；花海凹陷白垩系泥页岩样品脆性矿物含量分布在 39.1%～44.2%，黏土矿物含量分布在 55.8%～60.1%，分布较为稳定。

酒泉盆地营尔凹陷泥页岩黏土矿物中伊利石和伊/蒙间层比含量最高，伊利石含量可达 20%～40%，伊/蒙间层含量可达 20%～70%；花海凹陷泥页岩黏土矿物伊/蒙混层含量高，多为 71%～76%，平均为 73.5%；高岭石、伊利石、绿泥石含量相当，其中高

岭石含量在 $5\%\sim8\%$，平均为 6.5%，绿泥石含量在 $6\%\sim9\%$，平均为 7.5%，伊利石含量在 $12\%\sim13\%$，平均为 12.5%。

3. 储层物性

1）二叠系

三塘湖盆地芦草沟组 78.8% 的样品孔隙度值小于 8.0%；65.9% 的样品渗透率值小于 $5\times10^{-5}\mu m^2$。孔隙结构以微孔、细喉、极细歪度、孔隙吼道分选差为特征。

准噶尔盆地中二叠统平地泉组和风城组样品泥页岩进行物性测试，统计显示，平地泉组 87.4% 的样品孔隙度值小于 8.0%；渗透率都在 $1\times10^{-2}\mu m^2$ 之下，渗透率低于 $5\times10^{-5}\mu m^2$ 的占主体。其中，60.4% 的样品渗透率值小于 $5\times10^{-5}\mu m^2$，小于 $1\times10^{-3}\mu m^2$ 的样品占 83.2%。

风城组泥页岩 72.3% 的样品孔隙度值小于 8.0%；渗透率主要都在 $1\times10^{-2}\mu m^2$ 之下，渗透率低于 $5\times10^{-5}\mu m^2$ 为主体，占 45.6%。

三塘湖盆地马朗凹陷芦草沟组岩心样基质进行脉冲孔渗测定，孔隙度和渗透率值均很低，基质渗透率值为 $1.584\times10^{-7}\sim9.640\times10^{-7}\mu m^2$，平均为 $4.671\times10^{-7}\mu m^2$；可见裂缝的发育对芦草沟组泥页岩有效储层的形成具有重要作用。

2）侏罗系

塔里木盆地中侏罗统孔隙度主要为 $0.5\%\sim6\%$，平均约为 2.75%；渗透率主要在 $5\times10^{-6}\sim1\times10^{-3}\mu m^2$，平均约为 $1.6\times10^{-4}\mu m^2$。脉冲孔隙度为 $3.19\%\sim8.39\%$，平均为 4.62%，脉冲渗透率大多小于 $1\times10^{-5}\mu m^2$。

3）白垩系

酒泉盆地营尔凹陷下白垩统的中沟组泥页岩样品较少，孔隙度多在 5% 左右，渗透率值多在 $1\times10^{-5}\sim0.1\mu m^2$。

花海盆地花海凹陷下白垩统中、下沟组泥页岩样品孔隙度较高，普遍在 4% 以上；泥页岩的渗透率也较高，可达 $2.148\times10^{-3}\sim1.087\,21\times10^{-2}\mu m^2$ 以上。

4. 储集空间类型

西北地区中小盆地泥页岩中储集空间类型多样，按储集空间规模大小，可分为宏观储集空间和微观储集空间。其中，宏观储集空间主要是裂缝，而微观储集空间又可分为原生孔隙、次生溶蚀孔隙、有机质残留孔隙、纹层微缝等。

（四）含油性特征

三塘湖盆地马朗凹陷芦草沟组二段是页岩油发育的主力层段，泥页岩钻井含油显示活跃，油斑、油迹较多，电阻率测井曲线具有明显的形态和峰值特征。

准噶尔盆地二叠系平地泉组发育大段的砂泥岩互层，在火东1井二叠系平地泉组也出现了气测异常显示，在平一段下部和平二段上部 2200m 左右的两段泥页岩段出现了气测峰值，在平三段中部 2500m 左右的泥页岩段气测也同样达到了此段的峰值；五彩湾地区彩 57 井中二叠统平地泉组中上部的几套泥页岩段气测异常都有不同程度的增加，气测显示良好。

塔里木盆地塔西南杨叶组泥页岩层段有气测显示，局部气测异常特别明显。在塔西南阿北 1 井井段 5109.0～5112.0m、5178.0～5282.5m、5255.0～5260.0m 及 5388.0～5393.0m 处均有气测显示。

八、页岩油有利区优选

在对西北区不同盆地泥页岩的地质特征、地球化学特征、储层特征等进行综合分析的基础上，依据有利区优选标准对西北区页岩油有利区进行优选，共选出有利区 17 个，累计面积为 13 956.83km² （表 5-19）。其中三塘湖盆地有 5 个，累计面积为 512.7km²，占总累计面积的 3.67%；柴达木盆地有 4 个，累计面积为 3816.62km²，占总累计面积的 27.35%；准噶尔盆地有 3 个，累计面积为 7581.16km²，占总累计面积的 54.32%；西部中小盆地 2 个，累计面积为 184.00km²，占总累计面积的 1.32%；酒泉盆地、吐哈盆地和塔里木盆地各有 1 个，累计面积分别为 73.9km²、912.45km²，分别占总累计面积的 0.53% 和 6.54%。

表 5-19　西北区页岩油发育有利区分布表

层系		盆地	个数	面积/km²
新生界	古近系	柴达木盆地	1	391.62
中生界	白垩系	酒泉盆地	1	73.90
		中小型盆地	2	184.00
	侏罗系	塔里木盆地	1	876.00
		柴达木盆地	3	3 425.00
		吐哈盆地	1	912.45
上古生界	二叠系	准噶尔盆地	3	7 581.16
		三塘湖盆地	1	146.10
	石炭系	三塘湖盆地	4	366.60
合计			17	13 956.83

层系上从上古生界到新生界均有有利区的分布，其中侏罗系 5 个，累计面积为 5213.45km²，占总累计面积的 37.35%；石炭系和二叠系各 4 个，累计面积分别为 366.6km² 和 7727.26km²，分别占总累计面积的 2.63% 和 55.37%；白垩系 3 个，累计面积为 257.9km²，占总累计面积的 1.85%，古近系 1 个，累计面积为 391.63km²，占总累计面积的 2.81%。

1. 三塘湖盆地

哈尔加乌组共发育 4 个有利区域，其中哈尔加乌组上段发育 2 个有利区，分布在条湖-马朗凹陷的西南部和东北部，总面积为 105.6km²，有效泥页岩累计厚度均值为 36m，

TOC>4.0%，R_o为0.6%～0.8%。哈尔加乌组下段发育2个有利区，分布在马朗凹陷的西南部和东北部，总面积为261km²，有效泥页岩累计厚度均值31m，TOC>4.0%，R_o为0.6%～0.8%。中二叠统芦草沟组二段页岩油有利区主要分布在马朗凹陷的中部，有利区面积为199.5km²，累计有效厚度均值为78m，TOC>4.0%，有机质类型主要为Ⅰ-Ⅱ₁型，R_o为0.6%～0.8%。

2. 准噶尔盆地

中二叠统发育2个页岩油有利区，下二叠统发育1个有利区。中二叠统页岩油有利区主要分布在北部的五彩湾-石树沟凹陷和东南部的吉木萨尔凹陷。其中，北部的五彩湾-石树沟有利区，面积为2508.7km²，暗色泥岩累计厚度为30～250m，埋深为2000～4000m，TOC为1.0%～2.0%，有机质类型以Ⅱ型为主，R_o主要为0.7%～0.8%；东南部的吉木萨尔有利区，面积为1280.3km²，暗色泥岩累计厚度为30～250m，埋深在2000～4500m，TOC为1.0%～1.5%，有机质类型以Ⅱ型为主，R_o主要为0.7%～0.9%。下二叠统页岩油有利区主要分布在盆地北部风城地区，面积为492.16km²，暗色泥岩累计厚度在50～250m，埋深为3500～5000m，TOC为1.5%～2.5%，有机质类型以Ⅱ₁型为主，R_o为0.5%～0.8%。

3. 塔里木盆地

页岩油主要发育在中侏罗统，有利区主要分布在塔西南拗陷的喀什凹陷。塔西南拗陷有利区面积约为876km²，累计有效厚度为62m，埋深主要在1000～3000m，TOC为1%～2.5%，有机质类型以Ⅲ型为主，R_o多在1.0%～1.2%。

4. 柴达木盆地

侏罗系页岩油主要发育在中侏罗统的大煤沟组七段，有利区主要分布在鱼卡断陷、红山断陷和德令哈断陷，有利区面积分别约为586km²、779km²和2060km²。古近系页岩油主要发育在上干柴沟组泥页岩层段4，共1个有利区域，分布在狮子沟东南部，有效泥页岩累计厚度为30～150m，埋深为1500～3000m，TOC为1.0%～1.4%，氯仿沥青"A"为0.01%～0.1%，R_o为0.5%～0.7%。

5. 吐哈盆地

侏罗系页岩油发育主要富集于七克台组，有利区分布在胜北、丘东次凹，面积为912.45km²，累计有效厚度为80～120m，埋深为2000～2500m，有机质类型以Ⅰ-Ⅱ型为主，TOC为1.5%～2.5%，R_o为0.5%～0.8%。

6. 酒泉盆地和花海盆地

白垩系页岩油共3个有利区，其中，酒泉盆地发育1个，花海盆地发育2个。

酒泉盆地白垩系页岩油主要发育于下白垩统中沟组，有利区分布在营尔凹陷，面积为73.90km²。花海盆地白垩系页岩油主要发育于下白垩统中沟组和下沟组，中沟组页岩油有利区分布在花海凹陷，面积为28km²，累计有效厚度介于100～400m；下沟组页岩油有利区分布在花海凹陷，面积为156km²，累计有效厚度介于50～120m。

九、页岩油资源评价

西北区页岩油有利区地质资源为 $99.20 \times 10^8 t$，可采资源为 $8.73 \times 10^8 t$。其中，塔里木盆地有利区地质资源为 $1.58 \times 10^8 t$，占该区总量的 1.59%，可采资源为 $0.14 \times 10^8 t$；准噶尔盆地有利区地质资源为 $77.37 \times 10^8 t$，占该区总量的 77.99%，可采资源为 $6.81 \times 10^8 t$；柴达木盆地有利区地质资源为 $11.09 \times 10^8 t$，占该区总量的 11.18%，可采资源为 $0.98 \times 10^8 t$；吐哈盆地有利区地质资源为 $3.40 \times 10^8 t$，占该区总量的 3.43%，可采资源为 $0.30 \times 10^8 t$；酒泉盆地有利区地质资源为 $1.17 \times 10^8 t$，占该区总量的 1.18%，可采资源为 $0.10 \times 10^8 t$；三塘湖盆地有利区地质资源为 $3.82 \times 10^8 t$，占该区总量的 3.85%，可采资源为 $0.34 \times 10^8 t$；花海盆地有利区地质资源为 $0.77 \times 10^8 t$，占该区总量的 0.78%，可采资源为 $0.07 \times 10^8 t$（表 5-20）。

表 5-20　西北区页岩油资源评价结果表　　　　　（单位：$10^8 t$）

评价单元	资源潜力	概率分布				
		P_5	P_{25}	P_{50}	P_{75}	P_{95}
塔里木盆地	地质资源	2.12	1.79	1.58	1.39	1.14
	可采资源	0.19	0.16	0.14	0.12	0.10
准噶尔盆地	地质资源	262.15	126.64	77.37	46.72	23.29
	可采资源	23.07	11.14	6.81	4.11	2.05
柴达木盆地	地质资源	13.89	12.21	11.09	9.98	8.50
	可采资源	1.22	1.07	0.98	0.88	0.75
吐哈盆地	地质资源	6.56	4.69	3.40	2.10	0.24
	可采资源	0.58	0.41	0.30	0.18	0.02
酒泉盆地	地质资源	1.80	1.42	1.17	0.94	0.63
	可采资源	0.16	0.12	0.10	0.08	0.06
三塘湖盆地	地质资源	5.69	4.58	3.82	3.06	1.98
	可采资源	0.50	0.40	0.34	0.27	0.17
花海盆地	地质资源	1.19	0.94	0.77	0.60	0.36
	可采资源	0.10	0.08	0.07	0.05	0.03
合计	地质资源	293.40	152.27	99.20	64.79	36.14
	可采资源	25.82	13.40	8.73	5.70	3.18

（一）资源潜力层系分布

西北区页岩油有利区资源主要分布在上古生界石炭系、二叠系，中生界的侏罗系、白垩系和新生界的古近系。其中，石炭系有利区页岩油地质资源为 $0.77 \times 10^8 t$，占总量的 0.78%，可采资源为 $0.07 \times 10^8 t$；二叠系地质资源为 $80.42 \times 10^8 t$，占总量的 81.07%，可采资源为 $7.08 \times 10^8 t$；侏罗系地质资源为 $13.64 \times 10^8 t$，占总量的 13.75%，可采资源为 $1.20 \times 10^8 t$；白垩系地质资源为 $1.94 \times 10^8 t$，占总量的 1.96%，可采资源为

$0.17\times10^8 t$；古近系地质资源为$2.43\times10^8 t$，占总量的2.45%，可采资源为$0.21\times10^8 t$（表 5-21）。

表 5-21 页岩油资源层系分布表 （单位：$10^8 t$）

层系		资源潜力	概率分布				
			P_5	P_{25}	P_{50}	P_{75}	P_{95}
新生界	古近系	地质资源	3.23	2.76	2.43	2.11	1.63
		可采资源	0.28	0.24	0.21	0.19	0.14
中生界	白垩系	地质资源	2.99	2.36	1.94	1.54	0.99
		可采资源	0.26	0.21	0.17	0.14	0.09
	侏罗系	地质资源	19.34	15.93	13.64	11.36	8.25
		可采资源	1.70	1.40	1.20	1.00	0.73
上古生界	二叠系	地质资源	266.35	130.16	80.42	49.30	25.21
		可采资源	23.44	11.45	7.08	4.34	2.22
	石炭系	地质资源	1.49	1.06	0.77	0.48	0.06
		可采资源	0.13	0.09	0.07	0.04	0.01
合计		地质资源	293.40	152.27	99.20	64.79	36.14
		可采资源	25.82	13.40	8.73	5.70	3.18

（二）资源潜力埋深分布

西北区埋深在 $500\sim1500m$ 的页岩油有利区地质资源为 $19.31\times10^8 t$，占该区有利区总量的 19.47%，可采资源为 $1.70\times10^8 t$；埋深在 $1500\sim3000m$ 的页岩油地质资源为 $66.22\times10^8 t$，占该区总资源的 66.75%，可采资源为 $5.83\times10^8 t$；埋深在 $3000\sim4500m$ 的页岩油地质资源为 $13.57\times10^8 t$，占该区总量的 13.78%，可采资源为 $1.20\times10^8 t$（表 5-22）。

表 5-22 西北区页岩油资源深度分布 （单位：$10^8 t$）

埋深/m	资源潜力	概率分布				
		P_5	P_{25}	P_{50}	P_{75}	P_{95}
<1500	地质资源	49.19	28.52	19.31	13.43	8.09
	可采资源	4.33	2.51	1.70	1.18	0.71
1500~3000	地质资源	211.39	104.28	66.22	41.67	22.16
	可采资源	18.60	9.18	5.83	3.67	1.95
3000~4500	地质资源	32.82	19.47	13.67	9.69	5.89
	可采资源	2.89	1.71	1.20	0.85	0.52
合计	地质资源	293.40	152.27	99.20	64.79	36.14
	可采资源	25.82	13.40	8.73	5.70	3.18

第六节 青藏地区页岩油气资源前景

一、页岩分布及有机地化特征

(一)含气(油)页岩分布特征

1. 胜利河上侏罗统—下白垩统索瓦组富有机质页岩分布特征

胜利河油页岩露头总体呈东西向展布,西侧油页岩 5~7 层,单层厚度为 0.59~0.93m;中部油页岩 3~5 层,单层厚度为 0.40~0.90m;东侧油页岩 3 层,单层厚度为 0.60~1.20m,最大单层厚度达 5.24m,累计最大厚度大于 10.47m,最底部一层油页岩稳定,其上部油页岩单层厚度横向变化较大。其在西部长梁山一带,主要以夹层形式产出于泥晶灰岩中,在胜利河附近油页岩与泥晶灰岩、泥灰岩呈互层状产出。在整个研究区范围内,油页岩底部常与泥晶灰岩或生物屑灰岩整合接触,顶部常与泥灰岩、生物屑灰岩、膏灰岩等整合接触。

2. 其香错-毕洛错下侏罗统曲色组富有机质页岩分布特征

曲色组下部在羌塘盆地南拗陷南北存在较大的差异,北部毕洛错地区曲色组岩性以深灰-黑色泥页岩为主,局部夹灰岩,下部发育大套石膏层。

3. 岗巴定日盆地察且拉组、岗巴东山组富有机质页岩分布特征

察且拉组由黑色页岩、深灰色页岩含菱铁矿结核或条带组成。岗巴东山组岩性主要以深灰色薄层状粉砂质泥页岩、泥页岩为主,夹灰色、灰绿色中层状细粒岩屑杂砂岩、组成若干个砂岩—粉砂质泥页岩—泥页岩正粒序层理。

4. 伦坡拉盆地丁青湖组油页岩分布特征

伦坡拉盆地古近系丁青湖组一段、青湖组二段、青湖组三段发育有油页岩。伦坡日地区发育 22 层厚度大于 10cm 油页岩,单层厚度最大者可达 4.2m,累计厚度约 55.26m。蒋日阿错地区主要出露地层为古近系牛堡组三段,丁青湖组一段、丁青湖二段,页岩层可划分为 18 层,单层厚度最大者可达 2m,总厚度约 28.37m。爬错地区露头出露一般,含气(油)页岩较难燃烧,点燃后,具一定焦臭味,页岩层厚度较薄,总厚度小于 2m。

(二)有机地化特征

1. 上侏罗统—下白垩统索瓦组

索瓦组是青藏地区北羌塘拗陷内中西部分布较广泛发育的重要富有机质页岩层系,具有分布较广、厚度较小、有机质丰度高和成熟度低等特点,岩性主要为深灰-灰黑色泥页岩、炭质泥页岩、油页岩、粉砂质泥页岩等。

纵向上,富有机质页岩层段颜色以灰黑、黑色为主,页理非常发育,普遍含黄铁矿

化双壳，部分页岩层段可见油裂解成气后残留的沥青物；至上部颜色逐渐演变为灰至深灰色，粉砂质含量逐渐增加。横向上，该页岩在胜利河、西长梁及长蛇山均有出露，其有机质丰度相似，其空间分布受沉积环境相带控制。

青胜利河地区索瓦组页岩、油页岩有机质类型为II_1-II_2，有机碳含量为4.07%～21.37%，均值为8.40%。油页岩上下均发育有厚度相对较大的泥页岩，其中长蛇山地区泥页岩有机碳含量为1.98%～9.21%，均值为5.62%。干酪根的R_o为0.510%～1.47%，平均值为0.91%。

2. 下侏罗统曲色组

曲色组泥页岩主要分布于南羌塘拗陷中西部，有机质丰度横向上变化较大，总体呈北高南低的分布格局。其中比洛错剖面171.89m的泥页岩有机碳含量较高，为1.87%～26.12%，平均值为8.34%；纵向上，毕洛错地区泥页岩有机质含量上低下高，泥页岩有机质含量一般在2%左右，油页岩有机质含量为9%～26.12%。

3. 上三叠统土门格拉组

上三叠统土门格拉组在沃若山东发育一套深灰色、灰黑色薄层状泥页岩，其有机质含量较高，有机碳含量在0.41%～2.32%，平均含量为1.03%；有机质类型以II_2型为主，其次为II_1型；R_o在1.41%～1.77%，平均值为1.62%，处于高成熟演化阶段。

4. 下白垩统岗巴东山组和察且拉组

岗巴东山组有机碳含量为0.44%～1.13%，平均实测残余有机碳为0.88%。有机质类型为II_1-II_2型；R_o为1.43%～2.23%，均值为1.87%，总体处于高成熟-过成熟演化阶段。

5. 伦坡拉盆地丁青湖组

伦坡日地区油页岩有机碳含量较高，一般为3.5%～14.08%，平均为7.39%。有机质类型为I-II_1型；R_o一般为0.507%～0.538%，平均值为0.527%。

（三）页岩储层特征

1. 羌塘盆地

1）胜利河油页岩

胜利河组富有机质页岩主要为深灰色至灰黑色薄至中厚层状钙质页岩、泥页岩和油页岩。矿物组成总体较为简单，包括方解石、白云石、少量石英、长石和黏土矿物。石英含量均值仅8.2%，最大值为13%，几乎不含长石；碳酸盐矿物含量极高，局部地区如长蛇山碳酸盐含量最高可达92%；黏土矿物含量较低，在7%～17%，均值为12%。

2）毕洛错油页岩

毕洛错油页岩内矿物组成总体较为简单，包括方解石、白云石，少量石英、长石和黏土矿物。碳酸盐矿物含量极高，以方解石为主，局部层位碳酸盐含量最高可达91%；石英含量均值仅10.0%，最大值为15%；长石类以斜长石为主，含量多在3%左右；黏土矿物含量较低，在6%~25%，均值为17.8%。

3）松可尔地区富有机质页岩

松可尔地区富有机质页岩石英含量在34%~44%；长石含量在22%~35%；石英＋长石含量在50%~70%；方解石类矿物含量较低，多在22%~35%；整体脆性矿物含量较高，其内黏土矿物含量也较高多在30%~33%。

4）沃若山地区富有机质页岩

沃若山地区富有机质页岩内脆性矿物石英＋长石含量在61%~68%，以石英和斜长石为主，其中石英含量在44%~50%；黏土矿物含量在19%~32%；碳酸盐矿物含量极低，在3%~8%。

2. 伦坡拉盆地内伦坡日地区油页岩

伦坡日地区油页岩内脆性矿物石英＋长石含量在42%左右，其中以石英和斜长石为主，其内矿物含量也较高，在50%左右；碳酸盐矿物含量极低，在8%左右。

3. 定日-岗巴盆地

定日-岗巴盆地内定结和岗巴县地区富有机质页岩内脆性矿物石英＋长石含量较高，为55%~70%，石英含量多在37%~55%，长石以斜长石为主，斜长石含量多在8%~18%；黏土矿物含量较高多在29%~37%；碳酸盐矿物含量低，最高者在10%左右，且以方解石为主。

二、页岩油气远景分析

青藏高原羌塘盆地发育上侏罗统—下白垩统索瓦组、中侏罗统色哇组、下侏罗统曲色组等多套海相页岩，是页岩气研究的重点层系；同时，中侏罗统夏里组在北羌塘拗陷也发育了一定厚度和分布范围的泥页岩。根据岩石组合、沉积组构、剖面序列、生物组合、沉积机理等研究结果认为，羌塘盆地内富有机质页岩主要沉积于被动陆缘拗陷阶段和萎缩阶段，它们的发育和分布主要受沉积环境的控制，与页岩沉积期的岩相古地理格局有密切的关系；羌塘盆地南部其香错—毕洛错地区大套下侏罗统曲色组页岩主要形成于浅海陆棚环境，其分布范围明显受到中央隆起带控制下的沉积格局的影响。

羌塘盆地南部中侏罗统色哇组页岩的有机地化特征、岩石学特征、矿物成分及含气性研究结果显示，该套页岩具备页岩气形成的基础；其香错地区下侏罗统曲色组页岩厚度较大、有机地化特征、矿物学特征及含气性研究均有利于开展页岩气富集。

岗巴定日盆地在多个层位均有页岩的分布，其中上侏罗统门卡墩组、下白垩统古错村组、岗巴东山组、察且拉组、上白垩统岗巴村口组、宗山组均分布的页岩厚度较大。特别是下白垩统岗巴东山组、察且拉组发育的页岩分布范围广，区域性分布明显，富有机质页岩以陆棚边缘-盆地页岩相为主。其有机质丰度较高，有机质类型良好，有机质成熟度较高，生烃潜力良好，综合分析认为岗巴定日盆地具备页岩气远景潜力。

综合分析认为，青藏地区曲色组、岗巴东山组、察且拉组页岩脆性矿物含量大于

50%，以石英＋钠长石为主，岩石以破碎，破裂潜力较好。页岩储层孔隙类型丰富，主要有粒间孔、溶蚀孔、微裂隙，以微米级孔隙和微细裂缝为主。富有机质页岩总体具有低孔低渗、低孔特低渗、脆性矿物含量高、微孔与微细裂缝发育的特点，具有一定的储集性，且破裂潜力较好，页岩储集性相对较好。

通过对胜利河油页岩、毕洛错油页岩及伦坡拉盆地油页岩对比分析研究，初步查明各油页岩空间分布情况，认为伦坡拉油页岩品质明显好于胜利河地区油页岩、毕洛错油页岩，具备工业勘探前景，需要进一步开展工作，查明伦坡拉盆地页岩油的远景潜力。

第六章

全国页岩气、页岩油有利区资源潜力评价

2011 年，国土资源部为了尽快掌握我国页岩气资源的初步情况，重点进行全国页岩气资源潜力调查评价及有利区优选，在上扬子及滇黔桂区、中下扬子及东南区、华北及东北区、西北区内优选 41 个盆地，划分为 87 个评价单元，优选了 57 个含气页岩层段开展页岩气资源调查评价及有利区优选；青藏区主要开展了页岩气资源前景调查。2011 年度的初步评价和优选结果是，我国陆上页岩气地质资源潜力在 25％～75％概率下为 $174.45×10^{12}～99.48×10^{12}\,m^3$，中值为 $134.42×10^{12}\,m^3$，可采资源潜力在 25％～75％概率下为 $32.51×10^{12}～18.32×10^{12}\,m^3$，中值为 $25.08×10^{12}\,m^3$（不含青藏区），并初步优选出页岩气有利区 180 个，划分页岩气勘探开发规划区 36 个，见表 6-1。

表 6-1 全国页岩气资源评价结果表（不含青藏区）   （单位：$10^{12}\,m^3$）

资源潜力	概率分布				
	P_5	P_{25}	P_{50}	P_{75}	P_{95}
地质资源	246.45	174.45	134.42	98.48	56.04
可采资源	46.60	32.51	25.08	18.32	10.49

2012 年在全国页岩气资源潜力评价基础上，进一步加大研究力度，重点加强了以下几方面工作：

（1）加强含气页岩层段的进一步识别划分，对初步确认的含油气页岩层段进行有机地化、储层岩矿和物性、储层含气性研究，详细划分含油气页岩层段，保证有利区优选和有利区资源评价参数的合理性。

（2）突出评价目的层段的加强页岩气现场解析和含气性分析，保证所评价的含气页岩层段具有页岩气显示。

（3）加强含油气页岩层段岩矿和储集能力研究，获取含油气页岩层段的岩石、矿物组成、孔渗资料。

（4）深化有利区优选，所优选出的有利区中，各项页岩油气参数较为齐全，依据较

为充分。

（5）对优选出的页岩油气有利区开展页岩气、页岩油资源评价，获取每个有利区的页岩气、页岩油地质资源量、可采资源量。

（6）继续跟踪国内外页岩气勘探开发最新进展，不断总结经验，分析我国页岩气富集特征和开发前景。

通过一年多的研究和调查评价工作，在全国陆域（不包括青藏地区）识别出含气页岩层段 60 个，优选出页岩气有利区 233 个，累计面积达 877 199km²；页岩油有利区 60 个，累计面积达 157 591km²，全面评价了各有利区页岩气、页岩油资源潜力。

第一节　页岩气有利区优选

全国陆域（不包括青藏地区）共选出有利区 233 个，累计面积达 877 199km²。其中上扬子及滇黔桂区 37 个，累计面积为 416 023km²，占总累计面积的 47.43%，中下扬子及东南区 46 个，累计面积为 248 626km²，占总累计面积的 28.34%；华北及东北区 95 个，累计面积为 164 294km²，占总累计面积的 18.73%；西北区 55 个，累计面积为 48 256km²，占总累计面积的 5.50%（图 6-1～图 6-3）。

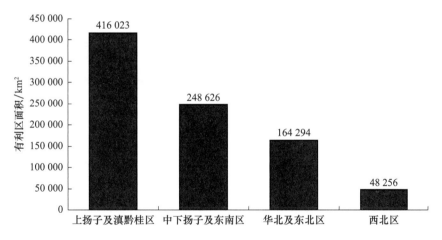

图 6-1　全国页岩气发育有利区分布面积图

层系上从新元古界到新生界均有有利区的分布，其中蓟县系发育页岩气有利区 1 个，累计面积为 885km²，占总累计面积的 0.10%；震旦系发育页岩气有利区 3 个，累计面积为 27 040km²，占总累计面积的 3.08%；寒武系发育页岩气有利区 26 个，累计面积为 275 668km²，占总累计面积的 31.43%；奥陶系发育页岩气有利区 3 个，累计面积为 4430km²，占总累计面积的 0.51%；志留系发育页岩气有利区 12 个，累计面积为

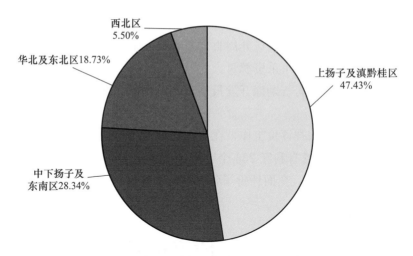

图 6-2 全国页岩气发育有利区面积分布图

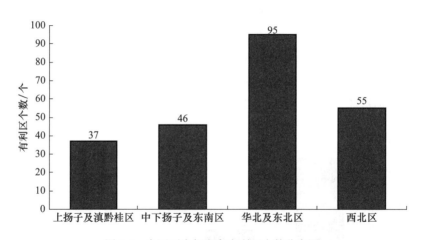

图 6-3 全国页岩气发育有利区个数分布图

106 624km²，占总累计面积的 12.16%；泥盆系发育页岩气有利区 12 个，累计面积为 709 46km²，占总累计面积的 8.09%；石炭系发育页岩气有利区 46 个，累计面积为 54 544km²，占总累计面积的 6.22%；二叠系发育页岩气有利区 53 个，累计面积为 111 184km²，占总累计面积的 12.67%；三叠系发育页岩气有利区 14 个，累计面积为 125 028km²，占总累计面积的 14.25%；侏罗系发育页岩气有利区 31 个，累计面积为 62 538km²，占总累计面积的 7.13%；白垩系发育页岩气有利区 24 个，累计面积为 34 087km²，占总累计面积的 3.88%；古近系发育页岩气有利区 8 个，累计面积为 4225km²，占总累计面积的 0.48%（图 6-4 和图 6-5）。

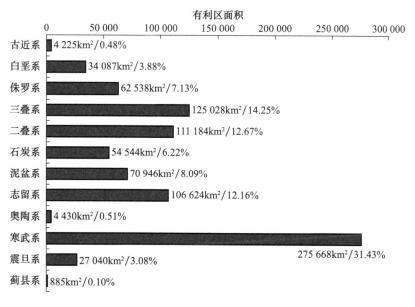

图 6-4　全国页岩气发育有利区面积层系分布图

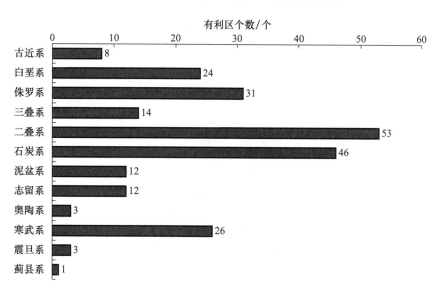

图 6-5　全国页岩气发育有利区个数层系分布图

第二节　页岩油有利区优选

全国共选出页岩油有利区 60 个，累计面积为 214 583km² （图 6-6 和图 6-7）。其中上扬子及滇黔桂区 2 个，面积为 56 992km²，占总累计面积的 26.56％，主要分布在四川盆地中北部；中下扬子及东南区 12 个，累计面积为 13 031km²，占总累计面积的 6.07％，主要分布在洞庭盆地的沅江凹陷,江汉盆地的潜江凹陷、江陵凹陷、陈沱口凹陷、小板凹陷和沔阳凹陷和苏北地区的高邮凹陷、金湖凹陷、海安凹陷和盐城凹陷;华北及东北区 29 个,累计面积为 130 604km²,占总累计面积的 60.86%,主要分布在松辽盆地及外围地区和渤海盆地及外围地区,其次为鄂尔多斯盆地及外围地区和南襄盆地的泌阳凹陷;西北区 17 个,累计面积为 13 956km²,占总累计面积的 6.5%,主要分布在准噶尔盆地的三叠系和柴达木盆地的侏罗系(图 6-6~图 6-8)。

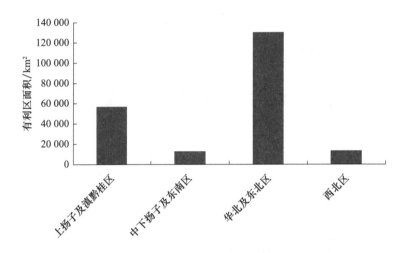

图 6-6 全国页岩油发育有利区面积分布图

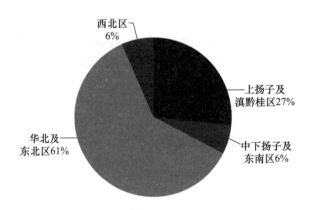

图 6-7 全国页岩油发育有利区面积分布图

层系上主要分布在上古生界的石炭系、中生界和新生界,其中石炭系发育页岩油有利区 4 个,累计面积为 367km²,占总累计面积的 0.17%;三叠系发育页岩油有利区 7 个,累计面积为 30 541km²,占总累计面积的 14.23%;侏罗系发育页岩油有利区 7 个,累计面积为 62 315km²,占总累计面积的 29.03%;白垩系发育页岩油有利区 9 个,累计面积为 61 503km²,占总累计面积的 28.65%;古近系发育页岩油有利区 33 个,累计面积为 59 968km²,占总累计面积的 27.92%(图 6-9 和图 6-10)。

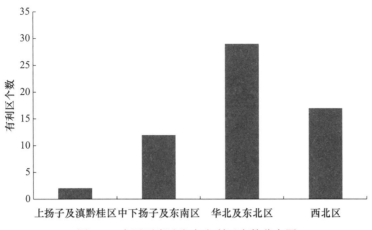

图 6-8　全国页岩油发育有利区个数分布图

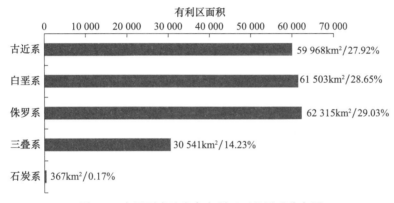

图 6-9　全国页岩油发育有利区面积层系分布图

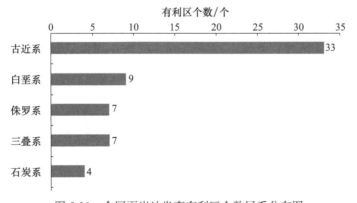

图 6-10　全国页岩油发育有利区个数层系分布图

第三节　全国页岩气资源潜力评价结果

对全国 4 大区中的 41 个盆地和地区、87 个评价单元、60 个含气页岩层系的 233 个页岩气有利区页岩气资源量的系统评价，得到页岩气有利区地质资源潜力为 $123.01 \times 10^{12} m^3$（不含青藏区），可采资源为 $21.84 \times 10^{12} m^3$。

一、资源潜力大区分布

全国页岩气发育有利区地质资源潜力，上扬子及滇黔桂区为 $71.32 \times 10^{12} m^3$，占全国总量的 57.98%；中下扬子及东南区为 $20.63 \times 10^{12} m^3$，占全国总量的 16.77%；西北区为 $17.30 \times 10^{12} m^3$，占全国总量的 14.07%；华北及东北区为 $13.76 \times 10^{12} m^3$，占全国总量的 11.18%（图 6-11～图 6-13）。

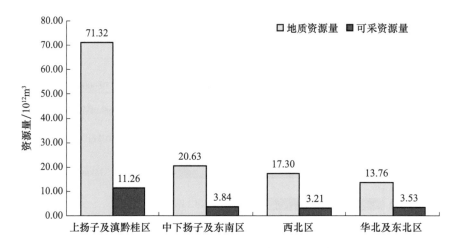

图 6-11 全国页岩气有利区资源大区分布

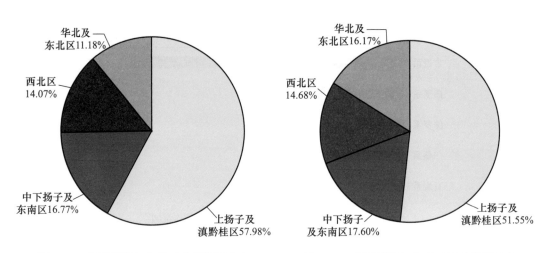

图 6-12 全国页岩气有利区地质资源分布   图 6-13 全国页岩气有利区可采资源分布

全国页岩气可采资源潜力为 $21.84 \times 10^{12} m^3$（不含青藏区）。其中，上扬子及滇黔桂区为 $11.26 \times 10^{12} m^3$，占全国总量的 51.55%；中下扬子及东南区为 $3.84 \times 10^{12} m^3$，占全

国总量的 17.60%；西北区为 $3.21\times10^{12}\,m^3$，占全国总量的 14.68%；华北及东北区为 $3.53\times10^{12}\,m^3$，占全国总量的 16.17%。

二、全国页岩气资源潜力层系分布

全国页岩气资源主要分布在元古界的蓟县系、震旦系，下古生界的寒武系、奥陶系、志留系，上古生界泥盆系、石炭系、二叠系，中生界的三叠系、侏罗系、白垩系和新生界的古近系。其中，元古界有利区地质资源为 $2.81\times10^{12}\,m^3$，占总量的 2.28%，可采资源为 $0.43\times10^{12}\,m^3$，占总量的 1.89%；下古生界有利区地质资源为 $61.02\times10^{12}\,m^3$，占总量的 49.61%，可采资源为 $9.16\times10^{12}\,m^3$，占总量的 42.12%；上古生界有利区地质资源为 $61.02\times10^{12}\,m^3$，占总量的 17.12%，可采资源为 $4.07\times10^{12}\,m^3$，占总量的 19.39%；中生界有利区地质资源为 $36.39\times10^{12}\,m^3$，占总量的 29.58%，可采资源为 $7.78\times10^{12}\,m^3$，占总量的 35.08%；新生界有利区地质资源为 $1.73\times10^{12}\,m^3$，占总量的 1.41%，可采资源为 $0.40\times10^{12}\,m^3$，占总量的 1.52%。

层系上，蓟县系有利区地质资源为 $0.13\times10^{12}\,m^3$，占总量的 0.11%，可采资源为 $0.033\times10^{12}\,m^3$，占总量的 0.15%；震旦系有利区地质资源为 $2.68\times10^{12}\,m^3$，占总量的 2.18%，可采资源为 $0.40\times10^{12}\,m^3$，占总量的 1.84%；寒武系有利区地质资源为 $32.57\times10^{12}\,m^3$，占总量的 26.48%，可采资源为 $4.78\times10^{12}\,m^3$，占总量的 21.88%；奥陶系有利区地质资源为 $1.70\times10^{12}\,m^3$，占总量的 1.38%，可采资源为 $0.26\times10^{12}\,m^3$，占总量的 1.20%；志留系有利区地质资源为 $26.75\times10^{12}\,m^3$，占总量的 21.74%，可采资源为 $4.12\times10^{12}\,m^3$，占总量的 18.85%；泥盆系有利区地质资源为 $6.29\times10^{12}\,m^3$，占总量的 5.12%，可采资源为 $1.06\times10^{12}\,m^3$，占总量的 4.85%；石炭系有利区地质资源为 $5.35\times10^{12}\,m^3$，占总量的 4.35%，可采资源为 $0.89\times10^{12}\,m^3$，占总量的 4.08%；二叠系有利区地质资源为 $9.42\times10^{12}\,m^3$，占总量的 7.66%，可采资源为 $2.12\times10^{12}\,m^3$，占总量的 9.72%；三叠系有利区地质资源为 $10.56\times10^{12}\,m^3$，占总量的 8.58%，可采资源为 $2.07\times10^{12}\,m^3$，占总量的 9.46%；侏罗系有利区地质资源为 $19.57\times10^{12}\,m^3$，占总量的 15.91%，可采资源为 $3.97\times10^{12}\,m^3$，占总量的 18.17%；白垩系有利区地质资源为 $6.26\times10^{12}\,m^3$，占总量的 5.09%，可采资源为 $1.74\times10^{12}\,m^3$，占总量的 7.95%；古近系有利区地质资源为 $1.73\times10^{12}\,m^3$，占总量的 1.40%，可采资源为 $0.40\times10^{12}\,m^3$，占总量的 1.85%（图 6-14～图 6-16）。

三、资源潜力沉积相分布

全国海相页岩气有利区地质资源为 $70.12\times10^{12}\,m^3$，占全国总量的 57.00%，可采资源为 $10.65\times10^{12}\,m^3$，占总量的 48.76%；海陆过渡相页岩气有利区地质资源为 $25.33\times10^{12}\,m^3$，占总量的 20.60%，可采资源为 $5.08\times10^{12}\,m^3$，占总量的 23.26%；陆相页岩气有利区地质资源为 $27.56\times10^{12}\,m^3$，占总量的 22.40%，可采资源为 $6.11\times10^{12}\,m^3$，占总量的 27.98%（图 6-17～图 6-19）。

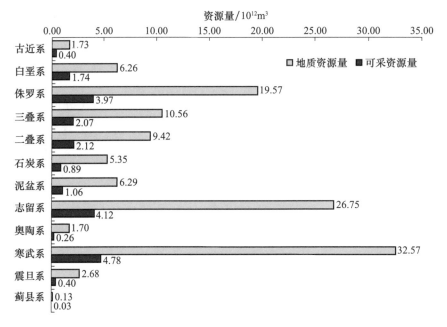

图 6-14　全国页岩气有利区资源层系分布

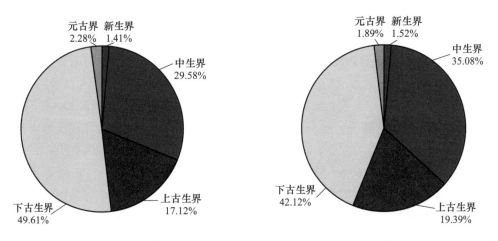

图 6-15　全国页岩气有利区地质资源层系分布　　图 6-16　全国页岩气有利区可采资源层系分布

四、资源潜力埋深分布

　　埋深在 500～1500m 的页岩气有利区地质资源为 25.64×10^{12} m^3，占总量的 20.84%，可采资源为 4.67×10^{12} m^3，占总量的 21.37%；埋深在 1500～3000m 的页岩气有利区地质资源为 48.99×10^{12} m^3，占总量的 39.83%，可采资源为 9.49×10^{12} m^3，占总量的 43.45%；埋深在 3000～4500m 的页岩气有利区地质资源为 48.38×10^{12} m^3，占总量的 39.33%，可采资源为 7.68×10^{12} m^3，占总量的 35.18%（图 6-20～图 6-22）。

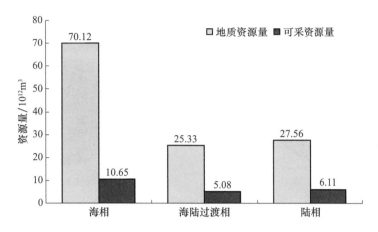

图 6-17 全国页岩气资源沉积相分布

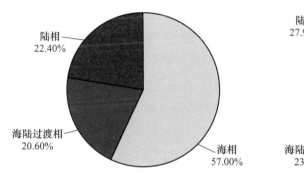

图 6-18 全国页岩气有利区地质资源沉积相分布 图 6-19 全国页岩气有利区可采资源沉积相分布

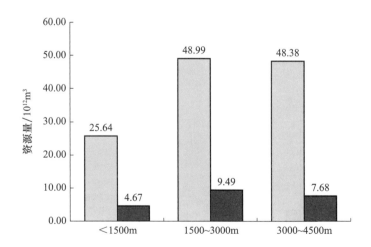

图 6-20 全国页岩气有利区资源埋深分布

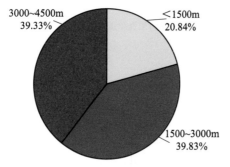
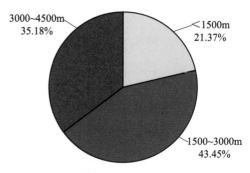

图 6-21 全国页岩气有利区地质资源埋深分布   图 6-22 全国页岩气有利区可采资源埋深分布

五、资源潜力地貌分布

全国页岩气资源主要分布在丘陵、低山、平原、中山以及戈壁地区，地质资源量为 $111.63×10^{12}m^3$，占总量的 90.75%，可采资源为 $20.66×10^{12}m^3$，占总量的 94.59%；其中，丘陵地区页岩气有利区地质资源为 $34.77×10^{12}m^3$，占总量的 28.27%，可采资源为 $6.39×10^{12}m^3$，占总量的 29.28%；低山地区地质资源为 $24.02×10^{12}m^3$，占总量的 19.52%，可采资源为 $4.20×10^{12}m^3$，占总量的 19.22%；平原地区地质资源为 $18.68×10^{12}m^3$，占总量的 15.18%，可采资源为 $4.42×10^{12}m^3$，占总量的 20.21%；中山地区地质资源为 $18.28×10^{12}m^3$，占总量的 14.86%，可采资源为 $2.76×10^{12}m^3$，占总量的 12.62%；戈壁地区地质资源为 $15.88×10^{12}m^3$，占总量的 12.92%，可采资源为 $2.90×10^{12}m^3$，占总量的 13.26%；其次依次为高山、黄土塬、高原、喀斯特、沙漠和湖沼地区（图 6-23）。

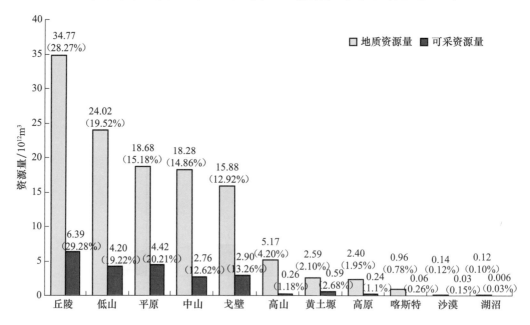

图 6-23 页岩气有利区资源地貌分布

六、资源潜力省（自治区、直辖市）分布

全国页岩气有利区地质资源主要分布在四川省、重庆市、新疆维吾尔自治区、贵州省、湖北省、湖南省等多个省（自治区、直辖市），这六个省（自治区、直辖市）占全国页岩气总资源的 70.65%。其中，四川省地质资源为 $31.77 \times 10^{12} \mathrm{m}^3$，占总量的 25.83%；重庆市为 $17.75 \times 10^{12} \mathrm{m}^3$，占总量的 14.43%；新疆维吾尔自治区为 $11.66 \times 10^{12} \mathrm{m}^3$，占总量的 9.48%，贵州省为 $11.29 \times 10^{12} \mathrm{m}^3$，占总量的 9.18%；湖北省为 $8.69 \times 10^{12} \mathrm{m}^3$，占总量的 7.07%；湖南省为 $5.74 \times 10^{12} \mathrm{m}^3$，占总量的 4.67%；其他依次为黑龙江省、广西壮族自治区、青海省、安徽省、河南省、浙江省、内蒙古自治区、江西省、江苏省、山西省、陕西省、甘肃省、宁夏回族自治区、辽宁省、山东省、吉林省、云南省、河北省、天津市、福建省、广东省（图 6-24）。

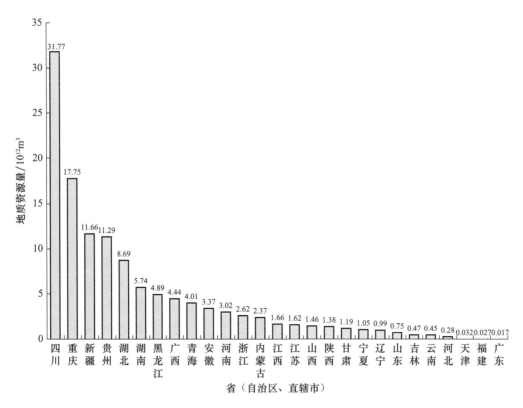

图 6-24 全国页岩气有利区地质资源按省（自治区、直辖市）分布

第四节 全国页岩油资源潜力评价结果

全国页岩油有利区地质资源为 $402.67 \times 10^8 \mathrm{t}$，可采资源为 $37.06 \times 10^8 \mathrm{t}$。

一、资源潜力大区分布

全国页岩油有利区资源潜力，上扬子及滇黔桂区地质资源量为 $23.30 \times 10^8 t$，占总量的 5.79%，可采资源为 $4.66 \times 10^8 t$；中下扬子及东南区地质资源为 $17.09 \times 10^8 t$，占全国有利区地质资源总量的 4.24%，可采资源为 $1.50 \times 10^8 t$；华北及东北区地质资源为 $263.08 \times 10^8 t$，占总量的 65.33%，可采资源为 $22.17 \times 10^8 t$；西北区有利区地质资源为 $99.20 \times 10^8 t$，占该区总量的 24.64%，可采资源为 $8.73 \times 10^8 t$；（图 6-25）。

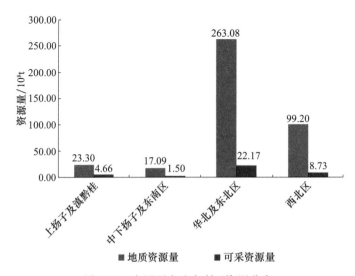

图 6-25　全国页岩油有利区资源分布

二、资源潜力层系分布

全国页岩油资源主要分布在上古生界的石炭系、二叠系，中生界的三叠系、侏罗系、白垩系和新生界的古近系。其中，上古生界石炭系、二叠系有利区地质资源量合计为 $81.19 \times 10^8 t$，占总量的 20.16%，可采资源为 $7.15 \times 10^8 t$，占总量的 19.29%；中生界有利区地质资源为 $184.26 \times 10^8 t$，占总量的 45.76%，可采资源为 $18.66 \times 10^8 t$，占总量的 50.35%；新生界有利区地质资源为 $137.22 \times 10^8 t$，占总量的 34.08%，可采资源为 $11.25 \times 10^8 t$，占总量的 30.36%。

层系上，石炭系有利区地质资源为 $0.77 \times 10^8 t$，占总量的 0.19%，可采资源为 $0.07 \times 10^8 t$；二叠系有利区地质资源为 $80.42 \times 10^8 t$，占总量的 19.97%，可采资源为 $7.08 \times 10^8 t$；三叠系有利区地质资源为 $26.46 \times 10^8 t$，占总量的 6.57%，可采资源为 $2.33 \times 10^8 t$；侏罗系有利区地质资源为 $36.94 \times 10^8 t$，占总量的 9.17%，可采资源为 $5.86 \times 10^8 t$；白垩系有利区地质资源为 $120.86 \times 10^8 t$，占总量的 30.01%，可采资源为 $10.47 \times 10^8 t$；古近系有利区地质资源为 $137.22 \times 10^8 t$，占总量的 34.08%，可采资源为 $11.25 \times 10^8 t$（图 6-26，图 6-27）。

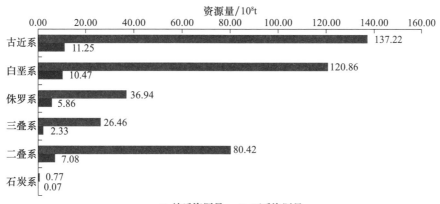

图 6-26 全国页岩油有利区资源层系分布

三、资源潜力沉积相分布

全国页岩油有利区资源主要分布在陆相沉积环境，海陆过渡相页岩油资源很少。其中，陆相页岩油有利区地质资源为 $40.190 \times 10^8 t$，占总量的 98.81%，可采资源为 $36.09 \times 10^8 t$（表 6-2）。海陆过渡相页岩油有利区地质资源为 $0.77 \times 10^8 t$，占总量的 0.19%，可采资源为 $0.07 \times 10^8 t$。

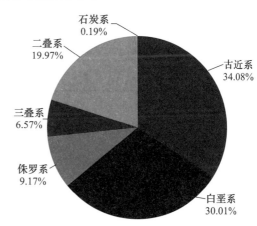

图 6-27 全国页岩油有利区资源层系分布

四、资源潜力埋深分布

埋深在 500~1500m 的页岩油有利区地质资源为 $137.65 \times 10^8 t$，占该区有利区总量的 34.18%，可采资源为 $11.31 \times 10^8 t$；埋深在 1500~3000m 的页岩油地质资源为 $149.78 \times 10^8 t$，占该区总资源的 37.20%，可采资源为 $13.01 \times 10^8 t$；埋深在 3000~4500m 的页岩油地质资源为 $115.24 \times 10^8 t$，占该区总量的 28.62%，可采资源为 $12.74 \times 10^8 t$（表 6-3）。

表 6-2 全国页岩油有利区资源沉积相分布表 （单位：$10^8 t$）

层系	资源潜力	概率分布				
		P_5	P_{25}	P_{50}	P_{75}	P_{95}
陆相	地质资源量	931.74	614.33	401.9	290.43	181.65
	可采资源量	82.97	55.01	36.99	26.35	16.96
海陆过渡相	地质资源量	1.49	1.06	0.77	0.48	0.06
	可采资源量	0.13	0.09	0.07	0.04	0.01
合计	地质资源量	933.23	615.39	402.67	290.91	181.71
	可采资源量	83.10	55.10	37.06	26.39	16.97

表 6-3　全国页岩油有利区资源深度分布表

埋深/m	地质资源量/10^8 t	可采资源量/10^8 t
<1500	137.65	11.31
1500~3000	149.78	13.01
3000~4500	115.24	12.74
合计	402.67	37.06

五、资源潜力地貌分布

全国页岩油资源主要分布在平原及丘陵、沙漠及戈壁、黄土塬、低山地区，其中，平原及丘陵页岩油地质资源为 274.66×10^8 t，占总量的 68.21%，可采资源为 23.89×10^8 t；沙漠及戈壁页岩油地质资源为 99.20×10^8 t，占总量的 24.64%，可采资源为 8.73×10^8 t；黄土塬地区页岩油有利区地质资源为 26.46×10^8 t，占总量的 6.57%，可采资源为 2.33×10^8 t；低山地区页岩油有利区地质资源 2.35×10^8 t，占总量的 0.06%，可采资源为 2.11×10^8 t（表 6-4）。

表 6-4　全国页岩油有利区资源地貌分布表　　　　　（单位：10^8 t）

地貌	地质	可采
平原及丘陵	274.66	23.89
黄土塬	26.46	2.33
沙漠及戈壁	99.20	8.73
低山	2.35	2.11
合计	402.67	37.06

六、资源潜力省（自治区、直辖市）分布

全国页岩油有利区地质资源主要分布在新疆维吾尔自治区、黑龙江省、山东省、吉林省、河北省等多个省（自治区、直辖市），这五个省（自治区、直辖市）占全国页岩油有利区总资源的 74.9%。其次依次为湖北省、四川省、陕西省、甘肃省、河南省、青海省、重庆市、辽宁省、天津市、江苏省、宁夏回族自治区和湖南省（图 6-28）。

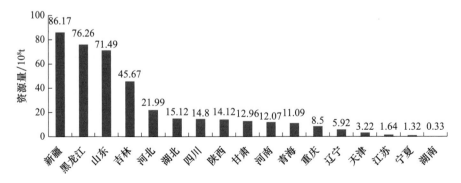

图 6-28　全国页岩油有利区地质资源省（自治区、直辖市）分布

第五节 评价结果合理性分析

一、方法和参数的合理性分析

资源评价结果是一定阶段内地质认识程度和技术水平的反映。作为首次全国页岩气资源潜力评价，具有探索性。方法和关键参数的选择，均基于大量的野外地质调查、地质工程、测试分析和综合研究工作，并借鉴了美国的经验，经多次研讨、试算及结果对比，慎重确定。因此，方法和参数选择合理。

在方法选择上，主要考虑以下几点：①页岩气和页岩油是自生自储、原地成藏的非常规资源，没有明确边界；②控制页岩气和页岩油富集的多种因素互相补偿；③我国页岩气和页岩油地质、地表条件复杂，类型多样。

我国页岩气和页岩油资源评价处于探索阶段，资料少，不确定因素多。经对类比法、统计法、成因法等综合分析，在目前条件下，采用条件概率体积法，其他方法作为辅助。

本次评价工作中涉及的各项地质参数，均通过野外调查、钻井、试验测试、地球物理、地球化学等资料获得，参数分布合理，总体上能够反映评价单元页岩气资源条件。

二、地质资源潜力评价结果合理性分析

2008 年以来，国内外不同机构、专家对我国页岩气资源进行过预测。例如，中国地质大学（北京）预测页岩气可采资源为 $26 \times 10^{12} \, \mathrm{m^3}$（2008 年）；国土资源部油气资源战略研究中心预测页岩气可采资源为 $31 \times 10^{12} \, \mathrm{m^3}$（2010 年）；中国石油勘探开发研究院预测页岩气可采资源为 $10 \times 10^{12} \sim 20 \times 10^{12} \, \mathrm{m^3}$（2009 年）；美国能源信息署（Energy Information Administration，EIA）预测页岩气可采资源为 $36 \times 10^{12} \, \mathrm{m^3}$（2011 年），全国页岩气资源潜力评价全国页岩气总资源量为 $134.42 \times 10^{12} \, \mathrm{m^3}$（2012 年）。

本次页岩气资源潜力评价工作，动员了国内石油企业、相关科研单位和大学的优势力量，在将全国划分为 5 个大区基础上，有效地开展了实质性的调查评价工作，评价范围覆盖了不同地区、不同层系、不同类型的页岩地层，依据充分，评价结果客观。

全国页岩气有利区资源潜力评价结果期望值为 $123.01 \times 10^{12} \, \mathrm{m^3}$，75% 概率下的资源潜力为 $100.38 \times 10^{12} \, \mathrm{m^3}$，25% 概率下资源潜力为 $147.95 \times 10^{12} \, \mathrm{m^3}$。5% 概率下与 95% 概率下资源潜力评价值相差 2.50 倍。页岩油有利区资源潜力评价结果期望值为 $402.67 \times 10^8 \, \mathrm{t}$，75% 概率下的资源潜力为 $280.51 \times 10^8 \, \mathrm{t}$，25% 概率下资源潜力为 $591.48 \times 10^8 \, \mathrm{t}$，5% 概率下与 95% 概率下资源潜力评价值相差 5.25 倍。评价结果分布范围合理，区间跨度适中。

资源潜力评价过程中，由于工作时间紧，任务重，各大区资料掌握、地质认识程

度、关键参数的可获取性等差别较大，在一定程度上造成资源潜力评价结果的不确定性。

（一）上扬子及滇黔桂区

上扬子及滇黔桂区海相页岩发育，分布广，面积大，厚度稳定，一直被认为是最具有页岩气前景的地区。四川盆地已有多口井获页岩气工业气流，渝东鄂西、滇黔北多口井见页岩气显示。评价结果占全国页岩气有利区总资源的57.98%，符合地质认识。

（二）中下扬子及东南区

中下扬子区古生界分布较广，但后期改造强，页岩层系分布分散；东南区火成岩体发育，评价结果占全国页岩气有利区总资源的16.78%。中下扬子及东南区主要发育于江汉盆地、洞庭盆地和苏北地区的新生界古近系泥页岩中，有机碳含量高，热演化程度适中，分布面积较小，评价结果占全国页岩油有利区总资源量的5.93%。

（三）西北区

西北区页岩气主要发育在大中型盆地，层系多，有机碳含量高，但总体埋深偏大，4500m以浅的有利区分布局限，主要在盆地边部，评价结果占全国页岩气有利区总资源的14.07%。

西北区页岩油主要发育于塔里木盆地、准噶尔盆地、柴达木盆地、吐哈盆地、酒泉盆地、三塘湖盆地和花海盆地的中新生界页岩层系中，分布面积大，热演化和埋深适中，评价结果占全国页岩气有利区总资源的24.96%。

（四）华北及东北区

华北及东北区以陆相及海陆过渡相为特色，页岩层系发育，有机质含量高，海陆过渡相已见页岩气显示，并已在陆相页岩层系中获工业气流，评价结果占全国页岩气有利区总资源的11.18%。

华北及东北区页岩油主要分布于松辽盆地白垩系、渤海湾盆地古近系、南襄盆地古近系及鄂尔多斯盆地三叠系地层中，分布面积广，评价结果占全国页岩气有利区总资源的69.11%。

三、可采资源潜力评价结果合理性分析

按本次评价可采系数的取值标准，全国页岩气可采系数平均为19.65%。上扬子及滇黔桂区地质条件复杂，地貌以山区为主，可采系数平均为15.78%；中下扬子及东南区后期改造强，地貌以丘陵和平原为主，可采系数平均为18.63%；华北及东北区页岩层系多，地貌以平原为主，平均可采系数为25.67%；西北区含气页岩层位多、厚度大，保存条件好，地貌以戈壁、沙漠为主，可采系数平均为18.53%（图6-29）。

全国页岩气有利区可采资源潜力评价结果为$21.84 \times 10^{12} m^3$。其中，上扬子及滇黔桂区为$11.26 \times 10^{12} m^3$，占51.55%；中下扬子及东南区为$3.84 \times 10^{12} m^3$，占17.60%；

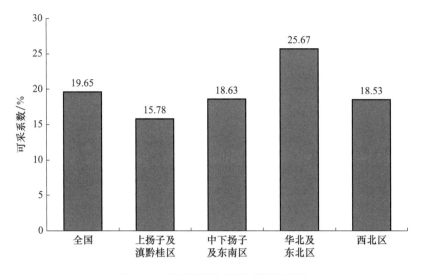

图 6-29 我国页岩气可采系数柱状图

华北及东北区为 $3.53 \times 10^{12} \mathrm{m}^3$，占 16.17%；西北区为 $3.21 \times 10^{12} \mathrm{m}^3$，占 14.68%。

美国页岩油可采系数为 0.15%~23.6%，根据我国页岩油发育区域地表条件、地质背景及其他条件，全国页岩油可采系数取值 8.8%。全国页岩油有利区可采资源潜力评价结果为，中下扬子及东南区为 $2.07 \times 10^8 \mathrm{t}$，占 2.93%；华北及东北区为 $24.17 \times 10^8 \mathrm{t}$，占 69.11%；西北区为 $8.73 \times 10^8 \mathrm{t}$，占 24.96%。

各大区页岩气工作程度差别较大，影响因素不同，可采系数按各评价单元特点分别赋值，可采资源潜力评价结果符合预期。

第七章

页岩气竞争性出让区块遴选及数据库建设

第一节 页岩气竞争性出让区块遴选

一、招投标区块遴选方法和原则

（一）遴选方法

由于我国页岩气处于起步阶段，各盆地以及招标区块页岩气勘探程度存在较大差异，针对于这种情况，招标区遴选主要采用了专家推荐法、类比法和地质条件综合分析法三种方法。

1. 专家推荐法

专家推荐法要求专家在页岩气领域具有专业知识和经验、精通业务、熟悉我国或我国某地区页岩气地质条件和前景。在我国页岩气处于起步阶段，资料积累较少的情况下，专家推荐法是页岩气区块优选的有效方法之一。

2. 类比法

美国的页岩气勘探开发实践较为成熟，已经解决或部分解决了页岩气资源评价和选区问题，为我国的页岩气研究和区块遴选提供了重要参考。因此，与美国进行类比也是招标区块遴选的一种可行方法。

除了进行国内外对比研究外，还需进行海、陆相页岩气对比研究、盆地内和盆地外页岩气形成条件对比研究，以及南方与北方对比研究，通过类比不同地域、区块达到相互借鉴，最大限度优化选择页岩气有利区。

3. 地质条件综合分析法

综合分析招投标区块页岩气形成的各类地质条件，包括有效厚度、有效面积、埋藏深度、TOC、R_o、岩石组成、矿物组成、孔渗、含气性等基本参数，确定招标区块，是页岩气区块优选的主要方法。

1）识别含气页岩层段

通过直接、间接资料，识别页岩气形成的目的层段。在含油气盆地中，录井在该段发现气测异常，或有岩心解析的直接含气量数据；在缺少探井资料的地区，要有其他油气异常证据；在缺乏直接证据情况下，要有足以表明页岩气存在的条件和理由。如果招投标区块内页岩满足页岩气形成的各类地质条件，则可以作为遴选招投区块。对于遴选出来的招投标区块，应当满足最低条件要求。

2）区块入选最低条件

有效厚度。海相页岩单层厚度大于 10m；陆相和海陆过渡相单层泥页岩厚度大于 6m，连续厚度大于 30m；含气页岩层段泥地比大于 60%。

有效面积。连续分布、构造稳定的面积大于 50km²。

埋藏深度。主体埋深在 500~4500m。如果目的层时代较老，区域盖层较薄时，埋深在 1000~4500m。

有机碳含量（TOC）。区块内必须有 TOC>2.0% 且具有一定规模的区域。

镜质体反射率（R_o）。下限要求为 I 型干酪根 $R_o>1.2\%$；II_1 型干酪根 $R_o>0.9\%$；II_2 型干酪根 $R_o>0.7\%$；III 型干酪根 $R_o>0.5\%$。上限要求为 $R_o<3.5\%$。

储层特征。基本掌握含气页岩层段岩石构成和组合特征，基本掌握各类岩石的矿物组成，基本了解其孔渗特征。

保存条件。有区域性泥页岩盖层发育，无规模性通天断裂破碎带、非岩浆岩分布区、不受地层水淋滤影响等。

地表条件。保证能够实施地震和钻探工作。

（二）遴选原则

对于拟招投标区块的筛选，主要考虑以下 3 个方面进行。

1. 资源综合评价前景乐观

在满足各项参数的最低要求前提下，尽量选择各项参数条件更好、资源丰度更大的区块作为推荐的招标区块。

2. 页岩气开发需求迫切

根据不同地区对页岩气开发需求的迫切程度，需求迫切、页岩气资源前景大、地方政府积极推动页岩气开发的地区优先安排页岩气区块。

3. 合理规避油气区块

页岩气发育的有利区是盆地优质烃源岩发育区，与常规油气矿权重叠，也可能与其他矿种重叠，为避免发生矿权纠纷，在招投标区遴选时，避开油气矿权，尽量避开其他矿权。

二、招投标区块遴选标准和过程

选区基础是基本掌握页岩空间展布、地化特征、储层物性、含气性及开发基础等参数（表 7-1）。遴选过程主要包括确定远景区、初选区块、优选区块、优选结果提交几个步骤。

表 7-1　页岩气区块遴选参考标准

主要参数	海相（南方）	陆相（北方）	海陆过渡相
TOC/%	≥1.5	≥1.0	≥2.0
R_o/%	≤3.5	≥0.4	≤3.5
埋深/m	500～4000	500～2000（生物成因） 1500～4000（热成因）	500～4000
地形地貌	平原、丘陵、低山、中山、高原、沙漠、戈壁等	平原、丘陵、高原、沙漠、戈壁等	平原、丘陵、低山、中山、高原、沙漠、戈壁等
交通条件	一定的道路基础	交通便利	交通便利
水源条件	地表水系发育	地下水资源有保障	有水源条件
保存条件	连片区域良好保存		连片区域良好保存
泥页岩面积下限	有可能在其中发现目标区的最小面积，面积不小于 600km²	有可能在其中发现目标区的最小面积，面积不小于 400km²	有可能在其中发现目标区的最小面积，面积不小于 500km²
泥页岩厚度	厚度稳定，单层厚度不小于 10m	累计厚度不小于 30m（有效泥页岩与地层厚度比值大于 60%）或单层泥岩厚度不小于 10m	累计厚度不小于 30m（有效泥页岩与地层厚度比值大于 60%）或单层泥岩厚度不小于 10m
矿权状况	在有利区的范围内，无油气矿区争议，具有一定勘探纵深		

（一）确定远景区

主要以区域地质资料为基础，从整体出发来掌握区域构造、沉积及地层发育背景，在含有机质泥页岩发育区域地质条件研究、页岩气形成条件分析及区域评价的基础上，确定招标区块优选的地区（表 7-2）。

表 7-2　区块可信度分类总表

区块	筛选	初选	优选
资料程度	基本地质图件、黑色页岩发育	剖面、少量试验数据	试验数据、评价图件
油气显示	黑色页岩发育或页岩地球化学指标良好等	良好的页岩地球化学指标、气苗、自燃、矿井爆炸或露头解吸等	良好的页岩地球化学指标、区内或邻区有钻井气显、气测异常、现场解吸等
勘探程度	地质踏勘、含目的层剖面、有一定地质认识	目的层剖面丈测、有沉积-构造-页岩分布等相关地质认识、一定的试验测试分析或非油气钻井	有页岩发育系统认识、"十字"地质剖面、地质平面图件、地震、钻井、含气量测定、试验测试
可信度	资源初步落实	资源基本落实	资源落实

（二）初选区块

在所确定的目标区内，通过分析目的层沉积特点、构造格架、地化指标、储集特征及含气性等参数，在目标区内初步优选出的招标区块（表 7-2）。

（三）优选区块

对初步优选出的招标区块进一步比对分析，并通过主管部门征求区块所在地主管部门意见，最终确定的区块。

（四）选区结果提交

提交优选出的各个有利区的坐标、面积、含气页岩层系、构造位置、地理位置及地表条件等信息。

第二节 页岩气区块资料文件编写

一、资料包编写内容

资料包编写包括9个部分：目录、前言、招标区块基本情况、区域地质背景、招标区块页岩气勘探开发状况、招标区页岩气地质条件、有利区块风险性分析、参考文献、附件。资料包需严格按照提纲进行编写。

目录

1 前言（各区块统一）

2 招标区块基本情况

2.1 地理坐标基本数据

2.2 自然地理、交通及经济状况（地理交通图）

3 区域地质背景

3.1 地层分布：区块内所有可能出现的地层描述（地质图、综合地层柱状图）

3.2 构造条件：大地构造背景（构造演化；背景：第一级：板块级；第二级：拗陷级、隆起级）；构造单元划分（包含褶皱）；断裂发育程度

4 招标区块页岩气勘探开发现状

4.1 国外页岩气勘探开发现状

4.2 国内页岩气勘探开发现状

4.3 招标区块页岩气开发现状：主要是陈述目前工作程度（哪个区由谁完成什么工作，具体情况具体说明，工作程度、勘探开发程度、钻井、地震、野外地质等）

5 招标区块页岩气地质条件

5.1 目标页岩层段分布

5.1.1 沉积条件（野外露头等）

5.1.2 厚度分布（描述典型页岩段柱状图/标准剖面、柱状对比图等；厚度图）

5.1.3 埋藏深度及其变化（等深图）

5.2 目标页岩层段有机质丰度及演化程度

5.2.1 有机质丰度及其变化（试验数据等，TOC图）

5.2.2 有机质成熟度（试验数据等，R_o图）

5.2.3 其他有机地球化学指标（包括热解、显微组分等）

5.3 目标页岩层段含气性

5.3.1 储集物性（矿物成分、物性等）

5.3.2 含气性（等温吸附、现场解析等）

6 有利性及风险性分析（不给建议性倾向性结论，只给有利条件、风险条件：沿用原材料）

7 参考文献：增加研究报告

8 附件：资源量计算方法（概率体积法）等

二、编写要求

资料包编写中要求三个统一：标题统一、内容统一、图件统一。

编写过程中坚持"尽量避免主观，体现客观；只说事实，少说评价"的原则，要求地理位置图、地质图、厚度图、埋深图、TOC图、R_o图（每个区块必须有、底图统一、其他图件按需添加）六图统一，每图一页；正文总字数：3万～5万字（A4纸）为宜。

第三节 页岩气招标资料文件准备

一、第一轮页岩气招标

第一轮页岩气招标为邀请招标，主要邀请有石油天然气专营权的中国石油、中国石化、中国海油、延长石油，以及有煤层气对外合作专营权的中联煤和河南煤层气开发利用有限公司参与竞标。

经反复筛选和主管部门确认，优选出渝黔南川页岩气勘查、贵州绥阳页岩气勘查、贵州凤冈页岩气勘查、渝黔湘秀山页岩气勘查4个招标区块，面积为$1.1 \times 10^4 km^2$。

由于页岩气招标出让是我国首次，没有相关经验和资料可供借鉴，并且还存在一定的不同看法和争议；4个区块的优选也是在页岩气资料相对不足的情况下进行的。

为顺利实现页岩气招标出让目标，项目组在2010年5月份就部署开展区块的优选和招标文件的准备工作。在"川渝黔鄂"页岩气先导试验区和山西沁水盆地两个远景区，初选出6个招标区块，配合主管部门制定了《招标工作方案》，并编制了《页岩气探矿权出让招标项目招标文件》、《投标邀请书》、《收标工作方案》和配套文件，《开标工作方案》和配套文件，《评标工作方案》、《评标细则》、《打分表》、《专家守则》及其他配套文件。

根据主管部门最终确定的区块信息，项目组编制了渝黔南川页岩气勘查、贵州绥阳页岩气勘查、贵州凤冈页岩气勘查、渝黔湘秀山页岩气勘查4个区块地质资料文件。

项目组配合主管部门于2011年6月完成了页岩气招标各项事务性工作，成功出让了渝黔南川页岩气区块和渝黔湘秀山页岩气区块，面积分别为$2197.9 km^2$和$2038.87 km^2$，中标单位分别为中国石化和河南煤层气开发利用有限公司。

二、第二轮页岩气招标

第一轮招标反映良好，争议渐微，第二轮招标很快提上日程。第二轮页岩气探矿权出让形式也从邀请招标发展为公开招标。区块优选以上扬子地区为主，兼顾下扬子地区和北方地区，积极探索海相、海陆过渡相区块投放。第二轮页岩气探矿权竞争性出让最终共推出 20 个区块（贵州绥阳、贵州凤冈一区、贵州凤冈二区、贵州凤冈三区、贵州岑巩、重庆黔江、重庆酉阳、重庆城口、湖南龙山、湖南保靖、湖南花垣、湖南桑植、湖南永顺、湖北来凤咸丰、湖北鹤峰、江西修武、安徽南陵（流标）、浙江临安、河南温县、河南中牟），面积为 20 002km² （图 7-1）。完成了地质资料文件编制，并以第一轮招标工作为基础，完成了其他相关文件的准备工作。

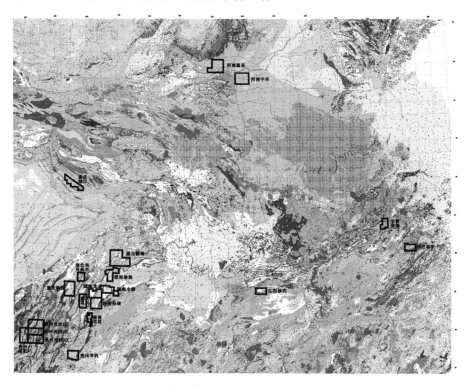

图 7-1　第二轮页岩气招标区块分布示意图

2012 年 10~11 月，完成了第二轮页岩气招标工作，并进行了两次页岩气探矿权出让招标工作。提交投标文件的企业有 83 家，20 个区块中，除安徽南陵区块流标外，其余 19 个区块由 16 家企业竞得，其中，中央企业 6 家、地方企业 8 家、民营企业 2 家。电力和煤炭企业竞得 8 个区块。

三、下一轮页岩气探矿权竞争性出让区块优选和资料准备

下一轮页岩气探矿权竞争性出让区块优选工作区为我国陆域，根据区块优选原则和

条件，在我国 14 个省、市、自治区初选 26 个区块。

第四节　全国页岩油气数据库建设

一、系统研发目标及研究内容

（一）系统建设目的

为取得更好的全国页岩油气资源评价成果，形成统一的全国页岩油和页岩气地质基础资料数据库，并实现分级、分不同目的的数据资料查询、分析和综合功能，以保证总项目目标任务高质量、高水平、高效率的完成，并为我国页岩气矿业权竞争性出让区块的优选提供科学依据和技术支撑，实时地编制并提交重点区块资料包，开发了数据库系统。

1. 总体目标

旨在通过信息化手段对页岩油气资源的基础数据及成果资料进行管理，实现页岩油气资源评价的数据及成果的统一存储，达到资料共享的目的，为选区评价提供数据依据，为实现全国页岩气数据资料充分共享提供技术手段。

在统一标准、统一规范的基础上，通过对页岩油气资源评价的基础数据、图形数据及评价成果数据的管理，达到资源共享的目标，实现对资源层系分布、地表环境分布、品位深度分布等汇总分析，为页岩油气选区评价提供数据和图形基础；分析、整理国内外类比区的参数数据、评价规范及方法，以便于进行类比法的实践与应用；通过综合查询、不同维度和粒度数据的统计分析，为领导提供决策依据。

2. 具体研发目标

1）研制数据整合工具，进行多源异构数据整合

建立全国页岩油气基础资料数据库的首要任务是在统一的数据标准、数据规范条件下，收集各油田部门的基础资料数据，进行标准化，按照统一的数据标准建立全国页岩油气基础资料数据库。在信息技术突飞猛进的当今时代，很多油田部门已经建立了自己的页岩油气数据库，而这些数据库之间存在着多源异构特性，即数据标准不同、数据库模型不同，需要研发相应的整合工具，使多源异构数据能够按照统一的标准进入到全国页岩油气基础资料数据库中。

2）建立全国页岩油气基础资料的主题式数据库

在不断的勘探过程中，生产出新的中间成果数据或最终成果数据，这就形成一个原始数据、基础数据、成果数据等不同综合等级的数据系列，并且勘探的不同时期会产生不同时序和不同精度的同类数据，传统的数据库系统如何管理这种数据系列需要探讨。使用主题式数据库作为核心，要面向主题而不是面向应用组织数据；不光具有对资料数

据进行收集、存储、管理的功能，而且具有对信息进行处理和加工使用的功能，在数据中心及各油田公司形成分布式的主题式数据库。开发全国页岩油气基础资料的数据管理系统；开发 B/S、C/S 混合模式的页岩油气数据管理系统。

（二）系统建设内容

1. 初步建成全国页岩油气地质资料数据库

在地质资料整理基础上，对全国页岩油和页岩气地质资料进行属性分类，梳理页岩油和页岩气产区勘探开发资料，建立实体-关系 E-R 模型，矢量化关键图形和图件，导入数据库软件系统，测试数据库的实际有效性，初步形成全国页岩油和页岩气地质资料数据库；数据资料分层系、分类别、分区块入库；形成数据库软件系统操作手册及使用说明书，对系统的使用及维护进行技术培训，跟踪应用情况、改进并完善系统功能。

2. 全国页岩油气基础资料数据库软件系统编写

据所建的数据库建立运行模型，结合我国页岩油和页岩气资源勘探的开发现状，理清数据管理者、维护者、不同级别用户及运行的网络环境的关系，建立运行模式，将地质资料籍贯理现状与数据库软件编写相结合，集成页岩油和页岩气数据库主体模块，编写并形成数据库软件系统，测试数据库软件的功能合理性。

（三）数据库系统设计原则与设计依据

1. 系统设计原则

全国页岩油气基础资料数据库软件系统的建设需要充分考虑页岩油气资源的数据库系统的特点和要求，并结合页岩油、气数据资料数据管理工作的实际需要，采用系统工程、软件工程、原型法等系统设计思想和设计方法，同时遵循以下基本原则。

1）可扩展性

全国页岩油气基础资料数据库软件系统目前主要实现地质研究资料、试验成果资料、地球物理资料、地表地球化探资料、工程资料、页岩气分析测试等专业数据的综合集成和管理，考虑到服务于页岩油、页岩气数据资料的充分共享，考虑到今后调查范围的扩大和工作程度的深入，以及与其他数据管理与应用子系统的集成问题，需为系统将来可持续发展和数据与功能扩充预留各类扩展接口。

2）实用性

全国页岩油气基础资料数据库软件系统的设计必须最大可能地满足数据资料共享、资源评价决策和基础地质研究等有关部门的需求，并充分兼顾其他用户对页岩油气信息的需求，这就要求系统具有完备的数据库和数据更新、查询、检索、分析功能，且各项功能灵活准确、操作方便、用户界面友好，能适应专业人员、决策部门等不同层次的用户需求。

3）先进性

由于现代信息技术飞速发展，技术更新周期不断缩短，这就要求在系统设计时，对系统基础软件平台和硬件设备的选择、系统建设所采用的技术方法、管理手段等方面都必须在选用成熟、实用技术的基础上，适当超前，满足今后一定时期系统的发展。在数据编码和系统结构设计方面都尽可能采用先进的技术标准和技术方法。

4）标准化

数据的标准化是实现信息资源共享的重要前提。全国页岩油气数据库和数据库管理系统建设过程中的各个环节都要严格参照国家或行业相应的技术标准，包括数据编码、精度控制、数据检查验收、数据格式、软件实现等方面的标准化，以保证数据库和系统功能的正确性、有效性、兼容性和可扩展性。

5）安全性

由于页岩油气数据资料的业务涉及不同的职能部门，还需要服务于评价决策等，因此必须保证系统以及网络的安全。系统必须采用全面的权限管理机制、防火墙技术、数据自动备份技术，确保业务数据和 Web 数据库的安全管理。

2. 系统设计依据

主要依据如下国家标准：

（1）《石油天然气资源/储量分类》（GB/T 19492—2004）。

（2）《石油天然气储量计算规范》（DZ/T 0217—2005）。

（3）《煤层气资源/储量规范》（DZ/T 0216—2002）。

（4）《石油探明储量计算细则裂缝性油气藏部分》（SY/T 5386—2000）。

（5）《天然气可采储量计算方法》（SY/T 6098—2000）。

（6）《煤层气含量测定方法》（GB/T 19559—2008）。

（7）《天然气的组成分析 气相色谱法》（GB/T 13610—2003）。

（8）《石油工业常用量和单位 勘探开发部分》（SY/T 5895—93）。

（9）《页岩气资源/储量计算与评价技术要求（试行）》。

（四）系统设计方法

采用面向对象的用例分析（OOA），了解各个模块所涉及的对象和对象间的关系，建立系统架构，然后进行面向对象的设计（OOD），迭代和增量开发系统各个组成模块，最后采用面向对象的程序设计（OOP），用面向对象的语言实现全国页岩油气基础资料信息系统的开发。在具体的软件设计上，采用 UML 作为贯穿软件生命周期的通用设计表达语言。

（五）系统设计技术路线

系统设计采用原型化与结构模块化相结合的设计方法，首先进行原型设计和原型求真，再进行总体设计与模块划分，然后逐模块按各子系统功能进行设计。系统分析与系统设计将严格地遵循软件设计的一般性规律和软件工程原则，系统开发和系统集成拟采用面向对象技术进行（图 7-2）。

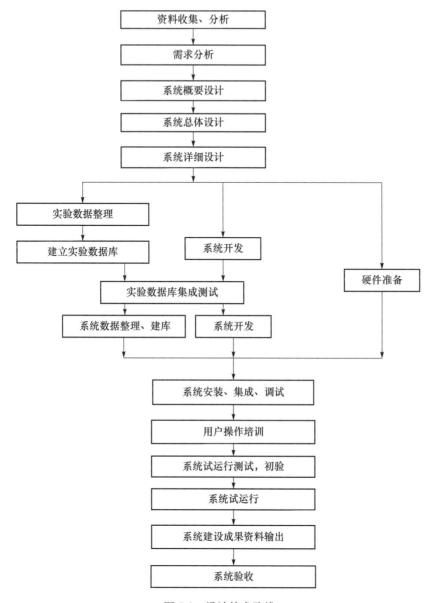

图 7-2　设计技术路线

　　整个系统的开发设计过程分为需求分析、系统设计、系统编码和测试、系统运行和维护四个阶段进行。需求分析阶段主要明确全国页岩油气基础资料数据库系统要解决的主要问题和系统建设目标，并完成系统的可行性研究。系统的设计阶段首先根据系统需求确定系统的概要功能和性能，确定系统的边界和结构体系，选定软硬件平台；然后在系统概要设计的基础上进行系统详细设计，深入描述系统的功能和性能，并提出实现系统的具体技术方案。系统的编码和测试阶段主要是通过系统编码和测试满足系统功能和性能的需要，测试可分为模块测试、总体测试和用户参与的验收测试。系统运行和维护阶段主要根据用户的使用需求对系统运行中存在的问题和不足进行改正性维护、适应性维护和完善性维护，为系统的运行提供必要的服务。

二、系统框架设计

数据库框架设计是实施数据库建立的重要工作，根据数据库的设计规范来明确数据的组织形式、层次、数据的加工，数据库与硬件、人员、网络环境的关系，形成一个数据库宏观的框架，为数据库的设计提供指导。图 7-3 为全国页岩油气数据库数据内容，为需求分析所获得的框架。但在实际建库过程中，需要以它为基础进行详尽的分析，既能满足用户需求，又能达到数据管理的需要。主要是在大的分类上进行分析，即构造、试验、地球物理、化探及工程，为了使页岩油气资源评价数据库更具针对性，需要针对页岩油气的实际情况做些调整，如将与页岩油气完全无关的去掉，并增加与页岩油气相关的分析测试内容。

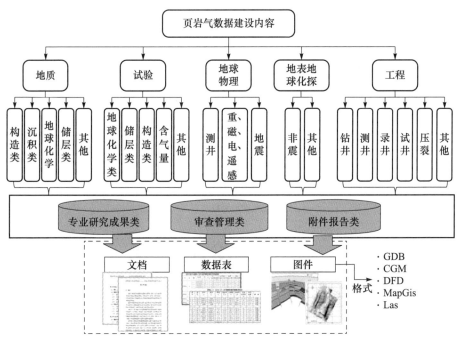

图 7-3　全国页岩油气数据库数据内容

（一）系统总体架构设计

根据前述需求，系统总体框架设计如图 7-4 所示，可以将系统设计成数据采集、数据存储、数据管理和综合应用四层结构。

（1）数据采集层：由总部研究人员、各油田部门研究人员、数据库管理人员等，通过本系统提供的数据采集工具，将页岩油气基础数据资料录入到数据库中。

（2）数据存储层：实现页岩油气基础资料数据的存储、调度工作。

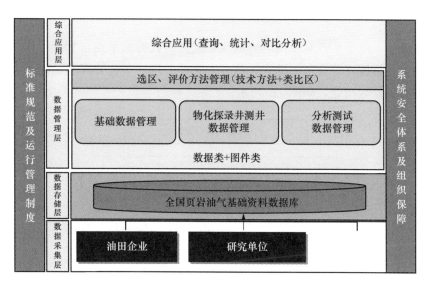

图 7-4 全国页岩油气基础资料数据管理软件总体架构

（3）数据管理层：实现对数据库中页岩油气基础资料数据、成果数据等的管理工作，主要包括增、删、改、查等功能。

（4）综合应用层：实现选区资源评价、经济评价及统计分析等工作。

（二）统功能架构

全国页岩油气基础资料数据库软件系统功能框架如图 7-5 所示，包含数据管理、应用分析两个大的部分。

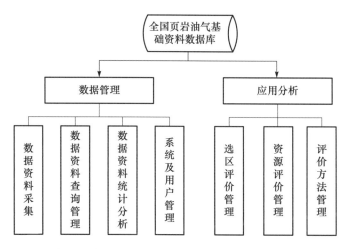

图 7-5 全国页岩油气数据库软件系统功能框架图

系统在用户层次上分为两个层次。第一层次为数据管理层次，包括地质研究资料、试验成果资料、地球物理资料、地表地球化探资料、工程资料数据进行管理；第二层次为信息利用与应用分析层次，包括区块资源评价管理、选区评价管理、评价参数管理及评价方法管理等。

在该系统中，除了实现对全国页岩油气基础资料数据的采集、管理工作外，同时在应用层次，实现资源评价管理、选区评价成果管理、评价参数管理等功能，实现选区资源评价及经济评价等功能，如图 7-6 所示。

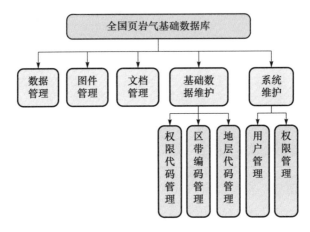

图 7-6　系统功能设计

（三）系统软件架构

软件架构分为数据层、业务层及应用层三个层次。

（1）数据层：地质研究资料、试验成果资料、地球物理资料、地表地球化探资料、工程资料数据均利用 SQL Server2005 进行管理。利用 QuantyViewSDE 访问空间数据。

（2）业务层：基于 QuantyView 进行业务组件开发。

（3）应用层：基于业务组件构建数据管理、信息应用与分析等相关功能。

（四）系统网络架构

简单的 C/S（Client/Server）网络运行模式是一种胖客户、瘦服务器的运行模式，这种运行模式对系统维护要求高、操作复杂，一般适用于局域网内部使用。B/S（Browse/Server）是一种胖服务器、瘦客户的运行模式，主要的命令执行、数据计算都在服务器端完成，应用程序在服务器端安装，客户机不用安装应用程序。采用这种 B/S 结构，大大地减轻了系统管理员的工作量，而且这种方式对前端的用户数没有限制，可公开发布一些信息，供社会公众通过浏览器进行数据浏览、查询。但是，C/S 方式具有良好的交互性，与 B/S 方式相比对图形数据具有很强的编辑处理能力，对空间数据的存储效率较高。B/S 方式和 C/S 方式各有优缺点，可以互补。

综合考虑目前该系统建设主要目标、所依托的现有软、硬件条件及未来使用该系统的实际需要（主要在决策职能机构及其下属单位内部使用，同时一些专业相关部门和社会公众也会使用该系统获取有关地质信息服务），并考虑系统数据采集成本高、来源广、类型多、数据量大且需要进行复杂的二维、三维图形处理和操作的特点，系统拟采用一种 C/S 结构与 B/S 结构并存的多层体系结构。信息发布和检索采用 B/S 三层结构，灵活性强、界面友好、适用范围广、易于使用和维护；数据输入及管理、系统管理及维护、二维空间信息处理、三维建模及分析等采用 C/S 结构，安全性强、速度快。该系统整个系统在逻辑上可划分为三个基本层，即数据服务层、Web 服务层（中间层）、数据表现层，将来也可根据需要在中间层中加入应用服务层。系统网络运行结构如图 7-7 所示。

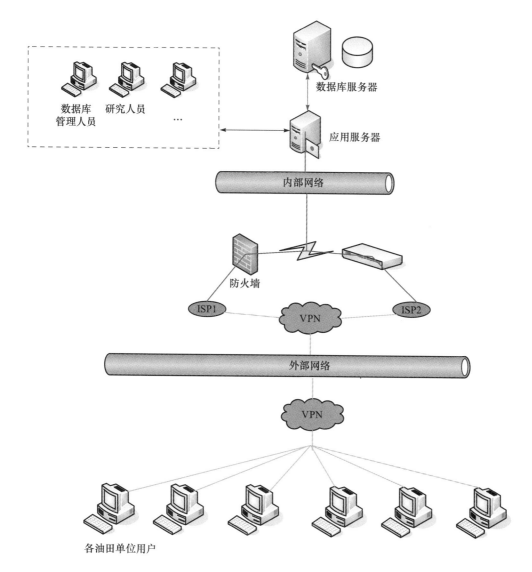

图 7-7　系统网络运行结构

三、地质数据专题划分

全国页岩油气基础资料的数据库是由一组紧密相关的数据库群构成。从区域上，可分为总部数据库和地方单位数据库，通过地方单位将收集和整理的标准化数据上传至总部数据库中；从业务专题类型上，主要划分为五个业务专题，分别为地质研究资料、试验成果资料、地球物理资料、地表地球化探资料、工程资料。其中图形资料数据可按照区域、比例尺划分为不同区域不同比例尺的地质资料。

（一）数据组织

为有效进行数据组织与管理，可将5个专题的数据资料按照其获取以及使用的情况划分为原始数据库、基础数据库和成果数据库。首先，整个数据库根据数据性质分别部署在不同的数据库服务器上；其次，对于每一个数据库服务器，按地质研究资料、试验成果资料、地球物理资料、地表地球化探资料、工程资料等业务类型进行用户空间划分；最后，对于不同业务类型数据，再按照相关数据类型进行不同的存储空间划分。这样进行数据库设计，可有效保障数据库的结构清晰、访问安全与维护方便。

（二）数据管理

数据管理方式如图7-8所示。

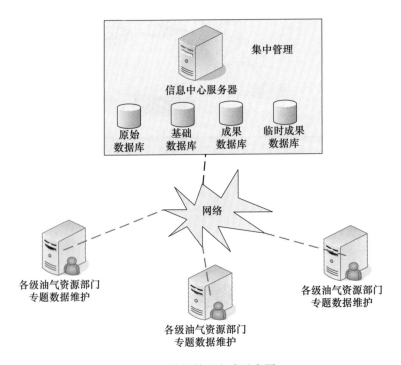

图 7-8　数据管理方式示意图

目前，集中数据管理，无论从节省财力资源、人力资源的角度，还是从信息系统为企事业业务服务、提高竞争力、加强风险控制手段的角度来说，集中化的信息系统模式都能提供更大的优势。基于系统较高的安全性要求，建议数据库采用集中式方式进行管理，由信息中心存放各专业数据，进行统一管理与数据备份。

基于规范化的"临时中间库—现状库—历史库"数据维护流程（图 7-9），各相关单位基于 VPN 方式进行专题数据的远程维护，数据维护过程中，记录数据维护日志。

（三）原始库、基础库、成果库间的关系

从数据性质上，页岩油气数据库又可分为原始数据库、基础数据库、成果数据库（图 7-10），原始数据库中的数据经过规范化、标准化处理存入基础数据库，通过进一步的系统数据处理、系统操作应用，形成的成果存入成果数据库，供用户查询使用，特别是供网站发布查询使用。

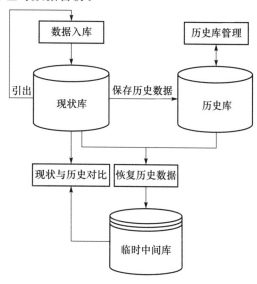

图 7-9　现状库、临时库与历史库的关系图

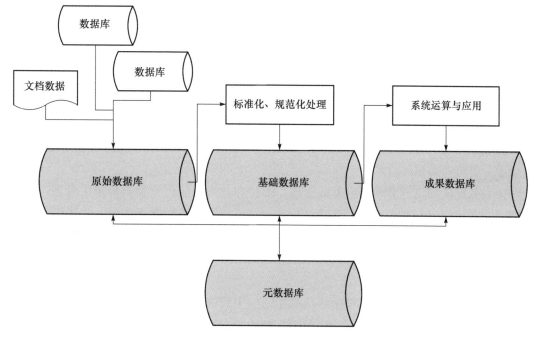

图 7-10　数据库性质划分

（四）现状库、历史库、临时中间库间的关系

系统运用中将涉及较多的数据更新过程及部分成果数据的临时性问题，为有效满足

数据更新过程中数据回溯的需要，原始数据应能自动保存到历史数据库中。当进行数据对比时，需从现状库、历史库中提取数据到临时中间库，进行对比。为此，从数据使用性质上，全国页岩油气数据库又可分为现状库、历史库与临时中间库。

四、数据交换与维护设计

（一）数据交换

数据库建设最重要的目标之一就是实现数据共享。具体而言，各油田部门在保留本部门数据的基础上，需要向上级部门提交经过标准化后的页岩气数据资料，并负责实施数据的更新和维护工作；同时也能够通过上级部门的页岩油气地质资料数据库获取相关信息，而实现这些系统间数据共享的关键是数据交换。

按照行业安全要求，内、外网间需采用物理隔离和网闸产品，通过物理隔离确保那些密级很高数据的绝对安全，通过网闸安全隔离设备交换密级一般的数据。通常网闸安全隔离设备会提供以下两种应用级别的数据交换技术。

（1）基于数据文件的数据交换技术。这是网闸安全隔离设备交换数据最基本的方式，内外网间通过数据文件交换数据。只要保障数据文件内不会含有病毒等就可达到完全的安全。

（2）基于数据库同步技术的数据交换技术。在基于数据文件交换的基础之上而提供的高级交换功能。通过采用数据库同步技术，达到对应用的完全透明。

（二）数据维护

数据复制技术是在数据库之间对数据和数据库对象进行复制和分发并进行同步以确保其一致性的一组技术，使得可以在一定范围内复制、分发和可能修改数据。使用数据复制可以将数据分发到不同位置。复制还能够使用户提高应用程序性能，根据数据的使用方式物理地分隔数据（如将联机事务处理（OLTP）和决策支持系统分开），或者跨越多个服务器分布数据库处理。

中心数据库的设计有利于信息的管理、维护和共享，但由于数据是集中管理，当多个部门同时访问中心数据库时会造成系统负担过重，整体运行效率下降。为了避免这种情况的发生，数据库的运行方案采用数据库复制技术，在中心数据库与各单位的专题数据库之间进行数据库复制，这样既可以保证数据的集中统一管理，又能满足系统运行的需求。

在中心数据库的建设和基于中心数据库的应用系统的开发和升级过程中，为了保持原有系统的稳定应用和平稳过渡，以及中心数据库内容的及时更新，需要采用一些临时性的措施。通过对现有系统的数据库系统建立监控程序，利用监控程序监控老系统数据库的变化，同时及时或周期性更新中心数据库的数据。

五、数据现状与数据库设计

根据前述的数据库框架,进行数据现状调查、数据关系的厘定与数据库的设计。它为数据库管理软件系统提供支撑,它的设计好坏将决定系统运行的有效性。

(一) 数据现状

数据现状调查是对为页岩油气资源评价服务的各项基础地质资料及相关分析测试资料进行梳理。全国页岩油气基础资料数据库中包含五个专题的基础地质资料。可将其分为矢量数据资料和具有二维表格性质的属性数据表,然后按照专题划分,进行数据组织。对于具有空间性质的矢量图形数据,可按照空间的点、线、面的方式进行数据组织。对于属性数据,以专题进行划分,将原始的图件、扫描文档等,录入原始数据库中;将测试数据等,录入基础数据库中;将选区资源评价后形成的成果数据表、成果图件,录入成果数据库中。具体需要管理的资料如下:

1. 矢量、栅格图件资料

矢量、栅格图件资料分为各类型、不同比例尺的地理、地质平面图。

(1) ×××地区地理交通图。

(2) ×××地区区域地质平面图 (1:20万;1:10万;1:5万;1:1万)。

(3) ×××地区区域地质剖面图 (横剖面,纵剖面)。

(4) ×××地区构造纲要图。

(5) ×××地区×××统×××组地层沉积相图。

(6) ×××地区×××统×××组地层残余厚度图。

(7) ×××地区×××井钻井地质设计平面图。

(8) ×××地区×××统×××组页岩等厚图。

(9) ×××地区×××统×××组页岩段埋藏深度等值线图。

(10) ×××地区地表化探异常图。

(11) ×××地区卫星影像图。

(12) ×××地区地形地貌图 (1:20万;1:10万;1:5万;1:1万)。

(13) ×××地区×××统×××组地层页岩有机碳含量等值线图。

(14) ×××地区×××统×××组地层页岩有机质热演化程度图。

(15) ×××地区×××统×××组地层页岩生气强度综合评价图。

(16) ×××地区×××统×××组地层页岩含气量等值线图。

(17) ×××井综合录井图。

(18) ×××井综合测井曲线图。

(19) ×××地区地层综合柱状图。

(20) ×××地区×××井地质设计图。

（21）×××地区×××统×××组对比图类。

（22）×××地区×××地层剖面图。

2. 各类试验资料（二维表格型数据资料）

1）页岩油气地球化学资料

（1）TOC 试验数据表。

（2）泥页岩热解分析。

（3）泥页岩有机质红外光谱分析方法。

（4）镜质体反射率（R_o）试验数据表。

（5）沥青反射率（R_b）试验数据表。

（6）有机质类型试验数据表。

（7）有机质显微组分试验数据表。

2）储层物性资料

（1）压汞资料。

（2）孔隙度。

（3）渗透率。

（4）比表面。

（5）微裂缝。

（6）页岩裂缝研究。

（7）铸体薄片资料。

（8）阴极发光资料。

（9）各类扫描电镜资料。

3）储层敏感性资料

（1）压汞资料。

（2）孔隙度。

（3）渗透率。

（4）比表面。

（5）微裂缝。

（6）页岩裂缝研究。

（7）铸体薄片资料。

（8）阴极发光资料。

（9）各类扫描电镜资料。

4）岩石矿物

（1）显微薄片资料。

（2）全岩矿物含量。

（3）黏土矿物含量。

（4）脆性矿物含量。

（5）页岩中碳酸盐岩含量。

5）岩石元素

（1）全岩化学分析（微量元素）：有害元素。

（2）页岩元素化学分析。

（3）泥页岩样品电子探针分析。

（4）页岩元素化学分析。

（5）页岩矿物流体包裹体中的铷锶同位素地质年龄测定。

（6）页岩中黏土矿物 X 射线能谱鉴定。

（7）页岩黏土矿物 K-Ar 同位素定年。

6）岩石力学

（1）页岩密度。

（2）页岩三轴应力。

（3）页岩单向抗压强度测定。

（4）页岩抗剪试验方法。

（5）页岩单向抗拉强度测定方法。

7）页岩含水率测定

（1）页岩水阴阳离子及微量元素分析。

（2）页岩水中微量油分析。

（3）页岩气中 H_2S 的测定。

（4）天然气中水的测定。

（5）页岩吸附气。

8）地震资料

（1）×××地区二维地震测线资料。

（2）×××地区三维地震测线资料。

（3）×××地区微地震监测资料。

9）综合性资料图件资料

（1）×××地区页岩气勘探相关资料程度图（可包括石油钻井、油气田、地震覆盖区、地表地球化探区、煤田、煤孔、金属矿井、矿山、巷道、水文地质观察点、页岩气孔、标准剖面、采样点、气苗、油苗）。

（2）×××地区×××统×××组地层页岩气远景综合评价图。

（3）×××地区×××统×××组地层页岩气勘探选区及工作部署图。

（二）用户权限体系设计

1. 用户分类

在页岩气基础地质数据管理系统中，针对用户的职责，主要划分为三类。

（1）系统管理员：具有系统的所有操作权限，包括系统基础数据管理、系统权限分配、地质数据管理、图件管理、文档管理等功能。

（2）维护用户：能够维护系统中的各种地质数据、图件数据、文档数据等。

（3）浏览用户：只能浏览系统中的各种地质数据、图件数据、文档数据等。

2. 系统权限分类

在页岩气基础地质数据管理系统中，针对不同区带的地质数据，主要设计了三种权限：管理权限（manage）、维护权限（maintain）、浏览权限（read only）。三种权限是逐级包含的，管理权限包括维护权限和浏览权限，维护权限包含浏览权限。

当用户拥有动某区带的一种权限时，就拥有了该区带下所有地质数据的这种操作权限，每个用户允许拥有多个区带的操作权限，如图 7-11 所示。

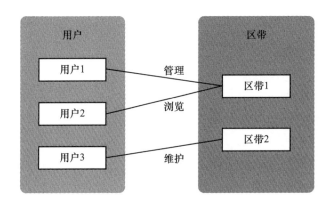

图 7-11　用户权限示意图

六、地质数据库设计

根据前述方法与设计原则，及数据现状调研，建立了 274 个实体表，共计 5785 个字段。实体表单有 2 级分类，分类 1 为大类，分为物探、录井、测井、油气测试、分析化验、页岩试验测试及资源评价成果 7 大类，小类分为 2 类，共计 29 类，每个表包含中文表名及表代码。数据库暂以 Microsoft Access 形式管理，在系统下建立 ODBC 数据源链上该数据库，在系统正式发布时，将转向 Oracle 或 SQL Server。

除各类实验资料外，还包含一个表中表 tables，存储了上述的表单中文名字与代码的关系，和一个字段表 fields，存储了上述所有表的字段，即字段集，字段集内有各表的所属类别、字段名、代码、类型、字段长度、主键、外键等信息。

在分析页岩气业务的基础上，设计并建立了页岩气图档管理数据模型。根据页岩气地质数据的类型不同，共设计 6 大类（包括地理、地球物理、地质、工程、化探、页岩油气等），并通过 TJGL 表进行统一管理。

在分析页岩气业务的基础上，设计并建立了页岩气文档管理数据模型。根据页岩气地质数据的类型不同，共设计两大类（包括研究及测试报告、合同管理等），并通过WDGL 表进行统一管理。

在建立数据库的另一项重要工作是建立各实体的关系，即 E-R 图。只有建立了实体关系图后，关系数据库才能得以体现，并能理清表单之间的访问、查询链接，它们之间的链接是通过表单中的主键、外键。目前已初建立了各大类的实体关系图：物探、化探、测试等，由于图件太大，故在此列举了其中的测井数据实体关系图的缩小图形和局部放大图形。

七、数据库软件系统功能

在数据库建设工作完成后，需要有软件系统来有效地进行访问、存取，根据设计要求，界面设计以方便高效地访问为准则，现已初步实现了数据库表单的访问，实现了增、删、改、查，即增加记录、删除记录、修改记录、数据查询；并初步实现了图件的显示，视口平移等操作，主要包括数据管理、图件管理、文档管理、基础数据维护、系统维护等功能。

登录界面中包括两部分内容，上面是页岩气基础地质数据库的连接信息，填写数据库所在的服务器、数据库、用户、密码等信息后，就可以连接到数据库中，进行登录、数据管理等功能。下面是用户登录信息，输入用户名、密码后（可以选择是否记住登录用户名、密码），点击登录，进入系统主界面。从主界面上，可以进入数据管理、图件管理、文档管理、基础数据维护、系统维护等模块。

（一）数据管理

数据管理是针对页岩气基础地质数据的管理、维护等功能。

点击主界面"数据管理"→"数据管理"菜单，打开数据处理界面。

数据处理界面中，左侧是基础地质数据库中各类页岩气数据表的分类和名称。右侧是数据表中数据的维护区域。地质数据维护功能，主要包括新增、修改、删除等功能。

各个表的数据按照区域、盆地和区带的方式存储进行分类，选择不同的区域、盆地、区带，可以查询、浏览不同区带的各种地质数据，并对各种地质数据进行管理维护。

（二）图件管理

图件管理，主要是针对系统中的各种地质图件进行管理的功能。

点击主界面"图件管理"→"图件管理"菜单，打开图件管理界面。

地质数据库中的图件，按照不同的区带、地层和分类来存放各个地质图件。

左侧默认将数据库中所有区带的地质图件类别以分组形式列出来，双击某个图件类别，右侧会显示该类别的所有图件详细数据。

（三）文档管理

文档管理，功能与图件管理功能类似，主要是针对系统中的各种地质文档进行管理。

点击主界面"文档管理"→"文档管理"菜单，打开文档管理界面。

地质数据库中的文档，与地质图件一样，也按照不同的区带、地层和分类来存放各个地质文档。

左侧默认将数据库中所有区带的地质文档类别以分组形式列出来，双击某个文档类别，右侧会显示该类别的所有文档详细数据。

（四）基础数据维护

基础数据维护主要进行后台基础编码的管理功能，包括权限代码管理、区块分类管理、地层代码管理等功能。

1. 权限代码管理

权限代码管理主要指针对系统权限代码的管理功能。

2. 区块分类管理

系统中，各种地质数据、图件数据、文档数据，都是按照地区、盆地、区带的范围来分组数据的。

区块分类管理主要指针对这些地区、盆地、区带信息的管理功能。

3. 地层代码管理

地层代码管理主要指针对系统地层代码的管理功能。

（五）系统维护

系统维护主要指进行后台用户和权限的管理功能，包括用户管理、权限管理等功能。

1. 用户管理

用户管理是系统管理员对用户进行管理的功能。

2. 权限管理

权限管理是系统管理员对本单位用户进行统一的授权的管理功能。

左侧是系统中的所有用户的基本信息，右侧显示系统中的所有区带的代码和名称信息。

双击左侧某个用户，右侧会显示该用户已经具有访问权限的区带。

八、数据库应用

（一）数据管理

随着数勘探开发的海量数据，页岩油气基础地质数据库的建设是必不可少的一项研究内容，它是页岩油气区块招标数据包制作的重要支撑，同时也是进行资源评价的重要平台。项目初步建立起了页岩油气数据库及数据库管理软件系统，其中涉及了勘探开发测试各项数据，工作量较大，内容较大，可以根据大区、盆地及区带作为关键词，查询到对应的地区的相关的地质、物探、化探、测试、研究报告等资料，为数据包的制作及资源评价提供支持。

（二）数据库在全国页岩油气基础地质数据入库中的应用

研究中，除了建立页岩油气基础地质数据库及研发相应的管理软件系统，同时还进行了数据录入测试，目前已将油田提供的研究报告、EXCEL 表格、图件等资料录入数据库中。其中研究报告及测试报告 147 份、EXCEL 文档 328 个，每个 EXCEL 文档中还有多页表，每页表内有多个数据表及多张图件，工作量巨大，如表 7-3 所示。具体工作包含 3 项或 3 个阶段，数据整理、入库、质量检查。

表 7-3 油田基础资料整理及文献调研工作量

序号	文献类型	来源	数量	备注
1	WORD 文档	油田	147	测试报告提数据提取
2	EXCEL 文档	油田	328	表格数据的信息提取
3	PDF	期刊网	50	数据库建模方法研究文档
4	PDF	研究报告	10	油田数据类型研究

1. 数据整理

第一阶段是进行数据整理。数据整理是将油田提供的多项数据，按数据库模型整理成单个表单。数据整理以区块为线索，将全国按三级区分：区域、盆地、区带，区域分为华北及东北区、上扬子及滇黔桂区、西北区、先导试验区、中下扬子及东南区共 5 个区域，各区域再细分为各个盆地，各盆地再细分区带，按 5 个区域及 27 个盆地或区块的数据录入，分级见表 7-4。另外，各盆地有一些汇总表，这些表汇总了该盆地下各区带的资料的总和或平均等信息，这时不能存储在各区带中，就将作一个汇总区（一个虚拟的区），用来存放该盆地的汇总资料。例如，西北区总的"区域"，实际上是西北区柴达木盆地、塔里木盆地等 7 个盆地的汇总资料；而"全国总"条目下则汇总了全国的资源量数据。分类后，按区域、盆地、区带赋一个代码，在数据库中，以它作为索引到各区带上。

表 7-4 入库区块目录

区域	代码	盆地	代码	区带/地区	代码	总代码
华北及东北区	001	渤海湾盆地	001	渤海湾	001	001001001
华北及东北区	001	鄂尔多斯	002	鄂尔多斯	001	001002001
华北及东北区	001	南襄盆地	003	泌阳	001	001003001
华北及东北区	001	南襄盆地	003	南阳	002	001003002
华北及东北区	001	海拉尔盆地	004	海拉尔	001	001004001
华北及东北区	001	松辽盆地	005	齐家古龙	001	001005001
华北及东北区	001	沁水盆地	006	沁水及外围	001	001006001
华北及东北区	001	松南盆地	007	松南	001	001007001

区域	代码	盆地	代码	区带/地区	代码	总代码
上扬子及滇黔桂区	002	滇黔桂	008	滇黔桂	001	002008001
上扬子及滇黔桂区	002	四川盆地周缘	009	四川盆地周缘	001	002009001
上扬子及滇黔桂区	002	四川盆地	010	四川盆地	001	002010001
西北区	003	柴达木盆地	011	柴达木盆地	001	003011001
西北区	003	塔里木盆地	012	塔里木	001	003012001
西北区	003	酒泉盆地	013	酒泉	001	003013001
西北区	003	三塘湖盆地	014	三塘湖	001	003014001
西北区	003	吐哈盆地	015	吐哈	001	003015001
西北区	003	西北区中小盆地	016	西北区中小盆地	001	003016001
西北区	003	准噶尔盆地	017	准噶尔	001	003017001
先导试验区	004	四川盆地	010	川南	001	004010001
先导试验区	004	四川盆地	010	渝东北	002	004010002
中下扬子及东南区	005	东南地区	018	浙江	001	005018001
中下扬子及东南区	005	东南地区	018	广东	002	005018002
中下扬子及东南区	005	江西及其围缘	019	江西及其围缘	001	005019001
中下扬子及东南区	005	苏北地区	020	苏南地区	001	005020001
中下扬子及东南区	005	皖南宣城地区	021	皖南宣城地区	001	005021001
中下扬子及东南区	005	下扬子地区	022	下扬子地区	001	005022001
中下扬子及东南区	005	中扬子地区	023	中扬子地区	001	005023001
华北及东北区总	006	华北及东北区	024	华北及东北区	001	006024001
上扬子及滇黔桂区总	007	上扬子及滇黔桂区	025	上扬子及滇黔桂	001	007025001
西北区总	008	西北区	026	西北区	001	008026001
中下扬子及东南区总	009	中下扬子及东南区	027	中下扬子及东南区	001	009027001
全国总	010	全国	028	全国	001	010028001

　　区带或地区区分完成后，则以它为线索，共 27 个区带，一个区带一个子目录，在此子目录下存放各类型数据。在该目录下，将油田提供的文件以数据库表单格式要求的数据项或字段进行整理，将一个文件折分成多个，一类数据整理成一个表单。例如，油田提供的原始数据表格如图 7-12 所示。

井号：		放大倍数：1250			分析日期：			页：1-1	
样品号	井段	岩性	层位	样品类型	测点数	标准偏差	镜质体反射率值	备注	
R159				干酪根	10	0.278	3.389		
R197				干酪根	16	0.267	2.439		
R201				干酪根	8	0.196	2.632		
R220				干酪根	6	0.340	2.651		
R226				干酪根	10	0.270	2.461		
R228				干酪根	6	0.166	2.267		
DC-22-G-1				干酪根	14	0.131	2.685		

图 7-12　油田提供的镜质体反射率检测报告

这时应该把它整理成与数据库中要求的表格一样的格式，如图 7-13 所示，这样才能够导入数据库管理软件中。

报告编号	地区	油田名	井号	分析单位	送样单位	检测依据	检测设备	设备编号	实验编号	样品编号	井段	井段距	顶项	层位	取样E	颜色	含油级	岩石名称	样品
5	滇黔桂		1	华北油田勘	浙江大学	《沉积岩中	显微光度计	620612	1	R159				上古生界					干酪根
6	滇黔桂		2	华北油田勘	浙江大学	《沉积岩中	显微光度计	620612	2	R197				上古生界					干酪根
7	滇黔桂		3	华北油田勘	浙江大学	《沉积岩中	显微光度计	620612	3	R201				上古生界					干酪根
8	滇黔桂		4	华北油田勘	浙江大学	《沉积岩中	显微光度计	620612	4	R220				上古生界					干酪根
9	滇黔桂		5	华北油田勘	浙江大学	《沉积岩中	显微光度计	620612	5	R226				上古生界					干酪根
10	滇黔桂		6	华北油田勘	浙江大学	《沉积岩中	显微光度计	620612	6	R228				上古生界					干酪根
11	滇黔桂		7	华北油田勘	浙江大学	《沉积岩中	显微光度计	620612	7	DC-22-G-1				上古生界					干酪根

图 7-13 整理后的镜质体反射率表格

但有时候数据库中并不存在一张表格可以将一份原始数据全部录入，这时，可以选用多个表单录入。如当原始数据为如图 7-14 所示的数据，此时可以选择数据库中三个表格来统计这些原始数据，即 YFE02 沉积岩中镜质体反射率测定，YFE14 有机质类型（显微组分）YFE18 岩石中有机碳分析 1，这样所有的数据就可以导入。

送样编号	测试项目	采样地点	分层号及采样位置	地层时代	TOC/%	R_o/%	有机质类	S/%	镜质组	矿物（发荧光矿物/不发光矿物）		岩石定名	陆源砕屑/%	填隙物/%	
渝地研院-1#	TOC、R_o	石柱打风墙	第10层之第3分层即O_{3W}中上部	O_{3W}	4.37	2.82	Ⅲ	0.17	1.4		98.6	细粉砂质泥铁质岩	32	139.36	铁矿为主...少，细粉砂结构...
渝地研院-2#	TOC、R_o	石柱打风墙	第8-9层底部及S_{1L}底部	S_{1L}	6.65	2.68	Ⅲ	0.06	1		99	泥铁质细粉砂岩	54	163.39	主要为石英...它岩屑...与磁铁矿...
渝地研院-3#	TOC、R_o	黔江黑溪	黑溪中下部（富有机质页岩下部）	S_{1L}	1.11		0.25					细粉砂质泥铁质岩	26	27.36	细粉砂质泥...砕屑成分主要为...灰岩晶屑及以...泥铁质成分以以...
渝地研院-4#	TOC、R_o	黔江黑溪	黑溪中上部（富有机质页岩上部）	S_{1L}	2.3		0.92				100	泥铁质细粉砂岩	73	27	成分为磁铁矿...

图 7-14 油田提供的地化测试报告

用此方法将油田提供的各种表格、报告中的表格、文字描述转变成数据库所要求的 EXCEL 表格形式，就完成了第一期的工作。

2. 入库

第二个阶段是在前期工作基础上，根据所整理的每一项数据类型，在数据库软件系统中，选择相应的区域、盆地及区带，以及对应的类型，进行数据加载入库。这是一种批量导入方式，当然也能一条记录一条记录地用键盘输入，或直接打开 SQL 数据库黏帖入库。图 7-15 为前述 YFE02 表单的入库界面。

3. 质量检查

第三阶段是在录入数据后进行质量检查，其目的是为了使进入数据库的数据能正确地表达各油田单位提供的信息，在管理、查询中能够正确地调出。

各油田单位提交的数据格式不同、对数据的定义和术语表达也略有差别、数值的单位也不同，这时需要根据数据库对各数据项单位的要求，将不符合要求的数值进行单位换算后再导入；另外，部分表格中，仅是为了原报告的排序做的编号等一些信息，与原始数据无关，则可以去掉，不予考虑，其原则是不影响原始数据；而一些数据信息，在数据库中找不到对应的数据项，则需要修改数据库结构，并重新录入。

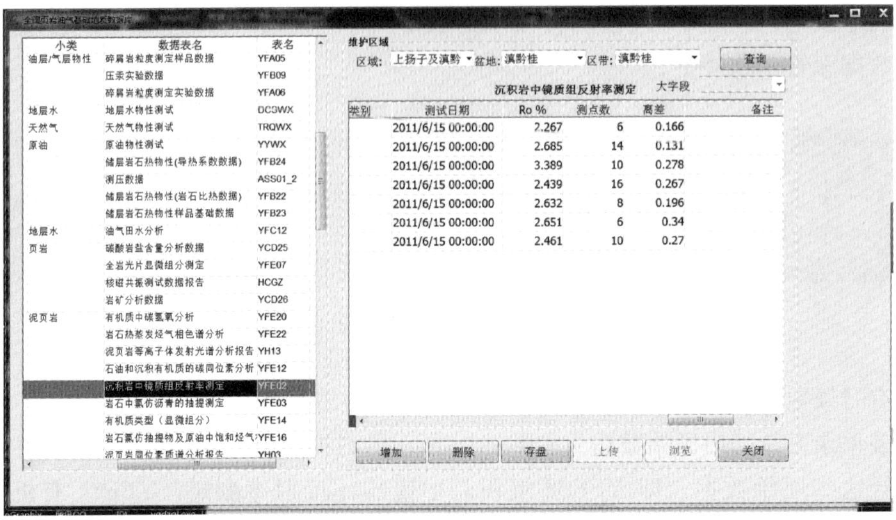

图 7-15　YFE02 入库界面

（三）数据管理应用反馈

通过项目的软件开发及录入测试，达到了原设计的要求，可以提交一套完整的各油田单位提供的页岩油气基础地质数据库及管理软件系统。

在软件研发及数据录入过程中，经过了多次修改，使数据库结构逐步完善并满足录入的需求。在数据录入中发现了以下问题，并提出了解决方案及录入库的标准与注意事项。

（1）一些无关紧要的数据项，如送样清单表格不需要（如滇黔桂地区上古生界.xls）；由于各测试表格的项目不一，软件中建立的标准表格并不包括所有的数据项，其只对主要数据项进行了输入，部分次要数据项未能输入。

（2）比表面、孔径测试表格中缺少很多测试项，但软件系统出于对今后的数据录入需求，做得比较完善，在数据入库中，这些缺的数据项则空着。

（3）实际数据表格数据项与软件系统中的表格数据项或字段有部分不完全对应，在这里对软件进行了多次改动，共提交了四次数据库修订方案。例如，全岩矿物分析（YFD03）中，将长石分解成钾长石和斜长石量类。

（4）数值单位不统一现象：如表格"YH07 泥页岩含气量现场测定结果参数表"中含气量的单位，这时经过换算以后入库，这个问题便得到解决。

（5）单个表需要多表来表达。有部分同一表格里面的数据项太多，需要在用多个表格来录入，如黏土矿物及全岩 X 射线衍射分析报告需要在"YFD03 全岩矿物 X 射线衍射分析、YFD04 黏土矿物 X 射线衍射分析"两张表格中录入。

（6）一些项必须不能为空而原始数据又没有的时候则在其中随意填写了"1、某公司、某公司 1、某界、界 1"等，保证那几项非空记录组合唯一，如图 7-16 所示。

所属公司	盆地	拗陷/二级杓	凹陷	洼陷	区块
某公司1	三塘湖1	某拗陷1	某凹陷1	某洼陷1	某区块1

报告编号	地区	油田名称	井号	分析单位	送样单位	检测依据
1	湖北鹤峰白果坪Z1ds		某井1	湖北省潜江市广华江汉油日江汉油田分公司勘探开发研究院海相所		

图 7-16 关键字的要求

(7) "顶界深度"等没有值的而又不能为空时设为 0m，"距顶"项有的放入"层位"中，有的放入"备注"。

(8) 同样的原始数据可以录入到多个表格时，这里只选取了一个最适合录入的表格，即录入并不是严格按照软件中提供的表格进行。例如，需要录入"2011 全国页岩气资源汇总"表中的数据时，并没有选择"CXFL 页岩气资源量按层序分类汇总表"来录入，而是选择"YG08 页岩气资源量汇总"录入，如图 7-17 所示。

按层系												
层系	地质资源量/10^{12}m						可采资源量/10^{12}m					
	F5	F25	F50	F75	F95	期望值	F5	F25	F50	F75	F95	期望值
古近系	6.59	4.84	3.90	3.06	2.72	3.90	2.57	1.95	1.60	1.27	0.86	1.60
中生界	55.41	36.15	28.17	19.69	9.61	28.17	20.74	13.72	10.52	7.55	3.87	10.52
上古生界	83.40	58.82	43.34	31.77	17.47	43.34	9.51	6.51	4.88	3.47	2.04	4.88
下古生界	98.90	74.25	59.00	44.21	27.13	59.00	14.22	10.26	8.09	6.12	3.54	8.09
合计	244.30	174.07	134.42	98.73	56.94	134.42	47.04	32.44	25.08	18.42	10.30	25.08

图 7-17 页岩气资源汇总

(9) 原始数据中没有交代是地质资源量还是可采资源量时，统一放在"地质资源量"中。"YG08 页岩气资源量汇总"表中以下资源量分别为 *P*5、*P*25、*P*50、*P*75、*P*90 的资源量，并不是只是 *P*50 的资源量，如图 7-18 所示。

*P*50地质资源量(*P*5)	*P*50地质资源量(*P*25)	*P*50地质资源量(*P*50)	*P*50地质资源量(*P*75)	*P*50地质资源量(*P*95)
1.80	1.42	1.17	0.94	0.63

图 7-18 地质资源量

所有涉及页岩气资源量的单位都是 10^8m^3，页岩油资源量的单位则是 10^8t。

(10) "YH07-泥页岩含气量现场测定结果参数表"中原始数据没有说明测定方法，都放入直线法中，如图 7-19 所示。

A	B	C	D	E	F	G	H	I	
报告编号	井号	样品编号	实验日期	层位	深度	总含气量（直线法）	总含气量（多项拟合法）	损失气量（直线法）	损失气
1	1	FCC-SY-P13-15-顶1	2003-1-1			0.64		0.05	
2	2	FCC-SY-P13-15-顶2	2003-1-1			0.61		0.03	
3	3	FCC-SY-P13-15-底1	2003-1-1			0.59		0.05	
4	4	FCC-SY-P13-15-底2	2003-1-1			0.73		0.09	
5	5	FCC-SY-P15-3-顶1	2003-1-1			3.57		0.48	
6	6	FCC-SY-P15-3-顶2	2003-1-1			4		0.47	

图 7-19 泥页岩含气量现场测定结果参数表

其他表格涉及多个方法测定数据的都放在表中的同一中方法中。表格中计算得到的数据并没录入，只对原始数据中直接测定的进行录入。

（11）不同版本的 EXCEL 录入时对数据的位数显示不同，区域代码的前两位 0 缺省，导致录入后按区块代码查询不到，见表 7-5。

表 7-5　比表面及孔容测试

BET 比表面	朗谬尔比表面	BJH 孔容	平均孔直径	测试日期	备注	FLBM
6.938		0.0185	10.7	2003.1.1		005018001
0.888		0.00185	8.3	2003.1.1		005018001

（12）四川盆地的千佛崖段物性数据的表头为英文，将其各项数据放入了 YFA04 覆压下岩石孔隙度、渗透率试验数据中，见表 7-6 和表 7-7。

表 7-6　四川盆地千佛崖段物性数据

岩石名称	颗粒体积/mL	孔隙体积/mL	样品体积/mL	孔隙度/%	密度/(g/cm³)
灰黑色碳质泥岩	15.941	0.659	16.6	3.97	2.5873
灰黑色炭质页岩	15.8276	0.7129	16.5405	4.31	2.5759
灰黑色炭质页岩	15.8667	1.0182	16.8848	6.03	2.4994

表 7-7　比表面-孔径分布检测报告

样品编号	1	分析编号	R159
井号		井深	
层位		岩性	页岩
相对压力(P/P_O)	吸附体积/(mL/g)	相对压力(P/P_O)	脱附体积/(mL/g)
5.06×10^{-2}	0.9177	9.85×10^{-1}	10.1837
1.04×10^{-1}	1.0657	9.77×10^{-1}	10.1023
1.51×10^{-1}	1.1681	9.31×10^{-1}	7.7932
1.98×10^{-1}	1.2716	9.03×10^{-1}	6.9611
2.45×10^{-1}	1.3739	8.74×10^{-1}	6.3711
3.04×10^{-1}	1.5123	8.53×10^{-1}	6.007
3.50×10^{-1}	1.6274	8.23×10^{-1}	5.5709
3.97×10^{-1}	1.7604	8.02×10^{-1}	5.2948

第八章

主要成果、认识和启示

第一节　主 要 成 果

一、总结了我国页岩气地质特点

中国富有机质页岩发育层系多、类型多、分布广。自下古生界至新生界 12 个层系中形成了数十个含气页岩层段。寒武系、奥陶系、志留系和泥盆系主要发育海相页岩，其中上扬子及滇黔桂区海相页岩分布面积大，厚度稳定，有机碳含量高，热演化程度高，页岩气显示广泛，目前已在川南、滇黔北获得页岩气工业气流。石炭系—二叠系主要发育海陆过渡相富有机质页岩，在鄂尔多斯盆地、南华北和滇黔桂地区最为发育，页岩单层厚度较小，但累计厚度大，有机质含量高，热演化程度较高，页岩气显示丰富。中新生界陆相富有机质页岩主要发育在鄂尔多斯盆地、四川盆地、松辽盆地、塔里木盆地、准噶尔盆地等含油气盆地中，分布广、厚度大，有机质含量高、热演化程度偏低，页岩气显示层位多。

根据大地构造格局和页岩气发育背景条件，将中国页岩气划分为南方（包括扬子板块和东南地块）、华北及东北，以及西北三大页岩气地质区。南方地区有潜力的页岩气分布区域集中在扬子板块下古生界的下寒武统、下志留统和上古生界的下泥盆统海相页岩、石炭系—二叠系海陆过渡相页岩和中生界的陆相页岩中。华北及东北区有资源潜力的页岩主要分布在以海陆过渡相为主的上古生界石炭系—二叠系、以陆相沉积为背景的中新生界地层中；西北区资源潜力较大的页岩气层系主要分布在古生界海相、上古生界海陆过渡相和中生界陆相煤系地层中。

二、总结页岩油气资源调查评价经验，提出了页岩油气调查评价工作流程

在"中国重点地区页岩气资源潜力及有利区优选"和"全国页岩气资源潜力调查评价及有利区优选"项目，以及国内外页岩油气勘探开发经验总结的基础上，总结出了开展页岩油气资源调查评价和勘探开发工作经验和工作流程。页岩油气资源调查的基本流程如下。

1. 确定目标层系

充分利用以往的油气勘探资料、煤炭和煤层气勘探资料、其他地质资料，初步确定含油气页岩的目标层系，并基本掌握其分布规模、分布和埋深特征，初步判断其页岩油气的资源前景。

2. 确定含油气页岩层段识别与划分方法

一般通过成本较低的调查井获取目标层系系统的岩心资料进行，岩心直径不小于 60mm。地表露头剖面样品也可以作为研究对象，但不能获取全部参数数据，部分参数受风化作用影响有明显偏差，在使用时要十分小心。确定含油气层段的主要参数包括：①TOC、R_o 等有机地化参数；②岩石类型和矿物组成等岩矿参数；③孔隙度、孔隙结构和类型等储层物性参数；④含油气性指标；⑤岩石力学、地应力等其他参数。各项参数要在目的层系岩心或露头剖面上按一定密度系统采样获取，最终建立含油气页岩层段综合剖面，综合反映含油气页岩层段识别划分依据和划分结果。

3. 确定含油气页岩层段的发育规模，预测页岩油气有利区

通过地质、地球物理和钻探方法，综合分析确定含油气页岩层段的分布面积、厚度及其变化规律，埋藏深度。分析其有机地化参数、岩矿和储层物性参数、含油气性参数等的变化规律，预测各含油气目标层段页岩油气有利区的分布范围。

4. 开展有利区内页岩油气资源潜力评价

按统一的方法参数，对优选出的页岩油气有利区开展页岩气、页岩油资源评价，并对评价结果进行分析，进一步明确各有利区的勘探开发前景。

5. 总结页岩油气富集地质规律

分析所评价含油气页岩的有机地化、岩石矿物、孔渗、含气性的剖面变化特征和平面分布规律，总结页岩油气富集特点，分析其开发前景。

三、确定了我国海相、海陆过渡相和陆相含气页岩层段划分原则，分析总结了近百个含气页岩层段的基本地质特征

将含气页岩层段界定为"有直接或间接证据表明页岩含气，并可能具有工业价值页岩气聚集的页岩层段，包括页岩、泥岩及其夹层"。在已经钻探的地区，含气页岩层段为已经获得页岩气气流、或岩心解吸获得页岩气、录井在该段发现气测异常的层段；在缺少油气探井资料的地区，含气页岩层段为其他方法获得页岩气显示的层段；在无含气性资料的地区，含气页岩层段为各项地球化学指标达到指标下限的层段。在含气页岩层段划分的基础上，确定了含气页岩层段资源潜力评价的下限标准。其中，海相含气页岩层段的单层厚度不小于 10m；陆相、海陆过渡相含气页岩层段中，单层页岩厚度不小于 6m，层段的连续厚度大于 30m，夹层厚度小于 3m，泥地比大于 60%。

分析了自蓟县系、震旦系、寒武系、奥陶系、志留系、泥盆系、石炭系、二叠系、三叠系、侏罗系、白垩系、古近系 12 个地层中的近百个含气页岩层段的厚度、面积、

埋深和矿物、岩石、地球化学、含气性等基本特征。

四、建立了页岩气、页岩油资源潜力评价及有利区优选方法，评价了我国页岩气资源潜力

针对页岩气富集机理和我国地质特点，将体积法、FORSPAN法、概率法有机结合，建立了适用于我国现阶段页岩气、页岩油资源潜力评价的条件概率体积法，并制定了参数赋值规范。以地质条件和工程条件为主要考虑因素，制定了页岩气、页岩油可采系数赋值方法。以页岩气、页岩油地质和可采条件为依据，在统计分析我国页岩气、页岩油相关参数基础上，提出了页岩气、页岩油有利选区方法和标准，优选了适合现阶段勘探部署的海相、海陆过渡相和陆相页岩气有利区，提出了我国陆相页岩油有利区。

评价结果表明，我国陆上页岩气地质资源潜力在 $25\%\sim75\%$ 概率下为 $174.45\times10^{12}\sim99.48\times10^{12}\,\mathrm{m}^3$，中值为 $134.42\times10^{12}\,\mathrm{m}^3$，可采资源潜力在 $25\%\sim75\%$ 概率下为 $32.51\times10^{12}\sim18.32\times10^{12}\,\mathrm{m}^3$，中值为 $25.08\times10^{12}\,\mathrm{m}^3$（不含青藏区）。

五、优选了页岩气、页岩油有利区，评价了各有利区页岩气、页岩油资源量

2012年共优选出页岩气有利区233个，累计面积为 $877\,199\,\mathrm{km}^2$，有利区页岩气地质资源潜力在 $25\%\sim75\%$ 概率下为 $147.95\times10^{12}\sim100.38\times10^{12}\,\mathrm{m}^3$，中值为 $123.01\times10^{12}\,\mathrm{m}^3$，可采资源潜力在 $25\%\sim75\%$ 概率下为 $26.31\times10^{12}\sim17.83\times10^{12}\,\mathrm{m}^3$，中值为 $21.84\times10^{12}\,\mathrm{m}^3$（不含青藏区），主要发育于震旦系—古近系12个层系。在大区分布上，上扬子及滇黔桂区有利区37个，中下扬子及东南区46个，华北及东北区95个，西北区55个。

优选出页岩油有利区58个，累计面积为 $157\,591\,\mathrm{km}^2$，有利区页岩油地质资源潜力在 $25\%\sim75\%$ 概率下为 $587.49\times10^8\sim274.11\times10^8\,\mathrm{t}$，中值为 $397.46\times10^8\,\mathrm{t}$，可采资源潜力在 $25\%\sim75\%$ 概率下为 $51.70\times10^8\sim24.12\times10^8\,\mathrm{t}$，中值为 $34.98\times10^8\,\mathrm{t}$（不含青藏区），主要分布在石炭系、二叠系、三叠系、侏罗系、白垩系、古近系6个层系。在大区分布上，中下扬子及东南区12个，华北及东北区29个，西北区17个。

六、优选了3批51个页岩气招标区块，编制了地质资料文件

自2010～2012年，优选出供页岩气邀请招标的区块6个，并编制了地质资料文件，其中被采纳用于招标的区块4个；优选出供第二轮招标的页岩气区块25个，并编制了地质资料文件，区块被采纳20个；优选出供第三轮页岩气招标区块20个，编制了地质资料文件。

七、进行了技术方法调研，编制了页岩气资源调查评价及勘探开发相关技术规程

跟踪调研国内外页岩气地震勘探技术；调研国内外页岩气非地震勘探技术，选择典型地区开展试验；跟踪调研国内外页岩气钻完井技术、页岩气开发储层改造技术；

跟踪调研国内外页岩气测井技术，优选页岩气测井技术系列；跟踪调研国内外页岩气试验分析技术及测试方法，建立国内页岩气测试方法体系；并编制了相关技术规程21个。

八、开展了页岩气资源勘探开发中美对比研究

从中美页岩气的开发阶段、美国页岩气产业化过程及我国所处阶段、美国页岩气开发的经济性及其与常规油气的差异、页岩气开发的环境影响、美国管理体制，以及人才、相关法律法规等方面进行了研究和对比，总结了相关经验，提出了政策建议。

九、研究队伍及人才培养

页岩气资源调查评价和研究工作是一项全新的、开拓性工作，在我国处于起步阶段。通过这几年的工作，为我国页岩气研究和调查评价培养了多支队伍、几百名专业研究人员。

同时，还为各大学的学生培养提供了一个全新的领域，中国地质大学（北京）、中国石油大学（北京）、成都理工大学、长江大学、东北石油大学等高楼参加项目的工作，培养了一批优秀的博士生、硕士生和本科生，其中已经毕业的学生就业率达到100%。

第二节　主要认识与面临问题

根据全国页岩气资源潜力评价和有利区优选成果，结合中国页岩气资源勘探开发现状和未来发展趋势，以及国家对页岩气的政策支持走向，对我国页岩气资源形成如下认识。

一、资源丰富，分布广泛，是油气勘探开发新领域，适于规模勘探开发利用

我国陆上埋深4500m以浅的页岩气地质资源潜力在25%～75%概率下为$174.45 \times 10^{12} \sim 99.48 \times 10^{12}\,\mathrm{m}^3$，中值为$134.42 \times 10^{12}\,\mathrm{m}^3$，可采资源潜力在25%～75%概率下为$32.51 \times 10^{12} \sim 18.32 \times 10^{12}\,\mathrm{m}^3$，中值为$25.08 \times 10^{12}\,\mathrm{m}^3$（不含青藏区），与常规天然气接近。

优选出页岩气有利区233个，累计面积为877 199km²，有利区内页岩气地质资源潜力在25%～75%概率下为$147.95 \times 10^{12} \sim 100.38 \times 10^{12}\,\mathrm{m}^3$，中值为$123.01 \times 10^{12}\,\mathrm{m}^3$，可采资源潜力在25%～75%概率下为$26.31 \times 10^{12} \sim 17.83 \times 10^{12}\,\mathrm{m}^3$，中值为$21.84 \times 10^{12}\,\mathrm{m}^3$（不含青藏区），主要发育于元古界—古近系12个层系。在大区分布上，上扬子及滇黔桂区有利区37个，中下扬子及东南区46个，华北及东北区95个，西北区55个。

优选出页岩油有利区58个，累计面积为157 591km²，有利区页岩油地质资源潜力在25%～75%概率下为$587.49 \times 10^8 \sim 274.11 \times 10^8\,\mathrm{t}$，中值为$397.46 \times 10^8\,\mathrm{t}$，可采资源

潜力在 $25\%\sim75\%$ 概率下为 $51.70\times10^8\sim24.12\times10^8t$，中值为 34.98×10^8t（不含青藏区），主要分布在石炭系、二叠系、三叠系、侏罗系、白垩系、古近系 6 个层系。在大区分布上，中下扬子及东南区 12 个，华北及东北区 29 个，西北区 17 个。

二、油气矿业权内外开发条件差别较大，宜具体对待

油气矿业权区内页岩气可采资源约 $20\times10^{12}m^3$，基础设施较为完善，开发条件相对较好，需要妥善处理页岩气与常规油气矿业权之间的关系。油气矿业权区块外的页岩气可采资源约 $5\times10^{12}m^3$，这些地区地质工作程度低，地表开发条件复杂，经济相对落后，缺乏天然气管网，需要采取灵活机制，在地方政府的支持下，鼓励多种投资主体进入，特别是有实力的企业参与页岩气勘探开发，最大限度地调动各方面的人力、财力和物力，推动页岩气产业的快速发展。

三、地质条件复杂、类型多样，不能照搬国外经验

我国页岩气地质条件复杂，海相、海陆过渡相、陆相页岩均有发育，具有多层系分布、多成因类型、复杂后期改造等特点，页岩气成藏机理和富集规律具有诸多特殊性。复杂的地质条件决定了我国页岩气勘探开发不能简单照搬国外经验，必须从我国页岩气地质特征出发，系统研究和探索适合我国地质条件的页岩气勘探开发模式。

四、实践经验不足，需要加大工程投入，积累勘探开发经验

根据国外经验，一套含油气页岩层系从开始评价到实现规模化开发，需要 20 口以上的勘探和开发试验井，包括直井和水平井。我国页岩气勘探开发的投入在 100 亿元左右，截至 2013 年 9 月，我国探井和开发试验井仅有 142 口，只有龙马溪组（含五峰组）、延长组长 7 段两套目标层系的探井和开发试验井超过 20 口，具备了规模化开发的工程经验，其他目标层系的钻井工程经验、压裂经验不足。另外，我国页岩气探井的成本偏高，尚未形成成熟的水平井钻完井和压裂增产技术体系，页岩油气资源评价、地质选区和经济评价等技术也有待在引进吸收国外先进技术的基础上，通过国家科技重大专项等支持，开展联合攻关，形成适合于我国地质条件的页岩气勘探开发技术技术体系。

五、勘探开发尚处于起步阶段，即将进入快速发展阶段

我国页岩气勘探开发面临着良好的外部环境和宏观机遇。与美国相比，我国页岩气勘探开发还处于起步阶段。借鉴美国页岩气发展历程和经验，根据目前我国页岩气发展态势和政策走向，预测我国页岩气勘探开发将经过起步和快速发展两个阶段。"十二五"期间主要是起好步，预测产能将达到 $65\times10^8m^3$，页岩气产业初具规模，为"十三五"快速发展打下基础。"十三五"形成快速发展之势，产能将达到 $1000\times10^8m^3$，初步建成完善的页岩气产业体系，确立页岩气在我国一次能源中的战略地位。

页岩气作为一种清洁、高效能源，在我国具有雄厚的资源基础、广阔的市场需求、良好的政策环境和难得的发展机遇，页岩气勘探开发将得到快速发展。

第三节　得到的主要启示

我国页岩气资源丰富，可采资源量与常规天然气接近，是油气资源勘探开发的重要领域。丰富的资源基础奠定了我国页岩气广阔的勘探开发前景，而复杂的地质条件决定了我国页岩气勘探开发的艰巨性。根据近年来的勘探开发实践及本次页岩气资源潜力评价，以及有利区优选结果，得到以下几点启示。

一、加强页岩气勘探开发是改变我国能源结构的重要抓手

我国既是能源生产大国，又是能源消费大国。目前我国能源结构不尽合理。2009年我国的一次能源消费总量为 30.5×10^8 t 标准煤，其中，煤炭 70.0%、石油 17.8%、天然气 3.9%、水电、核电 7.5%，其他非化石能源（主要是风电、太阳能和生物质能等）0.8%。石油在我国的消费比重为 17.8%，世界平均水平为 34.8%，我国比世界平均水平低 17%；天然气在我国消费比重为 3.9%，低于世界平均水平（23.8%）近 20 个百分点，清洁的天然气能源在我国一次能源中的比重很低。

为了降低碳排放、实现低碳发展，我国正在加快调整能源结构，"十二五"期间我国能源结构调整的目标是煤炭在一次能源消费中的比重将从 2009 年的 70% 降到 63% 左右，天然气、水电与核能以及其他非化石能源的电力消费比重将从目前的 3.9%、7.5% 和 0.8% 分别上升到 8.3%、9% 和 2.6%。2015 年，煤炭国内生产能力为 38×10^8 t，净进口 2×10^8 t；石油国内生产能力为 2×10^8 t，净进口 3.3×10^8 t；天然气国内生产能力为 2000×10^8 m³，净进口 800×10^8 m³。

作为一种清洁高效的化石能源，页岩气是低碳经济的重要支柱。未来我国将重点发展清洁能源，大力勘探开发和利用页岩气，实现页岩气产量的快速提高和产业快速的发展。到 2015 年产量将达到 65×10^8 m³，预计到 2020 年产量达到 1000×10^8 m³，约占天然气总产量的 21%。提高页岩气在一次能源消费中的比重，改善我国能源结构，减少大气污染，并在一定程度上缓解石油及其他能源供应的压力。

二、确定发展思路、制定鼓励政策是推进页岩气勘探开发的重要前提

在我国页岩气勘探开发起步阶段，需要解放思想，统一认识，统筹谋划，结合实际，确定我国页岩气的发展思路：即深入贯彻落实科学发展观，尊重市场经济规律和油气地质工作规律，依靠市场引导、政策推动、技术进步、体制创新，加大页岩气勘探开发力度，加快研发页岩气勘探开发核心技术，尽快落实资源，形成规模产量，推动页岩

气产业健康快速发展，满足我国天然气消费不断增长的需求，促进能源结构优化，提高我国天然气供给安全和保障能力，促进经济社会又好又快发展。

在页岩气勘探开发中，一是坚持统筹规划，突出重点原则。充分发挥规划的调控作用，整体规划全国页岩气勘探开发，重点部署"十二五"期间页岩气勘探开发工作任务，力争促进"十三五"页岩气大规模快速发展；二是坚持调查先行，加强勘探的原则。对我国页岩气有利区进行调查评价，优选页岩气富集标区，探明页岩气储量，为页岩气建产提供储量基础；三是坚持技术创新，实现突破的原则。加快引进国外先进成熟技术，加大消化吸收再创新力度，同时进一步加强自主研发和创新力度，形成适合我国地质条件的页岩气勘探开发的核心配套工程技术系列和页岩气调查、勘探开发标准体系；四是坚持开放市场，政策支持的原则。加强页岩气勘探开发管理，创造开放的竞争环境。发挥市场机制作用，实行页岩气探矿权竞争性和合同管理，逐步推进页岩气勘探开发投资主体多元化。通过市场竞争和加强监管，推动页岩气勘探开发尽快起步，加快我国页岩气产业化。

三、加大页岩气资源勘探开发实践投入，积累经验是促进勘探开发快速发展的关键

我国页岩气类型多，地质条件复杂，勘探程度低，地质和资源风险大。需要加强前期地质工作，对不同类型页岩气层系进行前期调查和勘探开发试验，掌握其特点，获取勘探开发参数，降低勘探开发风险，吸引企业跟进，实现页岩气勘探开发突破，推动页岩气产业的发展。目前，我国页岩气勘探开发还处于起步阶段，政府需要针对不同地区、不同类型页岩气勘探开发面临的主要地质和技术问题，突出重点，开展调查评价和开发试验，解决关键问题，切实降低页岩气勘探开发风险，推动页岩气勘探开发快速发展。

四、灵活利用是促进页岩气勘探开发的重要条件

近几年，我国天然气管网建设步伐加快，省内管网建设审批权已经下放到地方政府，为页岩气勘探开发提供了契机。我国发展页岩气也要加快天然气输送主干网、联络管网和地方区域管网等建设，逐步建成覆盖全国的天然气骨干网和能够满足地方需要的区域性管网，大力发展小型 LNG，鼓励页岩气资源就地利用。

五、完善页岩气价格机制是促进页岩气勘探开发的重要因素

在健全完善我国国内原油、成品油和天然气定价机制的同时，结合我国页岩气勘探开发和利用的实际，针对页岩气经济有效开发中水平井精确钻井技术要求高、多段压裂技术难度大、开发成本高等特点，以及页岩气资源富集的偏远地区缺少管网等天然气基础设施差的状况，研究制订科学合理的页岩气价格形成机制，赋予页岩气开发企业自主定价权，避免偏低的页岩气价格导致供不应求和勘探开发投入后劲乏力，防止勘探开发企业没有积极性。

第四节　促进中国页岩气发展的建议

全国页岩气资源调查评价及有利区优选结果表明，我国页岩气资源丰富，类型多样，分布广泛，地质条件复杂。中国石油、中国石化及延长石油等企业的页岩油气勘探开发已经进入开发井组或小井网开发试验阶段，进展顺利。页岩气钻完井及多段压裂技术已经基本掌握，以能够实现全部采用国产技术装备、全部国内技术力量进行水平井钻井、多段压裂的设计施工。页岩气钻完井成本也在不断下降，产量在快速增加。

一、创新机制，形成统一的页岩气资源管理制度

加强页岩油气资源宏观管理。研究制定页岩油气资源发展战略，明确发展目标，提出战略重点及保障措施，指导和促进页岩油气勘查开采。研究制定页岩油气勘查开采中长期发展规划，促进并引导页岩油气开发利用和产业发展。建立适应市场经济，有利于页岩油气勘查开采的管理制度体系。制定页岩油气矿业权管理、储量管理、监督管理、调查评价管理、信息资料管理等制度。对页岩气按独立矿种实行一级管理，由国土资源部负责页岩气矿业权登记，颁发勘查许可证、采矿许可证，国土资源部、省国土资源厅主管部门对页岩油气勘查开采进行监管。制定页岩气勘查开采市场准入标准，竞争出让页岩气矿业权，鼓励多种投资主体进入页岩气勘查开采领域。实行行政合同管理，规定双方的权利和义务。完善区块退出机制，加强页岩气资源储量管理。建立储量分级标准，对所有页岩气勘查开采区块进行储量动态管理。加强页岩气资源监督管理，对页岩气资源勘查开采、合理利用、矿业权人权益保护等业务实行专业性监管，完善年检制度。加强页岩气资源信息资料管理，严格规范页岩气数据资料统一管理，将页岩气数据资料的提交与页岩气矿业权管理挂钩。推进页岩气数据资料的数字化，建立健全页岩气数据资料管理和服务工作新机制，搭建一体化的页岩气数据资料管理与共享服务平台。

二、加大投入，深入开展页岩气资源有利区优选和开发试验

目前，在我国十多个发现页岩气的层系中，只有四川盆地及周缘的下古生界上奥陶统五峰组—下志留统龙马溪组取得井组开发试验突破，四川盆地侏罗系多口井获得工业油气流，鄂尔多斯盆地延长组长7段多口井获得工业气流。而大面积分布的下寒武统页岩气层系目前仅有位于四川盆地内的3口井获得工业气流，还没有实现区域性突破；其他近10个页岩气层系、多个页岩油层系还没有取得突破性进展。这些没有取得勘探开发突破的页岩气、页岩油目的层系面临着多方面的地质和资源问题，需要加强调查评价，特别是参数井和开发试验井工作，以获取各项参数，进一步明确其勘探开发面临的关键问题，确定解决路径，降低勘探开发风险。

三、加强引导，推动各企业加快页岩气勘探开发进程

结合我国实际，参照国内煤层气勘探开发优惠政策，制定页岩油气勘探开发的鼓励政策，给予页岩油气财政补贴，减免矿产资源补偿费和资源税，免交页岩油气探矿权和采矿权使用费，对用于页岩油气勘探开发、国内不能生产的进口设备（包括随设备进口的技术）按有关规定免征关税。研究制订科学合理的页岩油气价格形成机制。在用地审批、安评与环评等方面给予支持，以引导和推动页岩油气产业化发展。

加大科技投入，促进科技创新，组织全国优势科技力量，进行联合攻关。大力开展页岩油气勘探开发核心技术的攻关，重点研究页岩油气资源评价、地质选区、钻井工程、储层改造和经济评价等技术。加大对重大专项、973 等国家科技攻关项目投入，将"页岩气勘探开发关键技术"项目列为重点项目，提高我国页岩气理论技术自主创新和解决重大问题能力。鼓励企业研发并推广应用新技术、新工艺，为页岩油气的勘探开发和跨越式发展提供有效的理论和技术支撑。建设一批页岩油气研发（试验）中心，加快页岩油气资源战略调查和勘探开发技术标准和规范体系建设，积极参与页岩油气国际标准制定。

四、加快试点，实施页岩气勘探开发和利用一体化示范工程

在页岩气丰富的川渝黔鄂湘地区，在评价与开发技术、管理体制、政策支持、利用模式和监管等方面，先行先试，进行页岩气勘探开发利用一体化综合试验，率先突破，形成储量和产能。制定科学合理的发展规划和试点工作方案，明确页岩气勘探开发利用一体化示范工程定位、示范目标、发展重点和保障措施，加强组织领导和统筹协调，不断总结经验，为推进全国页岩气勘探开发和利用提供借鉴。

五、注重环保，加强页岩气勘探开发中的环境保护

页岩气具有广阔的发展前景，是一种清洁能源，同时勘探开发过程对环境也会产生一定的影响。我国页岩气的勘探开发刚起步，需要开展页岩气开采前的环评和开采过程中的监管。加强页岩气勘探开发对环境影响的评估，特别是水力压裂所用化学物质对地下水的潜在污染和对地表环境的影响等，严格执行我国现有的环境保护方面的法律法规。同时，要求页岩气开发企业披露压裂混合液的化学成分，以便充分评估对地下水的影响。

六、加强合作，积极开展页岩气国际交流与合作

继续跟踪国外页岩气勘探开发技术进展，引进和消化页岩气勘探开发技术。在页岩气资源调查和勘探开发初期，可考虑与国外有经验的公司合作，引进试验测试、钻井、测井、固井和压裂等技术，在学习借鉴的基础上，开展页岩气勘探开发核心技术、工艺

的研发和联合攻关。关注世界页岩气发展动向，以平等合作、互利共赢的原则，积极参与页岩气国际组织，促进双边合作，为我国页岩气勘探开发引进先进理念与开发技术，探索和创建适合于我国页岩气地质特点的勘探开发技术奠定基础。

七、培养人才，在全国形成专业化的页岩气勘探开发团队

通过页岩气资源战略调查和勘探开发项目的实施，培养出一批页岩气领军人才和业务骨干，在全国页岩气重点地区建立一定规模的页岩气勘探开发专业人才队伍。加大对页岩气领域高端人才培养力度，建立高层次人才培养、学术交流基地，形成页岩气勘探开发专业技术人才培养机制。

主要参考文献

边瑞康，张金川．2013．页岩气成藏动力特点及其平衡方程．地学前缘，20（3）：254-259.

陈波，皮定成．2009．中上扬子地区志留系龙马溪组页岩气资源潜力评价．中国石油勘探，3：15-19.

陈更生，董大忠，王世谦，等．2009．页岩气藏形成机理与富集规律初探．天然气工业，29（5）：17-21.

陈洪德，覃建雄，王成善，等．1999．中国南方二叠纪层序岩相古地理特征及演化．沉积学报，17（4）：510-521.

陈兰．2006．湘黔地区早寒武世黑色岩系沉积学及地球化学研究．北京：中国科学院地球化学研究所博士学位论文.

程克明，王世谦，董大忠，等．2009．上扬子区下寒武统筇竹寺组页岩气成藏条件．天然气工业，29（5）：40-44.

董大忠，程克明，王世谦，等．2009．页岩气资源评价方法及其在四川盆地的应用．天然气工业（05）：33-39.

冯增昭．1988．下扬子地区中下三叠统青龙群岩相古地理研究．昆明：云南科技出版社.

冯增昭，何幼斌，吴胜和．1993．中下扬子地区二叠纪岩相古地理．沉积学报，11（3）：13-24.

冯增昭，彭勇民，金振奎，等．2002．中国早寒武世岩相古地理．古地理学报，4（1）：1-14.

付金华，郭少斌，刘新社．2013．鄂尔多斯盆地上古生界山西组页岩气成藏条件及勘探潜力．吉林大学学报（地球科学版），32（4）．139-151.

高瑞祺，赵政璋．2001．中国南方海相油气地质及勘探前景．北京：石油工业出版社.

关德师，牛嘉玉，郭丽娜，等．1995．中国非常规油气地质．北京：石油工业出版社.

国土资源部油气资源与战略研究中心．2010．全国石油天然气资源评价．北京：中国大地出版社.

胡文瑞，翟光明，李景明．2010．中国非常规油气的潜力和发展．中国工程科学，2010，12（5）：25-31.

黄玉珍，黄金亮，葛春梅，等．2009．技术进步是推动美国页岩气快速发展的关键．天然气工业，29（5）：7-10.

姜文利．2010．煤层气与页岩气聚集主控因素对比．天然气地球科学，6（21）：1054-1060.

蒋裕强，董大忠，王世谦，等．2010．页岩气储层的基本特征及其评价．天然气工业，30（10）：7-12.

金之钧，蔡立国．2007．中国海相层系油气地质理论的继承与创新．地质学报，81（8）：1017-1024.

笪立声．1986．松辽盆地新北地区泥岩裂缝油气藏的成因及分布．大庆石油地质与开发，5（4）：26-31.

李德生．1980．渤海湾含油气盆地的地质和构造特征．石油学报，（1）：6-20.

李登华，李建忠，王社教，等．2009．页岩气藏形成条件分析．天然气工业，29（5）：22-26.

李建忠，董大忠，陈更生，等．2009．中国页岩气资源前景与战略地位．天然气工业，29（5）：11-16.

李双建，肖开华，沃玉进，等. 2009. 中上扬子地区上奥陶统—下志留统烃源岩发育的古环境恢复. 岩石矿物学杂志，28 (5)：450-458.

李伟，冷济高，宋东勇. 2006. 文留地区盐间泥岩裂缝油气藏成藏作用. 油气地质与采收率，13 (3)：31-34.

李新景，胡素云，程克明. 2007. 北美裂缝性页岩气勘探开发的启示. 石油勘探与开发，34 (4)：392-400

李新景，吕宗刚，董大忠，等. 2009. 北美页岩气资源形成的地质条件. 天然气工业，29 (5)：27-32.

李延钧，张烈辉，冯媛媛，等. 2013. 页岩有机碳含量测井评价方法及其应用. 天然气地球科学，24 (1)：169-176.

李彦芳，张兴金，窦惠. 1987. 松辽盆地英台地区泥岩异常高压和泥岩裂缝的成因及对油气运移赋存的意义. 油勘探与开发，14 (3)：7-15.

李一平. 1996. 四川盆地已知大中型气田成藏条件研究. 天然气工业，6 增刊：1212.

李宇平，王勇，孙玉善，等. 2002. 塔里木盆地中部地区志留系油藏两期成藏特征. 地质科学，37 (增刊)：45-50.

李玉喜，张金川. 2011. 我国非常规油气资源类型和潜力. 国际石油经济，3：61-67.

李玉喜，张金川. 2012. 我国油气资源新区新领域选区研究. 北京：地质出版社.

李玉喜，聂海宽，龙鹏宇. 2009. 我国富含有机质泥页岩发育特点与页岩气战略选区. 天然气工业，29 (12)：115-120.

李玉喜，乔德武，姜文利，等. 2011. 页岩气含气量及页岩气地质评价综述. 地质通报，30 (2-3)：308-317.

李玉喜，张大伟，张金川. 2012. 页岩气新矿种的确立及其意义. 天然气工业，32 (7)：1-6.

李玉喜，张金川，姜生玲，等. 2012. 页岩气地质综合评价和目标优选. 地学前缘，19 (5)：332-338.

梁狄刚，陈建平. 2005. 中国南方高、过成熟区海相烃源岩油源对比问题. 石油勘探开发，32 (2)：8-14.

梁狄刚，郭彤楼，陈建平，等. 2008. 中国南方海相生烃成藏研究的若干新进展 (一)：南方四套区域性海相烃源岩的地球化学特征. 海相油气地质，13 (2)：1-16.

梁狄刚，郭彤楼，陈建平，等. 2009. 中国南方海相生烃成藏研究的若干新进展 (二)：南方四套区域性海相烃源岩的沉积相及发育的控制因素. 海相油气地质，14 (1)：1-15.

梁狄刚，郭彤楼，陈建平，等. 2009. 中国南方海相生烃成藏研究的若干新进展 (三)：南方四套区域性海相烃源岩的分布. 海相油气地质，14 (2)：1-19.

林腊梅，张金川，唐玄. 2013. 中国陆相页岩气的形成条件. 地质勘探，33 (1)：35-41.

刘丽芳，徐波，张金川，等. 2005. 中国海相页岩及其成藏意义//中国科协 2005 学术年会论文集，以科学发展观促进科技创新 (上). 北京：科学技术出版社.

刘庆，张林晔，沈忠民，等. 2004. 东营凹陷富有机质烃源岩顺层微裂隙的发育与油气运移. 地质评论，50 (6)：593-597.

刘树根，马永生，孙玮，等. 2008. 四川盆地威远气田和资阳含气区震旦系油气成藏差异性研究. 地质学报，82（3）：328-337.

刘树根，曾祥亮，黄文明，等. 2009. 四川盆地页岩气藏和连续型—非连续型气藏基本特征. 成都理工大学学报（自然科学版），36（6）：578-592.

刘树根，马永生，蔡勋育，等. 2009. 四川盆地震旦系下古生界天然气成藏过程和特征. 成都理工大学学报（自然科学版），36（4）：345-354.

龙鹏宇，张金川，李玉喜，等. 2009. 重庆及周缘地区下古生界页岩气资源潜力. 天然气工业，28（12）：125-129.

龙鹏宇，张金川，聂海宽，等. 2011. 泥页岩裂缝发育特征及其对页岩气聚集与产出意义. 天然气地球科学，22（3）：525-532.

罗璋，等. 1996. 中扬子区海相地层典型油藏解剖. 海相油气地质，1（1）：3-13.

聂海宽，唐玄，边瑞康. 2009. 页岩气成藏控制因素及中国南方页岩气发育有利区预测. 石油学报，30（04）：484-491.

潘仁芳，伍缓，宋争. 2009. 页岩气勘探的地球化学指标及测井分析方法初探，（3）：6-9.

蒲泊伶. 2008. 四川盆地页岩气成藏条件分析. 青岛：中国石油大学（华东）硕士学位论文.

蒲泊伶，包书景，王毅，等. 2008. 页岩气聚集条件分析——以美国页岩气盆地为例. 石油地质与工程，22（3）：33-36.

秦建中，付小东，腾格尔. 2008. 川东北宣汉——达县地区三叠—志留系海相优质烃源层评价. 石油试验地质，30（4）：368-374.

斯仑贝谢公司. 2006. 页岩气藏的开采. 油田新技术，（3）：19-21.

孙超，朱筱敏，陈菁，等. 2007. 页岩气与深盆气成藏的相似与相关性. 油气地质与采收率，14（1）：26-31.

孙玮，刘树根，韩克猷，等. 2009. 四川盆地震旦系油气地质条件及勘探前景分析. 石油试验地质，31（4）：350-355.

腾格尔，高长林，胡凯，等. 2006. 上扬子东南缘下组合优质烃源岩发育及生烃潜力. 石油试验地质，28（4）：359-365.

腾格尔，高长林，胡凯，等. 2007. 上扬子北缘下组合优质烃源岩分布及生烃潜力评价. 天然气地球科学，18（2）：254-259.

王德新，江裕彬，吕从容. 1996. 在泥页岩中寻找裂缝油、气藏的一些看法. 西部探矿工程，8（2）：11-14.

王广源，张金川，李晓光，等. 2010. 辽河东部凹陷古近系页岩气聚集条件分析. 西安石油大学学报（自然科学版），25（2）：1-5.

王红岩，刘玉章，董大忠，等. 2013. 中国南方海相页岩气高效开发的科学问题. 石油勘探与开发，40（5）：574-580.

王兰生，邹春艳，郑平，等. 2009. 四川盆地下古生界存在页岩气的地球化学依据. 天然气工业，29（5）：59-62.

王清晨，严德天，李双建. 2008. 中国南方志留系底部优质烃源岩发育的构造-环境模式. 地质学报，82（3）：289-297.

王社教，王兰生，黄金亮，等. 2009. 上扬子区志留系页岩气成藏条件. 天然气工业，29（5）：45-

50.

王世谦，陈更生，董大忠，等. 2009. 四川盆地下古生界页岩气藏形成条件与勘探前景. 天然气工业，29 (5)：51-58.

王顺玉，李兴甫. 1999. 威远和资阳震旦系天然气地球化学特征与含气系统研究. 天然气地球科学，10 (3-4)：63-69.

文玲，胡书毅，田海芹. 2001. 扬子地区寒武系烃源岩研究. 西北地质，34 (2)：67-74.

文玲，胡书毅，田海芹. 2002. 扬子地区志留纪岩相古地理与石油地质条件研究. 石油勘探与开发，29 (6)：11-14.

武景淑，于炳松，张金川，等. 2013. 渝东南渝页1井下志留统龙马溪组页岩孔隙特征及其主控因素. 地学前缘，20 (4)：240-250.

肖开华，李双建，汪新伟，等. 2008. 中、上扬子区志留系油气成藏特点与勘探前景. 石油与天然气地质，29 (5)：589-596.

谢忱，张金川，李玉喜，等. 2013. 渝东南渝科1井下寒武统富有机质页岩发育特征与含气量. 石油与天然气地质，34 (1)：11-16.

徐国盛，袁海锋，马永生，等. 2007. 川中-川东南地区震旦系—下古生界沥青来源及成烃演化. 地质学报，81 (8)：1143-1152.

徐士林，包书景. 2009. 鄂尔多斯盆地三叠系延长组页岩气形成条件及有利发育区预测. 天然气地球科学，20 (3)：460-465.

闫存章，黄玉珍，葛泰梅. 2009. 页岩气是潜力巨大的非常规天然气资源. 天然气工业，29 (5)：1-6.

严德天. 2008. 扬子地区上奥陶—下志留统黑色岩系形成机理. 北京：中国科学院地质与地球物理研究所硕士学位论文.

杨斌，贺晓芳，徐云俊，等. 1996. 中国南方下寒武统烃源岩评价与油气资源潜力. 海相油气地质，1 (3)：31-38.

杨超，张金川，唐玄. 2013. 鄂尔多斯盆地陆相页岩微观孔隙类型及对页岩气储渗的影响. 地学前缘，20 (4)：240-250.

于炳松，陈建强，陈晓林，等. 2004. 塔里木盆地下寒武统底部高熟海相烃源岩中有机质的赋存状态. 地球科学：中国地质大学学报，29 (2)：198-202.

余谦，牟传龙，张海全，等. 2011. 上扬子北缘震旦纪—早古生代沉积演化与储层分布特征. 岩石学报，27 (3)：672-680.

曾凡辉，郭建春，刘恒. 2013. 北美页岩气高效压裂经验及对中国的启示. 西南石油大学学报（自然科学版），6：90-98.

曾维特，丁文龙，张金川. 2013. 中国西北地区页岩气形成地质条件分析. 地质科技情报，32 (4)：139-151.

张爱云，伍大茂，郭丽娜，等. 1987. 海相黑色页岩建造地球化学与成矿意义. 北京：科学出版社.

张大伟. 2010. 加速我国页岩气资源调查和勘探开发战略构想. 石油与天然气地质，31 (2)：135-150.

张大伟. 2011. 加快中国页岩气勘探开发和利用的主要路径. 天然气工业，31 (5)：1-5.

张大伟. 2011. 加强中国页岩气资源管理思路框架. 天然气工业, 12: 1-4.

张光亚, 陈全茂, 刘来民. 1993. 南阳凹陷泥岩裂缝油气藏特征及其形成机制探讨. 石油勘探与开发, 20 (1): 18-26.

张杰, 金之钧, 张金川. 2004. 中国非常规油气资源潜力及分布. 当代石油化, 12 (10): 17-19.

张金川, 薛会, 卞昌蓉, 等. 2006. 中国非常规天然气勘探雏议. 天然气工业, 26 (12): 53-56.

张金川, 聂海宽, 徐波, 等. 2008. 四川盆地页岩气成藏地质条件. 天然气工业, 28 (2): 151-156.

张金川, 汪宗余, 聂海宽, 等. 2008. 页岩气及其勘探研究意义. 现代地质, 22 (4): 640-646.

张金川, 徐波, 聂海宽, 等. 2008. 中国页岩气资源量勘探潜力. 天然气工业, 28 (6): 136-140.

张金川, 林腊梅, 李玉喜. 2012. 页岩油分类与评价. 地学前缘, 19 (5): 322-331.

张金川, 林腊梅, 李玉喜. 2012. 页岩气资源评价方法与技术: 概率体积法. 地学前缘, 19 (2): 184-191.

张俊鹏, 樊太亮, 张金川, 等. 2013. 露头层序地层学在上扬子地区页岩气初期勘探中的应用: 以下寒武统牛蹄塘组为例. 现代地质, 27 (4): 978-986.

张抗, 谭云冬. 2009. 世界页岩气资源潜力和开采现状及中国页岩气发展前景. 当代石油石化, 17 (3): 9-12.

张林晔, 李政, 朱日房. 2008. 济阳拗陷古近系存在页岩气资源的可能性. 天然气工业, 28 (12): 26-29.

张水昌, 王飞宇, 张宝民, 等. 2000. 塔里木盆地中上奥陶统油源层地球化学研究. 石油学报, 21 (6): 23-28.

张水昌, 梁狄刚, 张大江. 2002. 关于古生界烃源岩有机质丰度的评价标准. 石油勘探与开发, 29 (2): 8-12.

赵孟军, 张水昌, 廖志勤. 2001. 原油裂解气在天然气勘探中的意义. 石油勘探与开发, 28 (4): 47-56.

赵群, 王红岩, 刘人和, 等. 2008. 世界页岩气发展现状及我国勘探前景. 天然气技术, 2 (3): 11-14.

周文, 周秋媚, 陈文玲, 等. 2010. 中上扬子地区页岩气成藏地质条件及勘探目标. 第二届中国能源科学家论坛论文集, 10: 1817-1822.

周文, 苏瑷, 王付斌, 等. 2011. 鄂尔多斯盆地富县区块中生界页岩气成藏条件与勘探方向. 天然气工业, 31 (2): 1-5.

邹才能, 杨智, 崔景伟. 2013. 页岩油形成机制、地质特征及发展对策. 石油勘探与开发, 40 (1): 14-27

Arthur M A, Sageman B B. 1994. Marine black shales: Depositional mechanism and environments of ancient deposits. Annual Review of Earth and Planetary Science, 22: 499-551.

Bowker K A. 2003. Recent development of the Barnett Shale play, Fort Worth Basin. West Texas Geological Society Bulletin, 42 (6): 4-11.

Bowker A. 2007. Barnett Shale gas production, Fort Worth Basin: Issues and discussion. AAPG Bulletin, 91: 523-533.

Bustin R M. 2005. Gas shale tapped for big pay. AAPG Explorer, 2: 6-8.

Clark I D, Al T, Jensen M, et al. 2013. Paleozoic-aged brine and authigenic helium preserved in an Ordovician shale aquiclude. Geology, 41 (9): 951-954.

Curtis B C, Montgomery S L. 2002. Recoverable natural gas resource of the United States: Summary of recent estimates. AAPG Bulletin, 86 (10): 1671-1678.

Curtis J B. 2002. Fractured shale-gas systems. AAPG Bulletin, 86 (11): 1921-1938.

David F. 2007. Martineau. History of the Newark East field and the Barnett Shale as a gas reservoir. AAPG Bulletin, 91: 399-403.

Dewhurst D N, Aplin A C, Sarda J P. 1999. Influence of clay fraction on pore-scale properties and hydraulic conductivity of experimentally compacted mudstones. Journal Geophysics Resources, 104: 29261-29274.

Dubinin M M. 1989. Fundamentals of the theory of adsorption in micropores of carbon adsorbents: Characteristics of their adsorption properties and microporous structures. Pure and Applied Chemistry, 61: 1841-1843.

EIA (Energy Information Administration). 2004. Energy Information Administration report DOE/EIA-0384: 435.

Freeman C M, Moridis G, Ilk D, et al. 2013. A numerical study of performance for tight gas and shale gas reservoir systems. Journal of Petroleum Science and Engineering, 108: 22-33.

Gareth R, Chalmers L, Bustin R M. 2008. Lower Cretaceous gas shales in northeastern British Columbia, Part I: geological controls on methane sorption capacity. Bulletin of Canadian Petroleum Geology, 56: 1-21.

Gracceva F, Zeniewski P. 2013. Exploring the uncertainty around potential shale gas developm ente Aglobal energy system analysis based on TIAM (TIMES Integrated Assessment Model). Energy, 57: 443-457.

Hill D G, Nelson C R. 2000. Reservoir properties of the Upper Cretaceous Lewis Shale, a new natural gas play in the San Juan Basin. AAPG Bulletin, 84 (8): 1240.

Hill D G, Lombardi T E. 2002. Fractured Gas Shale Potential in New York. Colorado: Arvada.

Hill R J, Zhang E, Katz B J, et al, 2007. Modeling of gas generation from the Barnett Shale, Fort Worth Basin, Texas. AAPG Bulletin, 91: 501-521.

Hill R J, Jarvie D M, Zumberge J, et al. 2007. Pollastro. Oil and gas geochemistry and petroleum systems of the Fort Worth Basin. AAPG Bulletin, 91: 445-473.

Jarvie D M, Hill R J, Ruble T E, et al. 2007. Unconventional shale-gas systems: The Mississippian Barnett Shale of north-central Texas as one model for thermogenic shale-gas assessment. AAPG Bulletin, 91: 475-499.

John B. 2002. Curtis, Fractured shale-gas systems. AAPG Bulletin, 86 (11): 1921-1938.

Law B E, Curtis J B. 2002. Introduction to unconventional petroleum systems. AAPG Bulletin, 86 (11): 1851-1852.

Loucks R G, Ruppel S C. 2007. Mississippian Barnett Shale: Lithofacies and depositional setting of a deep-water shale-gas succession in the Fort Worth Basin, Texas. AAPG Bulletin, 91: 579-601.

Manger K C, Curtis J B. 1991. Geologic influences on location and production of Antrim Shale gas. Devonian Gas Shales Technology Review (GRI), 7 (2): 5-16.

Martini A M, Walter L M, Budai J M, et al. 1998. Genetic and temporal relations between formation waters and biogenic methane: Upper Devonian Antrim Shale, Michigan Basin, USA. Geochimica et Cosmochimca Acta, 62 (10): 1699-1720.

Martini A M, Walter L M, Jennifer C. 2008. McIntosh. Identification of microbial and thermogenic gas components from Upper Devonian black shale cores, Illinois and Michigan basins. AAPG Bulletin, 92: 327-339.

Matt M. 2003. Barnett Shale gas-in-place volume including sorbed and free gas volume//AAPG Southwest Section Meeting, Texas. Fort Worth: Texas.

McGlade C, Speirs J, Sorrell S. 2013. Methods of estimating shale gas resources Comparison, evaluation and implications. Energy, 59: 116-125.

Montgomery S L, Jarvie D M, Bowker K A, et al. 2005. Mississippian barnett shale, fort worth basin, north-central Texas: Gas-shale play with multi-trillion cubic foot potential. AAPG Bulletin, 89 (2): 155-175.

Pollastro R M. 2007. Total petroleum system assessment of undiscovered resources in the giant Barnett Shale continuous (unconventional) gas accumulation, Fort Worth Basin, Texas. AAPG Bulletin, 91: 551-578.

Pollastro R M, Jarvie D M, Hill R J, et al. 2007. Geologic framework of the Mississippian Barnett Shale, Barnett-Paleozoic total petroleum system, Bend arch-Fort Worth Basin, Texas. AAPG Bulletin, 2007, 91 (4): 405-436

Rippen D, Littke R, Bruns B, et al. 2013. Organic geochemistry and petrography of Lower Cretaceous Wealden black shales of the Lower Saxony Basin: The transition from lacustrine oil shales to gas shales. Organic Geochemistry, 63: 18-36.

Ross D J K, Bustin R M. 2007. Shale gas potential of the Lower Jurassic Gordondale Member, northeastern British Columbia, Canada. Bulletin of Canadian Petroleum Geology, 55: 51-75.

Ross D J K, Bustin R M. 2008. Characterizing the shale gas resource potential of Devonian-Mississippian strata in the Western Canada sedimentary basin: Application of an integrated formation evaluation. AAPG Bulletin, 92: 87-125.

Ross D J K, Bustin R M. 2009. The importance of shale composition and pore structure upon gas storage potential of shale gas reservoirs. Marine and Petroleum Geology, 26: 916-927

Schmoker J W. 1981. Determination of organic-matter content of Appalachian Devonian shales from gamma-ray logs. AAPG Bulletin, 62: 1285-1298.

Schmoker J W. 1993. Use of formation density logs to determine organic-carbon content in Devonian shales of the western Appalachian basin, and an additional example based on the baaken Formation of the Williston basin//Roen J B, Kepferle R C. Petroleum Geology of Devonian and Mississipian Black Shale of Eastern North America. US Geological Survey Bulletin.

Schmoker J W. 2002. Resource-assessment perspectives for unconventional gas system. AAPG Bulletin,

86 (11): 1993-1999.

Su W B, Huff W D, Ettensohn F R, et al. 2009. K-bentonite, black-shale and flysch successions at the Ordovician-Silurian transition, South China: Possible sedimentary responses to the accretion of Cathaysia to the Yangtze Block and its implications for the evolution of Gondwana. Gondwana Research, 15: 111-130.

Valenza J J, Drenzek N, Marques F. 2013. Geochemical controls on shale microstructure. Geology, 41 (5): 611-614.

Warlick D. 2006. Gas shale and CBM development in North America. Oil and Gas Financial Journal, 3 (11): 1-5.

Wilsonn K C, Durlofsky L J. 2013. Optimization of shale gas field development using direct search techniques and reduced-physics models. Journal of Petroleum Science and Engineering, 108: 304-315.